AF381388

Handbuch Laser-Strahlenschutz

E. Sutter   P. Schreiber   G. Ott

Handbuch Laser-Strahlenschutz

Grundlagen, Vorschriften, Schutzmaßnahmen

Mit 90 Abbildungen

Springer-Verlag
Berlin Heidelberg New York
London Paris Tokyo

Dr. Ernst Sutter
Physikalisch-Technische Bundesanstalt,
Bundesallee 100, D-3300 Braunschweig

Dr. Paul Schreiber
Bundesanstalt für Arbeitsschutz,
Postfach 17 02 02, D-4600 Dortmund 1

Dipl.-Ing. Günter Ott
Bundesanstalt für Arbeitsschutz,
Postfach 17 02 02, D-4600 Dortmund 1

CIP-Titelaufnahme der Deutschen Bibliothek

Sutter, Ernst:
Handbuch Laser-Strahlenschutz : Grundlagen, Vorschriften,
Schutzmassnahmen / E. Sutter ; P. Schreiber ; G. Ott. –
Berlin ; Heidelberg ; New York ; London ; Paris ; Tokyo : Springer, 1989
  ISBN-13: 978-3-642-74094-7   e-ISBN-13: 978-3-642-74093-0
  DOI: 10.1007/978-3-642-74093-0

NE: Schreiber, Paul:; Ott, Günter:

2156/3150-543210 – Gedruckt auf säurefreiem Papier

Vorwort

Der Laser erschließt als ein typisches und universelles Produkt der Wissenschaftsgesellschaft immer mehr Anwendungsgebiete. Schwerpunkte sind Materialbearbeitung, Kommunikations- und Informationstechnik und Medizin. Prognosen sagen für das Jahr 2000 voraus, daß ca. 160 000 Beschäftigte in der Bundesrepublik mit Lasern arbeiten werden. Hinzu kommt der Lasereinsatz im Bereich von Heim und Freizeit.

Dies zeigt die Bedeutung des Schutzes vor Laserstrahlung auf. Das bedeutet primär „Schutz des Augenlichtes"; aber auch andere Gefährdungsmöglichkeiten, wie die Entzündung leicht entflammbarer oder explosibler Stoffe, sind hier zu beachten.

In dem vorliegenden Buch werden die wichtigsten Fragen für einen sicheren Einsatz der Lasertechnologie in den heute bekannten Anwendungsbereichen behandelt. Die physikalischen Grundlagen werden vorgestellt; das Laserprinzip, Lasertypen und die Eigenschaften der Laserstrahlung werden erklärt. Wichtig für die Lasersicherheit ist die Strahlungsmessung. Radiometrische Größen, die Strahldaten und die Meßgeräte selbst werden beschrieben. Ein wirksamer Schutz setzt ein Mindestmaß an Kenntnissen über die biologische Wirkung der Laserstrahlung voraus. Die biologische Wirkung ist die Grundlage für die Strahlungsgrenzwerte für Auge und Haut und ist ausschlaggebend für viele Bestimmungen in den technischen Regeln, soweit sie nicht andere Inhalte behandeln, wie beispielsweise die elektrische Sicherheit. Um ein überschaubares System von Gefährdungsstufen zu haben, wurden fünf Laserklassen eingeführt, auf die ein Großteil der Schutzmaßnahmen direkt Bezug nimmt.

Diese Schutzmaßnahmen an Lasergeräten, -anlagen und -betriebsstätten werden in einem weiteren Kapitel behandelt. Neulinge in der Laseranwendung werden hier eingeführt; bauliche, apparative und organisatorische Maßnahmen sowie Fragen zur Instandhaltung werden behandelt. Die medizinische Versorgung nach einem Laserunfall wird angesprochen, falls es doch zu einer Bestrahlung oberhalb der Grenzwerte gekommen sein sollte. Es folgen Schutzmaßnahmen für ausgewählte Einsatzbereiche, die sich in energiebezogene Anwendungen – z.B. die Materialbearbeitung oder die therapeutische Medizin – und in informationsbezogene Anwendungen mit geringeren Arbeitsschutzanforderungen aufteilen lassen. Der Einsatz von Laser-Robotern, Fragen im Zusammenhang mit großflächigen durchsichtigen Abschirmungen und Berechnungsbeispiele für Streustrahlung werden hier angesprochen.

Persönliche Schutzmaßnahmen – wie der Einsatz von Laserschutzbrillen oder Laser-Justierbrillen – werden auch zukünftig einen wichtigen Beitrag zum Laser-Strahlenschutz leisten. Die Aufgabe und Wirkungsweise sowie die Berechnungsgrundlagen und Schutzstufen werden beschrieben. Weitere Themen sind die Anforderungen an die Laserschutzfilter und die Brillenfassungen selbst. Für technische Standardprozesse wird man sich, soweit möglich, für den Einsatz von Sichtfenstern aus dem Material der Laserschutzfilter entscheiden.

Laserstrahlung kann, wie eingangs angeführt, auch indirekte Gefährdungen verursachen, z.B. in explosiblen Atmosphären. Dazu zählen auch die bei Schneid- oder ähnlichen Prozessen freiwerdenden Gase und Dämpfe. Soweit hier Erfahrungen vorliegen, werden diese vorgestellt.

Den Abschluß des Buches bildet ein Muster für eine Sicherheitsbelehrung zum Schutz vor Laserstrahlung als unverbindlicher Leitfaden für den Laserschutzbeauftragten.

Inhaltsverzeichnis

1. Einführung

Schutz vor Laserstrahlung ist ein Anliegen, das praktisch mit der Entwicklung des ersten Lasers – einem Rubinlaser – durch Theodore H. Maiman im Jahre 1960 Bedeutung erlangte. Dies war über vier Jahrzehnte, nachdem Albert Einstein 1917 die theoretischen Grundlagen für die induzierte Emission geschaffen hatte.

Neben den Untersuchungen zu neuen Laserprinzipien und -medien sowie möglichen Anwendungen begannen weltweit Forschungsgruppen in enger Zusammenarbeit zwischen Medizinern, Biologen, Physikern u.a. mögliche Schädigungsmechanismen durch Laserstrahlen an Auge und Haut zu untersuchen und eine weitgehend lückenlose Aufstellung der Schädigungsgrenzwerte zu erarbeiten. Hier soll stellvertretend für viele andere David Sliney genannt werden, von dem auch ein Buch über Lasersicherheit erschienen ist [1.1].

Die Bedeutung des Schutzes vor Laserstrahlung geht konform mit der Entwicklung der Lasertechnologie. Ende der siebziger Jahre entwuchs nach nur 20 Jahren die technische Anwendung den Kinderschuhen. Es dominierte der Einsatz als Meßgerät, z.B. in der Justiertechnik oder zur Entfernungsmessung. Strichcode-Entzifferung (Scanner), Laser-Doppler-Anemometrie, holographische Interferometrie und vor allem die Materialbearbeitung mit dem Laser zeigten vielversprechende Ansätze. Seit Anfang der achtziger Jahre gehören leistungsstarke CO_2- und Nd-YAG-Laser zum Schneiden auch härtester Werkstoffe zum Stand der Technik. Neue Einsatzgebiete wie die Mikrochemie an Oberflächen, die Speicherung großer Datenmengen mittels optischer Platten sowie die Entfernungsmessung mit Laserradar (Lidar) und die Spurenanalyse von Stoffen in der Atmosphäre mit induzierter Fluoreszenz u.a.m. werden erschlossen. Bühnen und Diskotheken entdecken den Unterhaltungswert von Lasershows.

Mitte der achtziger Jahre erlebte die kommerzielle Anwendung der Laser den Durchbruch. Indikator ist die Häufigkeit, mit der reine Wirtschaftszeitschriften Anwendungen aus dem Laserbereich aufgreifen. Militärische Interessen fördern die Entwicklung von speziellen Meß- und Hochenergielasern. Die höchsten Zuwachsraten werden im medizinischen Bereich und in der Informationsverarbeitung erzielt. Zu nennen ist die Behandlung von Netzhautablösungen am Auge oder die Stillung von Blutungen jeglicher Art durch mikrochirurgisches Veröden einerseits oder der Laserdrucker sowie die Laserdiode in Verbindung mit einer sich rasch entwickelnden Lichtwellenleitertechnik andererseits.

Im Jahre 1987 dürfte der Lasermarkt weltweit ca. 6 Mrd. Dollar betragen haben; der europäische Anteil beläuft sich auf ca. 35 % und der deutsche auf ca. 10 % [1.2]. Die Materialbearbeitung stellt das größte Segment, gefolgt von optischen Speichern und therapeutischer Medizin. Prognosen sagen für das Jahr 2000 voraus, daß mehr als 160.000 Beschäftigte in der Bundesrepublik mit Lasern arbeiten werden.

In vielen Bereichen macht die Verbindung mit dem Computer die Lasertechnologie erst zu dem, was sie geworden ist. Sehr augenscheinlich wird dies, wenn auf einer CNC-(computer *numeric* control-)Laserbearbeitungsmaschine der Tisch oder der Laserschneidkopf wie von Geisterhand die gewünschte Kontur mit immer gleicher Bahngeschwindigkeit abfährt. Heute wird in der Fertigungstechnik die Verbindung mit einer dritten neuen Technologie realisiert, dem Industrieroboter. In wenigen Jahren wird dies ein vertrauter Anblick sein, um nur eine der vielen Entwicklungen des Lasereinsatzes aufzuzeigen, eine Anwendung, bei der auch anspruchsvolle Strahlenschutzaufgaben zu lösen sind.

Der Schutz vor Laserstrahlung ist kein einfaches Fachgebiet. Dies ist auf die vielen Parameter zurückzuführen, die beim Laserbetrieb auftreten können, und auf die vielfältigen biologischen Wechselwirkungen, die in Abhängigkeit von diesen Parametern wirksam werden. Daher werden in diesem Buch zunächst in zwei Kapiteln die physikalischen Grundlagen der Laser und die Strahlungsmessung dargestellt und daran anschließend die verschiedenen Parameter, von denen die biologische Wirkung und die zulässigen Grenzwerte abhängen.

Da ist als erstes die Wellenlänge der Strahlung zu nennen. Der optische Spektralbereich erstreckt sich von 100 nm bis 1000 μm Wellenlänge, und praktisch für den gesamten Bereich stehen Laser zur Verfügung. Nach einer Ausweitung in den Röntgenbereich (λ < 100 nm) wird u.a. für die anstehenden Aufgaben zur weiteren Miniaturisierung von Strukturen in vielen Einsatzbereichen – zum Beispiel bei der Chipherstellung – der Röntgenlaser voraussichtlich eine ähnliche Bedeutung erreichen wie heute die Laser im optischen Bereich. Besonders wichtig für den Strahlenschutz ist der Wellenlängenbereich von 400 nm bis 1400 nm, weil hier das Auge durchlässig ist und der Laserstrahl durch die Augenlinse zu einem Brennfleck auf die Netzhaut (Retina) fokussiert werden kann.

Der zweite Parameter ist die Dauer der Emission der Laserstrahlung bzw. der Einwirkung auf Auge oder Haut. Vom Dauerstrich bis zum Impuls im Femtosekundenbereich reicht hier der Zeitbereich. Ähnlich wie Pulslaser wirkt ein schweifender Laserstrahl (rotierend oder oszillierend). Dies alles, einschließlich schneller und langsamer Folgen von Impulsen, geht in die Sicherheitsbewertung eines Lasers ein.

Weitere Parameter, die für eine mögliche Gefährdung von Bedeutung sind, ergeben sich aus der Abgrenzung zwischen Punktquellen und kollimierten Strahlenbündeln – dem klassischen Laserstrahl – sowie ausgedehnten Quellen, wie sie in Form von größeren diffusen Reflexen oder Laserdiodenfeldern vorliegen.

Dies alles zeigt die Komplexität der mit dem Laserstrahlenschutz verbundenen Aufgaben. Letztere hängen jedoch zusätzlich im einzelnen Fall stark von der Einsatzart ab. Es ist einleuchtend, daß beim Einsatz von Lasern in der Forschung andere

Bedingungen herrschen als beim Einsatz eines auch hinsichtlich der Sicherheitstechnik durchentwickelten Lasergerätes in Büro und Verwaltung.

Laserstrahlenschutz ist primär der Schutz des Sehvermögens. Dies wird schnell offensichtlich, wenn man sich den einzelnen Abschnitten des Buches zuwendet. Die Bedeutung der Wahrnehmung dieser Welt durch die Augen braucht nicht näher erläutert zu werden. Dies gibt dem Schutz vor Laserstrahlung im Rahmen des Arbeitsschutzes, aber auch im Bereich von Heim und Freizeit, eine hohe Bedeutung, vor allem vor dem Hintergrund der sehr schnellen Ausweitung der Anwendung von Laserstrahlung.

Dies ist der Grund für eine neu entwickelte, anspruchsvolle Fachkunde und für ein technisches Regelwerk mit Grenzwerten, einem Klassifizierungsverfahren für Laser und einer Fülle von baulichen, apparativen, organisatorischen und persönlichen Maßnahmen zum Schutz vor Laserstrahlen.

Der Laser ist ein typisches Produkt der Wissenschaftsgesellschaft. Der Kampf um neue Einsatzbereiche wird in den Labors entschieden. Laser sind ein besonderes Kind der Forschung und stimulieren diese andererseits außergewöhnlich. Für diesen Bereich wurden die Grundlagenkapitel in diesem Buch besonders ausführlich gestaltet. Im Bereich des technischen Lasereinsatzes muß man sicherheitstechnisch ausgereifte, professionell gestaltete Geräte und Anlagen erwarten, die den Schutz des Betriebspersonals sicherstellen. Die Aufgaben des Laserschutzbeauftragten werden dadurch in der Regel einfacher.

Bei fast jedem neuen Anwendungsgebiet der Lasertechnik erwartet die Benutzer eine modifizierte Fachkunde zum Schutz vor Laserstrahlung, die in enger Anlehnung an die bisher gewonnenen Erkenntnisse und insbesondere an die biologisch vorgegebenen maximal zulässigen Bestrahlungswerte zu entwickeln ist. Die Beispiele spezieller Fachkunde sollen zeigen, wie bei jeder Anwendung andere sicherheitstechnische Probleme und Lösungen auftreten. Dabei sind die Fragen der Sicherheit so zu lösen, daß das Innovations- und Wirtschaftlichkeitspotential des Lasers voll genutzt werden kann.

Neben apparativen und organisatorischen Schutzmaßnahmen, mögen sie allgemeingültig oder anwendungsbezogen sein, bleiben Bereiche, in denen man ohne persönliche Schutzausrüstungen nicht auskommt. Hier sind in erster Linie die Laserschutzbrillen zu nennen.

Bisher vielfach zu wenig beachtet wurden die anderen Gefährdungsmöglichkeiten, die mit dem Einsatz von Lasern verbunden sind. Hier ist die Entzündung leicht entflammbarer Stoffe, explosibler Atmosphären und von Staubgemischen zu nennen; der Laserstrahl als wirkungsvolle ungewollte Zündquelle. Der elektrische Strom oder starke Hochfrequenzstrahlung sind weitere Quellen für mögliche Gefährdungen.

Mit dem zunehmenden Einsatz der Laser beim Schneiden, Schweißen und der Oberflächenbearbeitung von Stoffen gewinnt eine neue Gefährdungsmöglichkeit an Bedeutung, nämlich die durch Metalldämpfe und -rauche und insbesondere durch organische Dämpfe und Gase. Vor allem die ausgezeichnete Bearbeitbarkeit z.B. von Kunststoffen durch Laser läßt auf die wichtige Frage nach der Gefährlichkeit − u.U.

auch Cancerogenität – der thermischen Zersetzungsprodukte nach schnellen Antworten suchen. Kunststoffe und andere organische Substanzen werden nämlich bei Herstellung, Verarbeitung und Anwendung in der Regel nicht einer thermischen Beanspruchung ausgesetzt, wie der Laserstrahl sie erzeugt. Entsprechend wenig weiß man über diese Zersetzungsprodukte.

Die Lasertechnologie gehört zu den neuen Techniken. Werden völlig neue Arbeitsplätze eingerichtet, dann sollte man dies nicht nur unter funktionellen und sicherheitstechnischen Gesichtspunkten durchführen, sondern z.B. auch ergonomische und organisatorische Fragestellungen im Sinne einer menschengerechten Gestaltung berücksichtigen. Dies ist um so wichtiger, je mehr dieser Arbeitsprozeß eingebettet ist in ein Gesamtkonzept rechnergestützter Produktion (CIM: *C*omputer *I*ntegrated *M*anufacturing). Entsprechende Anleitungen dazu können mit diesem Buch nicht gegeben werden, aber zumindest die Anregung, sich diesen ganzheitlichen Problemen am Arbeitsplatz zu stellen (siehe [1.3]). Dazu gehören auch die Fragen einer erfolgreichen Qualifizierung des vorhandenen Personals oder die Anreicherung der Arbeitsfunktionen vor Ort, z.B. durch Beurteilung von werkstofftechnischen Fragen, Parametereinstellung an der Lasereinrichtung, On-line-Programmierung und die Einbeziehung von periodisch wiederkehrenden Inspektions- und Wartungsaufgaben.

Die mit diesem Buch hauptsächlich angesprochenen Zielgruppen sind die Laserschutzbeauftragten, Sicherheitsfachkräfte und Aufsichtsbeamten der Gewerbeaufsicht und der Berufsgenossenschaften, aber auch die Fachleute für Laserherstellung sowie in allen jenen Bereichen, in denen Lasergeräte und -anlagen eingesetzt bzw. für spezielle Zwecke umgebaut werden.

Das vorliegende Buch tritt die Nachfolge der ersten umfassenden deutschsprachigen Schrift über den Schutz vor Laserstrahlung aus dem Jahre 1978 an [1.4]. Es trägt den neuesten nationalen und internationalen Entwicklungen beim Laserstrahlenschutz Rechnung und soll dem Leser ermöglichen, die für sein Einsatzgebiet notwendigen Schutzmaßnahmen sachgerecht anzuwenden.

Herrn Dr. Möstl möchten die Autoren für die freundliche Überlassung der Abb. 3.9, 3.10 und 3.11, Herrn Prof. Birngruber für Abb. 4.14, der Firma Carl Zeiss für Abb. 9.11 und der Firma Rupp und Hubrach für Abb. 9.12 danken.

2. Grundlagen der Laserphysik

Zur Einführung in die Laserphysik werden nach einem kurzen Überblick über die Entwicklung des Lasers das Laserprinzip und die besonderen Eigenschaften der Laserstrahlung behandelt sowie die verschiedenen Lasertypen beschrieben. In einer Übersicht werden die vielfältigen Einsatzmöglichkeiten von Lasern dargestellt.

2.1 Entwicklung des Lasers

Das Prinzip des Lasers beruht auf der Lichtverstärkung durch stimulierte Strahlungsemission. In Englisch heißt diese Bezeichnung „*L*ight *A*mplification by *S*timulated *E*mission of *R*adiation" und ergibt durch das Zusammensetzen der Anfangsbuchstaben den Namen dieser Strahlungsquelle. Der Laser liefert eine kohärente, monochromatische Strahlung mit hohen Energie- und Leistungsdichten und einer ausgeprägten Richtungscharakteristik.

Die theoretischen Grundlagen, die für die Entwicklung des Lasers entscheidend waren, wurden bereits zu Beginn dieses Jahrhunderts von Einstein gelegt. Darauf aufbauend wurde 1954 von Gordon, Zeiger und Townes das Verstärkungsprinzip von elektromagnetischer Strahlung mit der Entwicklung des Masers (*M*icrowave *A*mplification by *S*timulated *E*mission of *R*adiation) im Mikrowellenbereich angewendet. 1960 gelang es Maiman, mit einem Rubinkristall einen Festkörperlaser für den optischen Bereich zu realisieren, und noch im gleichen Jahr bauten Javan und Bennett den ersten He-Ne-Gaslaser. Seitdem entstand als Folge intensiver Entwicklungsarbeit eine Reihe weiterer Lasertypen. Heute ist eine große Anzahl von Lasern vom Ultraviolett- bis zum fernen Infrarot-Bereich verfügbar. Der Röntgenlaser befindet sich noch in einem sehr frühen Entwicklungsstand.

In Tabelle 2.1 sind die wichtigen Lasersysteme mit ihren typischen Wellenlängen dargestellt.

2.2 Das Laserprinzip

Zur Beschreibung der Funktionsweise von Lasern sollen zunächst einige Grundlagen der elektromagnetischen Strahlung dargestellt werden [2.1]. Diese kann sowohl mit dem Wellenmodell als auch mit dem Teilchenmodell beschrieben werden (Dualismus

Tabelle 2.1. Übersicht über die wichtigsten Lasersysteme

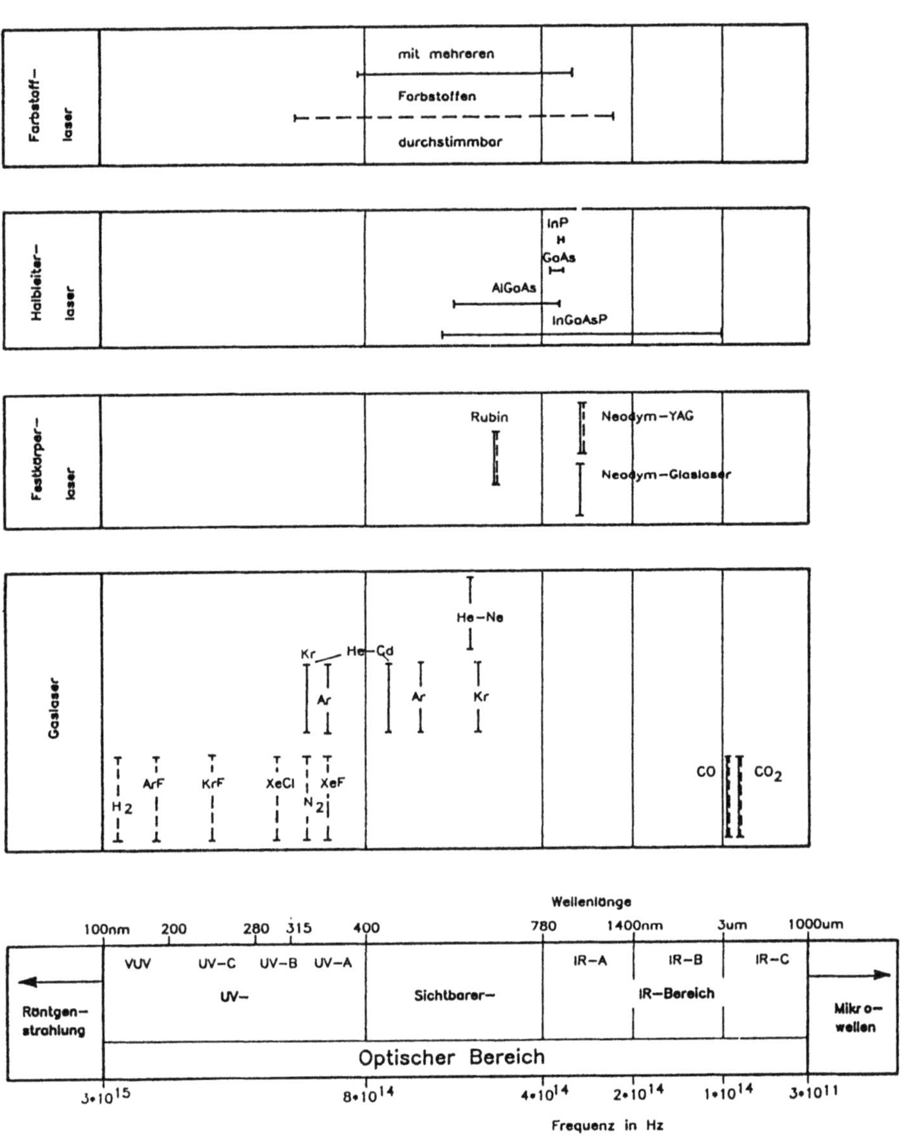

der Strahlung). Für die Erklärung von Ausbreitungs-, Beugungs- und Interferenzerscheinungen ist die Darstellung als elektromagnetische Welle geeignet.

Eine elektromagnetische Welle ist durch die Wellenlänge λ und die Frequenz v definiert. Mit der Ausbreitungsgeschwindigkeit c (im Vakuum 3×10^8 ms^{-1}) ergibt sich die Beziehung

$$c = \lambda \times v . \tag{2.1}$$

Die physikalischen Vorgänge bei der Emission (Aussendung) und Absorption (Aufnahme) von elektromagnetischer Strahlung durch Materie lassen sich mit dem Teilchenmodell erklären. Danach besteht die elektromagnetische Strahlung aus kleinsten Energieteilchen, die als Strahlungsquanten (im sichtbaren Bereich als Lichtquanten) oder Photonen bezeichnet werden. Die Energie E eines Photons ist bestimmt durch die Frequenz und eine Konstante, dem Planckschen Wirkungsquantum h:

$$E = h \times v. \tag{2.2}$$

Mit dem Atommodell von Bohr können die Absorptions- und Emissionseigenschaften von Atomen bildhaft dargestellt werden. Ein Atom ist charakterisiert durch einen Kern und durch eine bestimmte Anzahl von Elektronen, die sich auf diskreten Bahnen um den Kern bewegen. Die einzelnen Bahnen entsprechen unterschiedlichen Energiezuständen der Elektronen. Ein Elektron, welches sich auf einer inneren Bahn aufhält, hat eine niedrigere Energie als ein Elektron, das sich auf einer vom Kern weiter entfernten Bahn befindet.

Betrachten wir nun ein Atom, bestehend aus einem Kern und einem Elektron (Wasserstoffatom). Im Grundzustand (Abb. 2.1a) hat das Atom die Energie E_1 und das Elektron befindet sich auf der untersten Bahn. Damit ein Atom vom Energiezustand E_1 zum Energiezustand E_2 gelangen kann, ist die Energie $E = hv_{21}$ notwendig. Durch *Absorption* der Strahlungsenergie eines Photons mit der Frequenz v_{21} kann das Elektron auf eine höhere Bahn angeregt werden (Abb. 2.1b). Dieser Zustand ist

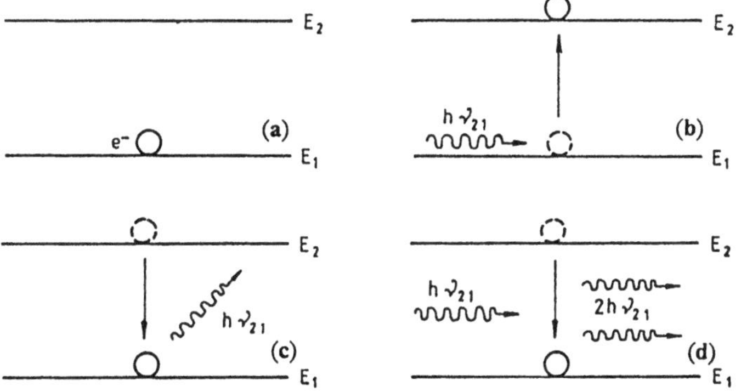

Abb. 2.1a–d. Änderung der Energiezustände eines Atoms bei Absorption und Emission eines Photons. (a) Grundzustand (b) Absorption (c) spontane Emission (d) stimulierte Emission

nicht stabil, und schon nach kurzer Zeit erfolgt ein Übergang vom angeregten Zustand in den Grundzustand zurück. Dabei wird ein Photon mit der Strahlungsenergie $E = h\nu_{21}$ ausgesendet. Dieser Vorgang wird als *Emission* bezeichnet und kann auf zwei verschiedene Arten erfolgen.

Eine *spontane Emission* liegt vor, wenn der Übergang zu einem nicht vorhersagbaren Zeitpunkt und ohne äußeren Einfluß erfolgt. Das Photon wird dabei in eine beliebige Raumrichtung emittiert (Abb. 2.1c) und steht in keiner festen Beziehung zu Photonen, die von anderen Atomen ausgestrahlt werden. Die spontane Emission erfolgt in der Regel unmittelbar nach der Anregung (nach 10^{-8} bis 10^{-9} s).

Der Übergang kann auch durch den Einfluß eines Strahlungsfeldes gesteuert ablaufen. So kann durch ein Strahlungsquant mit der Frequenz ν_{21} das angeregte Atom dazu veranlaßt werden, in den energieärmeren Zustand zurückzukehren. Das Photon, das dadurch ausgesendet wird, hat die gleiche Ausbreitungsrichtung, Schwingungsrichtung und Frequenz und führt zu einer Verstärkung der elektromagnetischen Welle. Dieser Vorgang wird als erzwungene, induzierte oder *stimulierte Emission* bezeichnet (Abb. 2.1d) und ist grundlegend für den Lasereffekt.

Im thermischen Gleichgewichtszustand ist die Anzahl der Atome im niedrigeren Energiezustand größer als die Anzahl der Atome im höheren Energiezustand. Die Verstärkung elektromagnetischer Strahlung in Materie kann dann erreicht werden, wenn dieses Verhältnis umgekehrt wird, d.h. es müssen mehr Atome im angeregten Zustand sein als im Grundzustand. Es besteht dann eine *Besetzungsinversion*. Wie dieser Inversionszustand erreicht werden kann, soll an einem 3-Niveau-System dargestellt werden (Abb. 2.2)

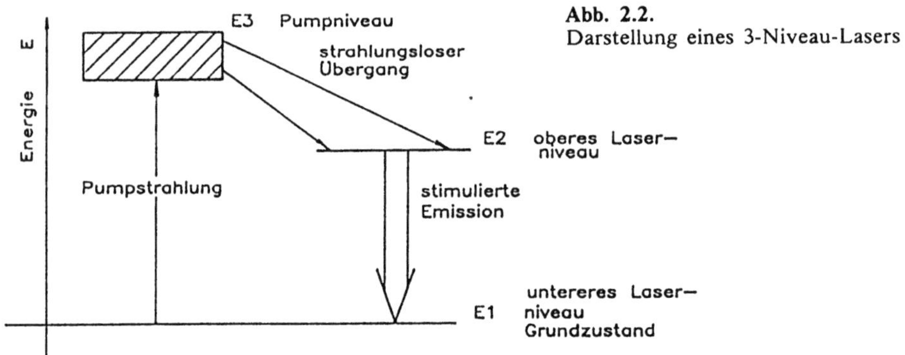

Abb. 2.2.
Darstellung eines 3-Niveau-Lasers

Ein Laser-Material, welches geeignete Energieniveaus besitzt, wird mit einer intensiven Strahlungsquelle, der *Pumpquelle*, bestrahlt. Durch Absorption der einstrahlenden Energie gehen die Atome vom Grundzustand E_1 in den angeregten Zustand E_3 über. Dieses Pumpniveau besteht aus einem breiten Absorptionsband und setzt sich aus mehreren, eng beieinanderliegenden Energiezuständen zusammen. Somit ist die Pumpstrahlung nicht auf eine diskrete Frequenz beschränkt.

Die Aufenthaltsdauer im Zustand E_3 ist nur sehr kurz (10^{-8} bis 10^{-9} s), ein sehr kleiner Anteil kehrt direkt in den Grundzustand zurück. Wesentlich größer ist jedoch die Anzahl der Atome, die strahlungslos unter Abgabe von Wärmeenergie in das Energieniveau E_2 übergehen. Bei dem Energieniveau E_2 handelt es sich um einen metastabilen Zustand, d.h. die Aufenthaltsdauer im Zustand E_2 ist bis zu 10^5 mal größer als im Zustand E_3. Die Ursache für den metastabilen Zustand liegt darin, daß ein Verstoß gegen eine quantenmechanische Auswahlregel bei dem Übergang von E_2 nach E_1 vorliegt. Dadurch können durch intensives Pumpen mehr Atome über den Zustand E_3 in den angeregten Zustand E_2 gelangen, als durch spontane Emission in den Grundzustand zurückgeführt werden. Zwischen E_2 und E_1 wird eine Besetzungsinversion erreicht.

Die Lichtverstärkung durch stimulierte Emission findet durch Übergänge zwischen dem oberen und unteren Laserniveau statt. Ausgelöst wird dieser Vorgang durch Photonen der Frequenz v_{21}, die durch spontane Emissionen entstanden sind. Dieser Prozeß wird wesentlich verstärkt, wenn das Lasermaterial, das auch als aktives Medium bezeichnet wird, zwischen zwei Spiegeln angeordnet ist, die so einen optischen Resonator bilden. Photonen, die schräg auf die Spiegel auftreffen, verlassen schon nach einigen Reflexionen seitlich das aktive Medium. Die Photonen, die senkrecht auf die Spiegel auftreffen, werden vielfach reflektiert. Bei jedem Durchlauf können diese Photonen mit den angeregten Atomen in Wechselwirkung treten und lösen dabei Photonen mit gleicher Energie, gleicher Ausbreitungs- und Schwingungsrichtung und Frequenz aus (Abb. 2.3). Durch die ständige Rückkopplung in dem aktiven Medium entsteht ein lawinenartiger Anstieg, der von der Anzahl der vorhandenen angeregten Atome (im Energieniveau E_2) begrenzt wird. Zwischen den beiden Spiegeln bildet sich eine stehende Welle, wenn der Abstand genau ein ganzes Vielfaches einer halben Wellenlänge der Strahlung entspricht. Durch die Rückkopplung eines

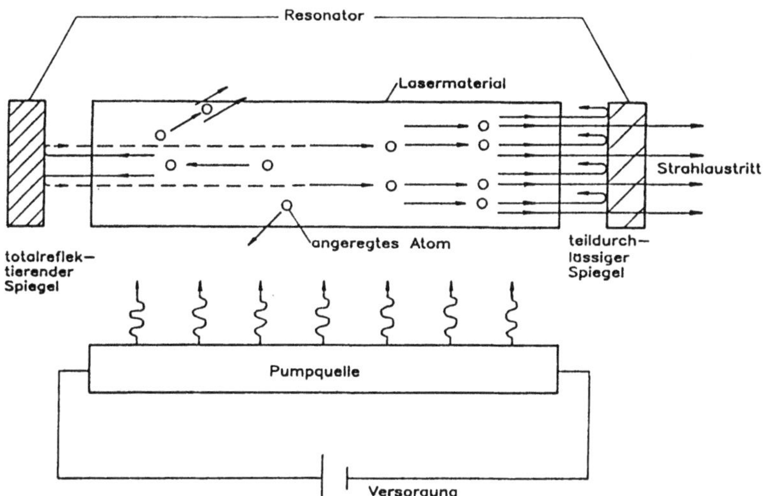

Abb. 2.3. Grundsätzlicher Aufbau eines Lasers und Darstellung der Photonenverstärkung im Lasermaterial. Ein Laser besteht aus dem Lasermaterial (Gas, Festkörper, Flüssigkeit, Halbleiter), einer Pumpquelle und einem Resonator

Teils der Strahlung in dem aktiven Medium entsteht Selbsterregung. Die Verstärkung und Rückkopplung der Strahlung kennzeichnet das Prinzip des selbsterregten Oszillators, der Laser wird als selbsterregter Oszillator betrieben. Damit die Laserstrahlung aus dem Resonator austreten kann, ist einer der Spiegel dauernd oder über einen Verschluß zeitweise für diese Wellenlänge teildurchlässig.

2.3 Eigenschaften der Laserstrahlung

Laserstrahlung zeichnet sich im wesentlichen durch folgende Eigenschaften aus:

- Kohärenz
- Monochromasie
- geringe Divergenz
- hohe Energie- und Leistungsdichten .

Dadurch unterscheidet sich der Laser von den konventionellen Strahlungsquellen der Optik, wie z.B. der Glüh- und Gasentladungslampe.

2.3.1 Kohärenz und Monochromasie

In einem Strahlungsfeld spricht man von Kohärenz, wenn zwischen den Phasen der Lichtwellen in diesem Feld eine feste Beziehung besteht. Dabei spricht man von *räumlicher Kohärenz*, wenn man die Phasenbeziehung zwischen zwei verschiedenen Orten im Raum betrachtet, von *zeitlicher Kohärenz*, wenn man die Phasenbeziehung zu verschiedenen Zeiten am gleichen Ort betrachtet. Der Zeitraum für den diese Phasenbeziehung besteht, ist die *Kohärenzzeit* t_k . Das Produkt aus der Lichtgeschindigkeit und der Kohärenzzeit ist die *Kohärenzlänge*. Letztere gibt die maximale Wegdifferenz an, die zwei Wellenzüge bei Interferenzversuchen (z.B. beim Youngschen Doppelspaltversuch) haben können, wenn sie trotzdem interferenzfähig bleiben sollen.

Bei konventionellen Lichtquellen, z.B. bei Spektrallampen, entsteht die Strahlung durch die spontane Emission vieler Atome. Diese Atome emittieren Wellenzüge in Form einer gedämpften Sinusschwingung mit einer Kreisfrequenz ω und einer Abklingzeitkonstante τ_a . Die Emission verschiedener Atome findet unabhängig voneinander statt. Die Phasendifferenz beträgt dabei φ. Den zeitlichen Verlauf der elektrischen Feldstärke E eines derartigen Wellenzuges kann man durch die folgende Gl. (2.3) beschreiben:

$$E(t) = E_0 \exp\left(-t/\tau_a\right) \sin\left(\omega t + \varphi\right) \tag{2.3}$$

Da die Phasendifferenz φ zwischen den Emissionen verschiedener Atome von Wellenzug zu Wellenzug wechselt, sind diese nicht interferenzfähig. Die Strahlung der konventionellen Lichtquellen ist daher *inkohärent*.

Anders verhält es sich bei Laserstrahlung. Diese wird durch stimulierte Emission erzeugt. Die Emission der verschiedenen Atome erfolgt in Phase mit der sich ausbreitenden elektromagnetischen Welle. Damit wird die Phasenverschiebung φ in (2.3) für die Emission aller Einzelatome gleich. Auf Grund der stimulierten Emission und der dadurch verursachten Verstärkung der Welle wird die Abklingzeitkonstante τ_a sehr groß. Es besteht also im Strahlungsfeld eine feste räumliche und zeitliche Phasenbeziehung. Die Strahlung ist daher interferenzfähig, sie ist *kohärent*.

Unter bestimmten Bedingungen ist die Strahlung konventioneller Lichtquellen trotz der Inkohärenz der Einzelemissionen interferenzfähig. Betrachtet man Gl. (2.3), so besteht für die Strahlung eines Wellenzuges zu verschiedenen Zeiten t eine feste Phasenbeziehung, so lange die Zeitdifferenz nicht größer ist als die Abklingzeitkonstante τ_a. In der Praxis ist allerdings die Kohärenzzeit der Strahlung nicht durch die Abklingzeitkonstante gegeben, sondern wesentlich kleiner als τ_a, da man niemals nur die Strahlung eines einzelnen Atomes beobachten kann, sondern immer die Strahlung vieler Atome gleichzeitig mißt. Die verschiedenen Atome emittieren jedoch nie genau die gleiche Frequenz ω. Jede Spektrallinie einer Spektrallampe hat eine Frequenzbreite $\delta\omega$. Zu dieser Verbreiterung tragen Gasdruck, elektrische und magnetische Felder, Geschwindigkeitsverteilung der Atome und anderes bei. Damit ergibt sich für eine Zeit δt nach (2.3) eine Änderung der Phase von $\delta\omega\,\delta t$. Die Kohärenzzeit t_k ist also von der Größenordnung $2\pi/\delta\omega$, da nach dieser Zeit die Phasenlage der Emission verschiedener Atome verschmiert ist.

Räumliche Kohärenz liegt vor, wenn Strahlung, die von zwei verschiedenen Punkten im Raum kommt, interferenzfähig ist. Für konventionelle Lichtquellen erreicht man das z.B. beim Youngschen Doppelspaltversuch dadurch, daß man einen kleinen Teil der Strahlungsquelle ausblendet, so daß die Phasendifferenz des Lichtes, das von verschiedenen Stellen des Strahlers kommt, auf den beiden Wegen klein gegen dessen Wellenlänge ist. Nur dann bleibt die Phasenverschiebung klein gegen 2π. Bei Lasern dagegen besteht auch quer zum Laserstrahl meist über das ganze Bündel eine feste Phasenbeziehung, es besteht für das gesamte Strahlungsfeld auch ohne zusätzliche Blenden räumliche Kohärenz.

Die Kohärenzlänge eines frequenzstabilisierten He-Ne-Lasers kann 10^6 m erreichen, während demgegenüber die Kohärenzlänge einer Quecksilberhochdrucklampe nur etwa 10^{-6} m beträgt. Dieser Unterschied von rund 12 Größenordnungen schafft die Voraussetzung für viele Anwendungen des Laser, wie z.B. in der Holographie und der Interferometrie.

Eine Strahlung nennt man *monochromatisch*, wenn die die Frequenzbreite $\delta\omega$ sehr klein gegen die Frequenz ω der Strahlung ist. Auf Grund der induzierten Emission der Strahlung im Laserresonator ist bei Lasern die Frequenzbreite meist sehr viel kleiner als bei konventionellen Lichtquellen. Glühlampen und viele andere konventionelle Lichtquellen strahlen demgegenüber ein kontinuierliches Spektrum aus, aus dem man monochomatische Strahlung nur durch Filterung oder durch spektrale Zerlegung in Monochromatoren gewinnen kann.

2.3.2 Strahldivergenz und Leistungsverteilung über den Strahlquerschnitt

Die Strahlung, die insbesondere aus einem Gaslaser austritt, ist stark gebündelt. Anders als bei konventionellen Strahlungsquellen wird die Strahlung nicht in den gesamten Raum abgegeben, sondern es wird in eine Richtung nahezu parallele Strahlung ausgesandt. Die Zunahme des Strahldurchmessers d kann also, je nach Lasertyp, auch über längere Strecken relativ gering sein. So kann z.B. bei einem He-Ne-Laser die Strahldivergenz δ (siehe Abb. 3.17 und Abschn. 3.3.3) nur 5×10^{-4} rad betragen, während ein Halbleiterlaser stärker divergent ist und für ihn 0,5 rad und mehr typisch sind.

Mit geeigneten Linsen oder Linsensystemen kann der Laserstrahl extrem fokussiert oder die Strahldivergenz verringert werden.

In Abschn. 2.2 wurde dargelegt, daß bei entsprechender Anordnung des Resonators axiale Schwingungsformen (stehende Wellen) auftreten, die als Moden bezeichnet werden. Daneben treten auch Wellenformen auf, die senkrecht zur Ausbreitungsrichtung stehen. Sie werden als transversale elektromagnetische Schwingungsformen TEM bezeichnet und sind abhängig von der Spiegelgeometrie des Resonators und von der Beugungsbegrenzung (Geometrie der Blende).

Im Strahlquerschnitt kann die Leistungsverteilung sehr unterschiedlich sein, wobei Leistungsmaxima und Nullstellen auftreten. Mit den Indizes m, n und q wird die Modenstruktur gekennzeichnet. Die Anzahl der Nullstellen der Leistung in x-Richtung, verteilt über den Strahlquerschnitt, wird mit m, die Anzahl der Nullstellen in y-Richtung mit n und die Anzahl der Knoten der axialen Schwingungsformen im Resonator mit q angegeben. Oft erfolgt nur die Angabe mit den Indizes m und n in der Form TEM$_{mn}$, weil diese für die Strahlform entscheidend sind. So bedeutet TEM$_{21}$, daß die Modenstruktur aus zwei Nullstellen in x-Richtung und einer Nullstelle in y-Richtung besteht.

In der Grundmode TEM$_{00}$ hat der Strahlquerschnitt eine Leistungsverteilung ohne Nullstellen, die Leistung nimmt über den Laserstrahl entsprechend einer Gaußverteilung (siehe Abschn. 3.3.4) nach außen hin ab. In der Grundmode hat der Laser optimale Kohärenzeigenschaften, geringste Divergenz und die beste Fokussierbarkeit. Mit Spiegeln oder Blenden können höhere Moden unterdrückt werden.

In Abb. 2.4 sind einige Moden dargestellt.

Weitere Angaben über geometrische Strahlgrößen werden im Abschn. 3.3 vorgestellt.

2.3.3 Energie- und Leistungsdichten

Mit dem Laser können durch die starke Bündelung der Strahlung sehr hohe Energie-und Leistungsdichten (siehe Abschn. 3.1) erzeugt werden, die mit keiner anderen künstlichen Strahlungsquelle möglich sind.

Nach der Betriebsart wird zwischen dem *Dauerstrichlaser*, häufig als CW-Laser bezeichnet (im englischen *continous wave laser*), und dem *Impulslaser* unterschieden.

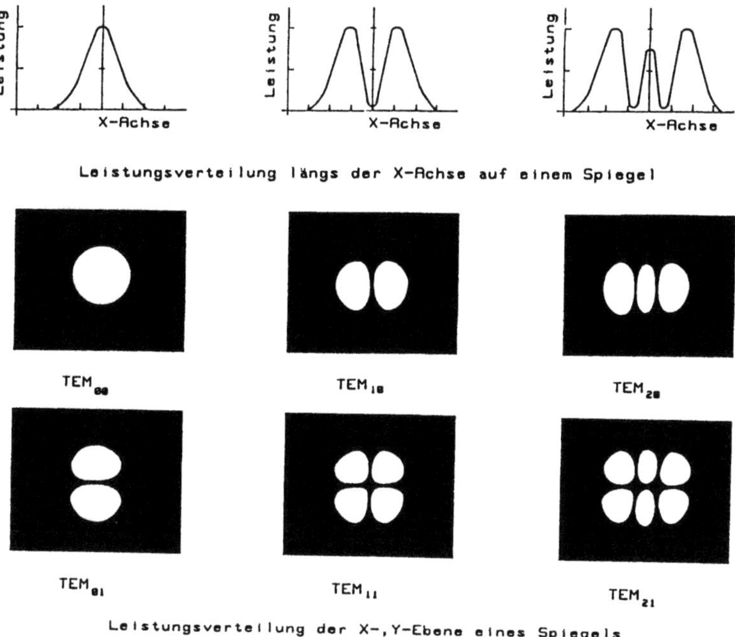

Abb. 2.4. Schwingungsform eines konfokalen optischen Resonators mit rechteckiger Spiegelbegrenzung

Für den Dauerbetrieb muß die Pumpstrahlung kontinuierlich erzeugt werden. Dadurch ist die Ausgangsleistung zeitlich konstant. Bei einem CO_2-Laser sind im Dauerbetrieb bis zu $10^9\,\mathrm{W\,m^{-2}}$ möglich.

Im Pulsbetrieb kann die Leistungsdichte wesentlich größer sein. So kann beim gepulsten CO_2-Laser eine Leistungsdichte von $10^{16}\,\mathrm{W\,m^{-2}}$ erzielt werden, jedoch nur für eine Zeit von 10^{-10} s. Laserimpulse können durch den

- Pulsbetrieb der Pumpquelle,
- Gütemodulation (Q-switch) und
- Modenkopplung

erzeugt werden.

Das Pulsen der Pumpstrahlung stellt eine einfache Methode dar, um kurze Laserimpulse zu erhalten. Dies kann z.B. mit einer Xenon-Blitzlampe erfolgen. Die Impulsdauern liegen zwischen 10^{-3} bis 10^{-7} s.

Kürzere Impulse sind mit der *Gütemodulation* (Riesenimpulslaser) zu erreichen, indem die Güte Q, welche ein Maß für die Verluste eines Resonators ist, zeitlich verändert wird. Mit einem schnellen Schaltelement wird zunächst ein Spiegel des Resonators abgedeckt. Dazu werden Pockelszellen, Kerrzellen, mechanische Schalter in Form von Drehspiegeln und Drehprismen oder absorbierende Materialien verwendet. Durch die Abdeckung wird die Rückkopplung unterbrochen. Gleichzeitig werden mehr und mehr Atome durch die Pumpstrahlung in den angeregten Zustand gebracht. Wird der zweite Spiegel freigeschaltet, kann der Laserprozeß ungehindert einsetzen. Die gespeicherte Energie wird in sehr kurze, intensive Strahlungsimpulse umgewandelt, die eine Impulsdauer von 10^{-7} bis 10^{-9} s haben können.

Mit dem Verfahren der *Modenkopplung* (mode locking) sind noch höhere Spitzenleistungen bei extrem kurzen Impulsen möglich. Dazu werden die axialen Moden, die innerhalb des Resonators zunächst unabhängig voneinander schwingen, mit einer bestimmten Frequenz amplitudenmoduliert. Damit wird erreicht, daß die Schwingungsformen zu einer bestimmten Zeit den gleichen Schwingungszustand mit maximaler Amplitude haben. Durch die Überlagerung der Amplituden können Impulse mit Leistungsdichten auftreten, die größer sind als $10^{16}\,\mathrm{W\,m^{-2}}$ bei Impulsdauern von 10^{-9} bis 10^{-12} s.

2.4 Lasertypen

Die verschiedenen Lasertypen können nach dem Aggregatzustand des aktiven Mediums (fest, flüssig, gasförmig), nach ihrer Betriebsart (kontinuierlich oder gepulst) und dem verwendeten Anregungsmechanismus (optisches Pumpen, Elektronenstoß in einer Gasentladung, Ladungsträgerinjektion u.a.m.) unterteilt werden. Gebräuchlich ist eine Einteilung in Festkörper-, Gas-, Farbstoff- und Halbleiterlaser als Kombination der Unterscheidungsmerkmale nach dem aktiven Medium und dem Anregungsmechanismus. Im folgenden werden die typischen Eigenschaften der einzelnen Laser vorgestellt und in Tabelle 2.2 mit den Anwendungsgebieten zusammengefaßt [2.2, 2.3].

2.4.1 Festkörperlaser

Das aktive Medium eines Festkörperlasers besteht, wenn man den weiter unten behandelten Halbleiterlaser einmal beiseite läßt, aus einem Kristall- oder Glaskörper, in dem Metall-Ionen oder Ionen der seltenen Erden eingebaut sind. Wesentliche Merkmale dieses Lasertyps sind die kompakte Bauweise und sehr hohe Impulsleistungen. Die Anregung erfolgt bei allen Festkörperlasern durch optisches Pumpen. Als Pumpquellen werden für den Impulsbetrieb Xenon- und Quecksilber-Blitzlampen und für die kontinuierliche Anregung Quecksilber- und Kryptonbogenlampen verwendet. Die wichtigsten Festkörperlaser sind Rubin-, Neodym-Glas- und Neodym-YAG-Laser.

Beim *Rubinlaser* – historisch der erste Laser – besteht das aktive Medium aus Aluminiumoxid (Al_2O_3), in dessen Kristallgitter Chrom-Ionen (Cr^{3+}) eingelagert sind. Für den Laserprozeß werden die Energiezustände der dreifach ionisierten Chrom-Atome ausgenutzt. Die Wirkungsweise entspricht dem 3-Niveau-System, das im Abschn. 2.2 beschrieben ist (Abb. 2.2). Damit eine Besetzungsinversion erreicht wird, muß mindestens die Hälfte der Chrom-Ionen im angeregten Zustand sein. Dazu ist eine hohe Pumpleistung erforderlich. Um den Wirkungsgrad der Pumpquelle zu

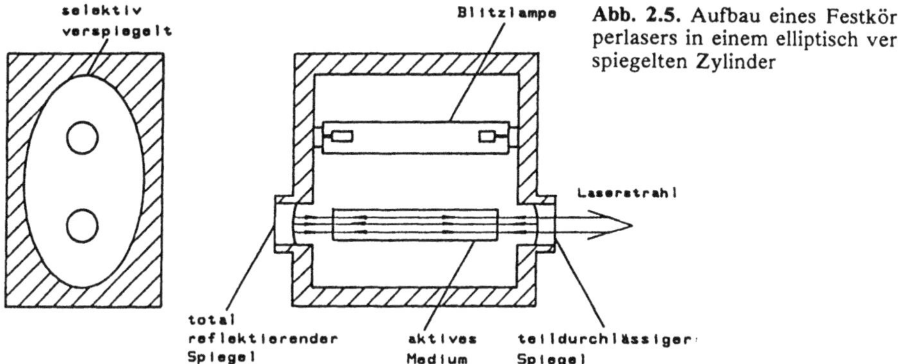

Abb. 2.5. Aufbau eines Festkörperlasers in einem elliptisch verspiegelten Zylinder

erhöhen, wird bei einer Ausführungsform in dem einen Brennpunkt eines elliptisch reflektierenden Zylinders eine stabförmige Strahlungsquelle und im anderen das Lasermedium angeordnet (siehe Abb. 2.5).

Mit Anordnungen mehrerer stabförmiger Strahlungsquellen in den Brennpunkten mehrerer elliptischer Reflektoren, die einen gemeinsamen Brennpunkt besitzen, in dem sich das aktive Medium befindet, sind noch höhere Pumpleistungen zu erreichen.

Der Rubinlaser kann im Dauerbetrieb arbeiten, wird jedoch bevorzugt gepulst eingesetzt. Mit der langen Aufenthaltsdauer der Chrom-Ionen im oberen Laserniveau ist eine hohe Speicherfähigkeit verbunden. Diese kann z.B. für den Betrieb der Güte-modulation zur Erzeugung von Impulsen mit hohen Ausgangsleistungen ausgenutzt werden.

Das aktive Medium des *Neodym-Lasers* besteht aus Glas oder Yttrium-Aluminium-Oxid ($Y_3Al_5O_3$), kurz YAG genannt (abgeleitet aus dem englischen *Yttrium-Aluminiumoxide-Garnet*), in dem Nd^{3+}-Ionen eingebaut sind. Die Wirkungsweise entspricht, wie bei den meisten Lasern, dem 4-Niveau-System (siehe Abb. 2.6).

Im Vergleich zum 3-Niveau-System ist das untere Laserniveau E_2 nicht mit dem Grundzustand identisch. Im thermischen Gleichgewicht ist der Energiezustand E_2 nicht besetzt. Für die Besetzungsinversion von E_3 nach E_2 ist eine wesentlich niedrigere Pumpleistung als bei einem 3-Niveau-System erforderlich.

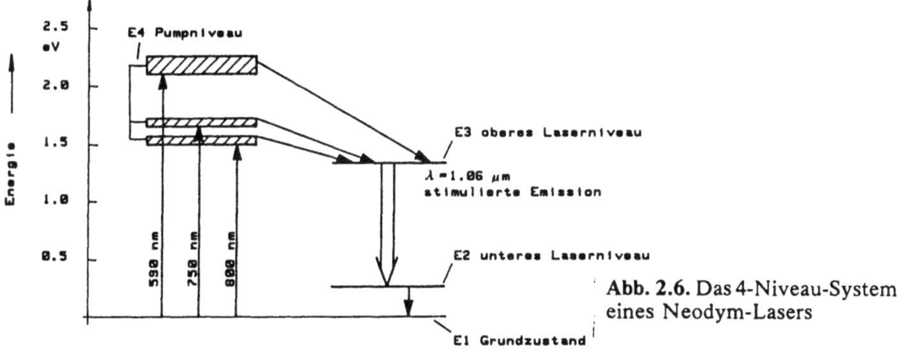

Abb. 2.6. Das 4-Niveau-System eines Neodym-Lasers

Der *Neodym-Glas-Laser* wird für die Erzeugung von Impulsen mit hohen Ausgangsleistungen eingesetzt. Durch die bessere Wärmeleitfähigkeit ist mit dem *Neodym-YAG-Laser* sowohl Impuls- wie auch Dauerbetrieb möglich. Der Wirkungsgrad (d.h. das Verhältnis der zugeführten elektrischen Leistung zur erzeugten Laserleistung), von Festkörperlasern liegt bei etwa 1%.

2.4.2 Gaslaser

Das aktive Medium eines Gaslasers liegt in gasförmiger oder dampfförmiger Phase vor. Durch die große Anzahl der Emissionslinien, die erzeugt werden können, kann der Wellenlängenbereich vom Vakuum-UV bis zum fernen Infrarot abgedeckt werden. Im Vergleich zum Festkörperlaser sind insbesondere durch das homogenere aktive Medium bessere Strahlqualitäten erreichbar. Der Gaslaser läßt sich in Neutralgas-Laser (He-Ne), Ionenlaser (Ar, Kr, He-Cd) und in Moleküllaser (CO, CO_2, H_2, N_2, Excimer) einteilen.

Beim *He-Ne-Laser* befindet sich in einem Entladungsrohr ein Gasgemisch aus Helium und Neon, wobei Neon das laseraktive Gas ist. Die Neon-Atome können nicht direkt in das obere Laserniveau gelangen, dazu werden He-Atome benötigt. Die Anregung erfolgt in einer Gasentladung. Durch Elektronenstöße werden die He-Atome in metastabile Zustände (2^3s und 2^1s) angehoben. Da die Energieniveaus (2s und 3s) der Ne-Atome mit den metastabilen Energieniveaus übereinstimmen, kann die Energie der He-Atome durch Stöße auf die Ne-Atome übertragen werden (Abb. 2.7).

Die beiden Spiegel des Resonators sind entweder innerhalb oder außerhalb des Entladungsrohres angeordnet. Sind die Spiegel außerhalb angebracht, wird das Ent-

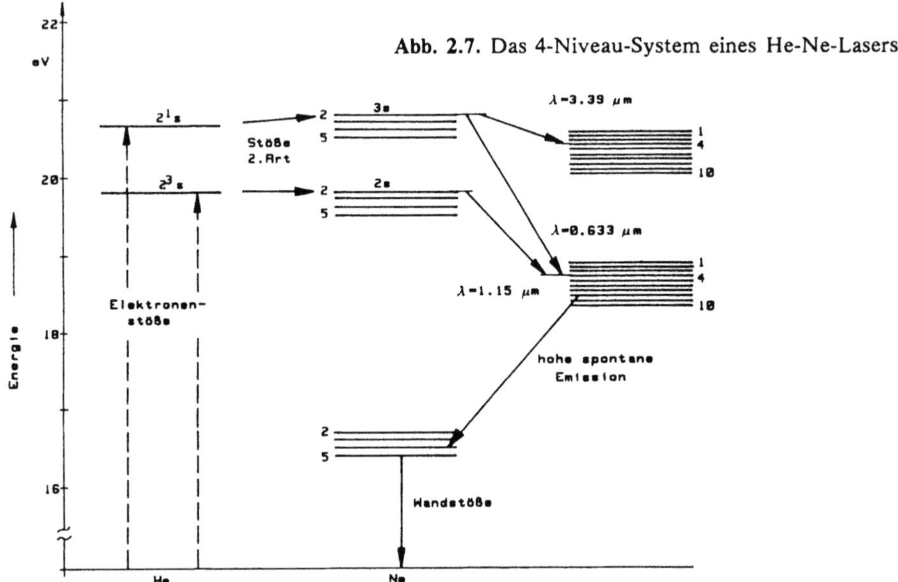

Abb. 2.7. Das 4-Niveau-System eines He-Ne-Lasers

ladungsrohr mit planparallelen Platten (Fenster) abgeschlossen. Zur Vermeidung von Reflexionsverlusten, die bei den Übergängen durch die verschiedenen Medien entstehen, werden diese Fenster unter einem bestimmten Winkel, dem *Brewster-Winkel*, angeordnet (Brewster-Fenster). Dadurch wird nur linear polarisierte Strahlung durchgelassen.

Die Strahlung, die aus einem selektiven, teildurchlässigen Spiegel des Resonators austritt, besitzt eine große Kohärenzlänge und eine sehr kleine Strahldivergenz, die in den Bereich der Beugungsgrenze hineinkommt. He-Ne-Laser arbeiten mit relativ kleiner Leistung im Dauerbetrieb.

Argon- und Kryptonionenlaser haben von den Edelgaslasern die größte Bedeutung erfahren. Für den kontinuierlichen Betrieb erfolgt die Anregung durch Elektronenstöße in zwei Stufen. In der ersten Stufe werden die atomaren Edelgase ionisiert, in der zweiten Stufe die Edelgasionen in das obere Laserniveau angeregt. Dazu wird eine hohe Stromdichte benötigt. Dies führt zu einer hohen Temperatur des Plasmas und erfordert spezielle Konstruktionen des Entladungsrohres. Neben einer Wasserkühlung kann die Wandbelastung zusätzlich mit einem axialen Magnetfeld verringert werden, die die Entladung auf die Rohrachse komprimiert. (Abb. 2.8).

Edelgasionenlaser liefern im Dauerbetrieb leistungsstarke Linien vom UV- bis zum IR-Bereich, die z.B. mit einem Prisma selektiert werden können. Mit dem Argonionenlaser werden die höchsten CW-Ausgangsleistungen im sichtbaren Bereich erzielt.

Zu den wichtigsten Metalldampflasern gehört der *He-Cd-Laser*. Die Anregung erfolgt ähnlich wie beim He-Ne-Laser, indem die Energie der He-Atome durch Stöße auf die Metallatome übertragen wird, diese werden dadurch ionisiert und gleichzeitig angeregt. Der He-Cd-Laser liefert geringe Leistungen im UV- und sichtbaren Bereich und kann kontinuierlich betrieben werden.

Der technisch wichtigste Moleküllaser ist der *CO_2-Laser*, dessen aktives Medium aus einem Gasgemisch von Kohlendioxid, Stickstoff und Helium besteht. Bei einem Moleküllaser wird die stimulierte Emission nicht wie bei den bisher vorgestellten Lasern durch Übergänge von Energiezuständen der Elektronen erreicht, sondern durch Übergänge von Rotations- und Schwingungszuständen der Moleküle. Die Anregung

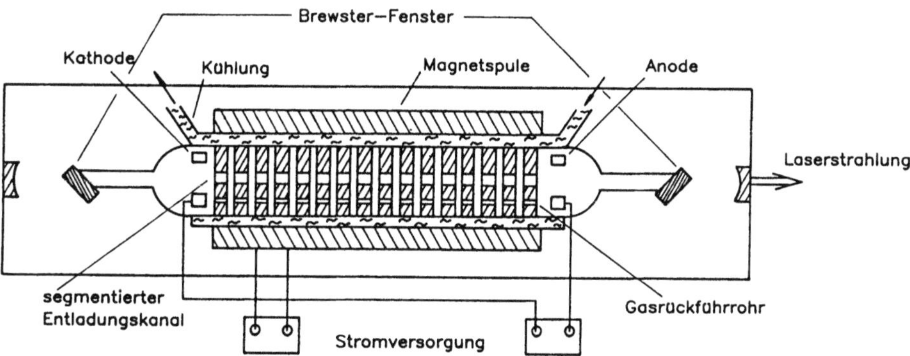

Abb. 2.8. Aufbauschema eines Argonionenlasers

der CO_2-Moleküle in einen Schwingungszustand erfolgt nicht direkt, sondern durch Energieübertragung von angeregten Stickstoff-Molekülen. Helium dient dazu, das untere Laserniveau der CO_2-Moleküle schneller zu entleeren.

Bei Lasern mit einer abgeschlossenen Gasfüllung sind nur relativ geringe Leistungen möglich. Um höhere Leistungen zu erreichen, ist eine stärkere Kühlung des Gasgemisches erforderlich. Bei kontinuierlichem Gasaustausch sind Leistungen bis etwa 1 kW möglich. Bei CO_2-Hochleistungslasern (> 1 kW) wird das Gas in einem geschlossenen System mit hoher Geschwindigkeit umgewälzt. Dabei wird es durch Wärmetauscher gekühlt und mittels einer Umwälzeinrichtung dem Entladungsrohr wieder zugeführt. Die Strömungsrichtung kann längs oder quer zur Resonatorachse verlaufen. Dementsprechend unterscheidet man zwischen axial- und transversalgeströmten Lasern (Abb. 2.9).

Die Gasentladung kann durch Gleichspannungs- oder Hochfrequenzanregung erzeugt werden. Für den Impulsbetrieb hat der CO_2-TEA-Laser (*Transverse Excited Atmospheric Pressure Laser*) die größte Bedeutung. Die Anregung erfolgt bei Atmosphärendruck quer zur Resonatorachse

Die *Excimer-Laser*, deren wichtigste Vertreter die Edelgashalogenid-Laser sind, arbeiten ebenfalls im Impulsbetrieb. Eine Besonderheit der Excimere ist, daß diese Moleküle, zumeist also Edelgas-Halogenide, nur im angeregten Zustand existieren. Die stimulierte Emission entsteht durch Übergang von dem durch Hochspannungsentladungen angeregten stabilen Molekülzustand in den nicht gebundenen Grundzustand. Mit Excimer-Lasern sind hohe Spitzenleistungen möglich. Da die Emissionslinien im UV-Bereich liegen, ist die Strahlung z.B. in biologischem Gewebe energetisch besonders wirksam (darüber und weitere Informationen über UV-Laser siehe [8.3]).

Der Wirkungsgrad der Gaslaser ist sehr unterschiedlich. Mit He-Ne- und Edelgasionenlasern sind nur Wirkungsgrade von etwa 0,1 % erreichbar, mit Edelgashalogenidlasern bis zu 10%, und bei CO_2-Lasern kann der Wirkungsgrad sogar größer als 25% sein. Dieser hohe Wirkungsgrad des CO_2-Lasers wird zwar durch den CO-Laser, ebenfalls ein Moleküllaser, überschritten, jedoch ist seine technische Anwendung begrenzt, da er nur bei sehr niedrigen Temperaturen (kleiner als 100 K) betrieben werden kann.

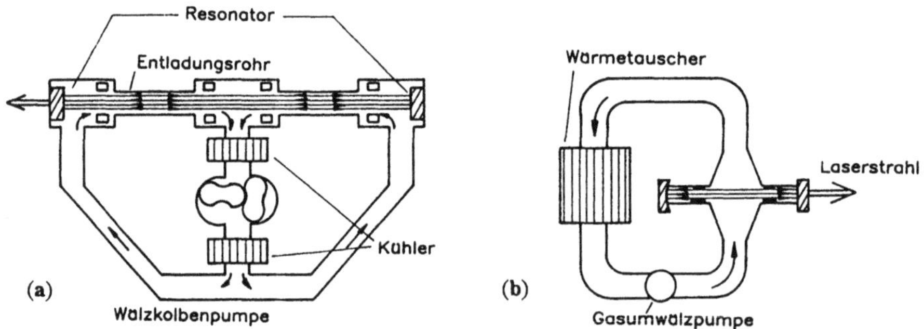

Abb. 2.9a und **b.** Aufbau von CO_2-Lasern für den kontinuierlichen Betrieb. (a) Axial geströmter Laser (b) Transversal geströmter Laser

2.4.3 Farbstofflaser

Im *Farbstofflaser* (englisch: Dye Laser) liegt das aktive Medium in flüssiger Form vor. Es besteht aus fluoreszierenden organischen Farbstoffen (z.B. Rhodamin, Coumarin), die in einem Lösungsmittel gelöst sind. Die Anregung von Farbstofflasern erfolgt durch optisches Pumpen, wozu leistungsstarke Blitzlampen oder bestimmte Lasertypen verwendet werden, z.B. Edelgasionenlaser für den kontinuierlichen Betrieb und Excimer-Laser für den Impulsbetrieb.

Die Energieniveaus der vielatomigen Farbstoffmoleküle (siehe Abb. 2.10) bestehen aus Singulett- (antiparallele Spins) und Triplett-Zuständen (parallele Spins). Sie sind durch zahlreiche Schwingungs- und Rotationszustände der Moleküle stark verbreitert. Durch die Anregung gelangen die Farbstoffmoleküle vom untersten Zustand des Singulettgrundniveaus S_0 in irgendeinen Schwingungs- und Rotationszustand des Singulettniveaus S_1. Durch schnelle, strahlungslose Abgabe der Schwingungs- und Rotationsenergie gelangen die Moleküle innerhalb von S_1 in den untersten Zustand (oberes Laserniveau). Von da aus sind auch Übergänge in den Triplettzustand T_1 möglich. Dieser Triplettzustand wirkt sich ungünstig aus, da für diese Zeit die Moleküle an dem Laserprozeß nicht teilnehmen können. Deshalb sind nur Farbstoffe, bei denen die Aufenthaltsdauer in diesem Zustand klein ist, gut geeignet. Durch Zusätze von sogenannten Triplettlöschern (auch „Quencher" genannt) kann diese Zeit verkürzt werden.

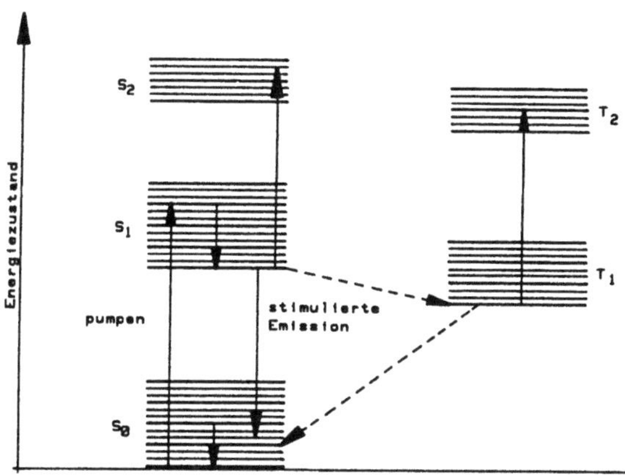

Abb. 2.10. Vereinfachtes Energieniveauschema eines Farbstofflasers

Der Laserprozeß findet zwischen dem oberen Laserniveau S_1 und den zahlreichen Schwingungs- und Rotationszuständen des unteren Singulettzustandes S_0 statt. Somit liegt ein breiter Emissionsbereich vor. Durch die Anordnung von drehbaren Gittern, Prismen oder anderen frequenzselektiven Elementen innerhalb des Resonators können aus diesem Bereich einzelne Wellenlängen selektiert und verstärkt werden, d.h. der Laser ist abstimmbar. Da es eine große Anzahl von geeigneten Farbstoffmolekülen gibt, sind diese vom UV- bis zum IR-Bereich für den Impulsbetrieb und, etwas eingeschränkt, auch für den kontinuierlichen Betrieb nutzbar. Der Wirkungsgrad, bezogen auf die optische Einspeisung, liegt bei etwa 15 %. Bezüglich des Arbeitsschutzes ist die Durchstimmbarkeit, wegen der schwierigen Zuordnung geeigneter Schutzbrillen (siehe Abschn. 9.6), nicht ganz unproblematisch.

2.4.4 Halbleiterlaser

An der Entwicklung von Halbleiterlasern (Laserdioden) wurde gerade in den letzten Jahren intensiv gearbeitet. Dies ist zum Teil darauf zurückzuführen, daß die Laserdiode als Strahlungsquelle für den Einsatz in der optischen Informationsübertragung besonders gut geeignet ist, ein Anwendungsgebiet, das sich ebenfalls in einer rasanten Entwicklung befindet.

Bei einem Halbleiterlaser besteht das aktive Medium aus Halbleiterkristallen. Die einfachste Ausführung besteht aus einem n- und einem p-Halbleiter und soll hier zur Erklärung der Wirkungsweise näher beschrieben werden. Durch den Einbau von Fremdatomen (Dotieren) kann die Anzahl der beweglichen Ladungsträger (Leitfähigkeit) im Halbleiter erhöht werden. Fremdatome, die Elektronen abgeben, werden als Donatoren bezeichnet. Im Gegensatz dazu spricht man von Akzeptoren, wenn die Fremdatome Elektronen an sich binden. Bei einem n-Halbleiter entstehen durch Donatoren Überschußelektronen, und der Ladungstransport erfolgt im Leitungsband. p-Halbleiter haben einen Überschuß an positiven Ladungsträgern (Löcher), wobei der Ladungstransport im Valenzband stattfindet. Werden die beiden Halbleiter miteinander verbunden, so entsteht ein pn-Übergang mit einer ladungsträgerfreien Sperrschicht. Durch Anlegen einer Spannung in Durchlaßrichtung bewegen sich im pn-Übergangsbereich die Elektronen in das p-leitende Material und die positiven Ladungsträger in das n-leitende Material (Ladungsträgerinjektion). Wird eine Schwellenstromdichte überschritten, so kann in der Übergangszone eine Besetzungsinversion erreicht werden. Beim Halbleiterlaser entspricht das Leitungsband dem oberen Laserniveau und das Valenzband dem unteren Laserniveau. Die Strahlung entsteht, wenn Elektronen und Löcher miteinander rekombinieren. Die Energie der Strahlung entspricht dem Bandabstand im Halbleiter. Diese wird durch die Rückkopplung zwischen den senkrecht zum aktiven Medium planparallel geschliffenen Stirnflächen, die den Resonator bilden, verstärkt (siehe Abb. 2.11).

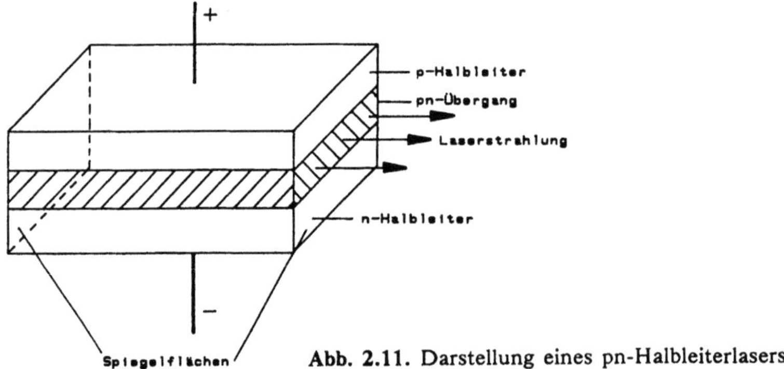

Abb. 2.11. Darstellung eines pn-Halbleiterlasers

Im Laufe der Entwicklung von Laserdioden entstanden immer komplexere Strukturen mit dem Ziel, die Schwellenstromdichte zu senken, die Strahleigenschaften zu verbessern und eine Anpassung an spezielle Anwendungsgebiete zu ermöglichen

Häufig eingesetzte Halbleiterlasermaterialien sind Kombinationen wie etwa GaAs/GaAlAs oder InP/InGaAsP. In Abb. 2.12 ist der Aufbau einer indexgeführten Laserdiode dargestellt. Bei diesem Typ wird der Pumpstrom durch die Struktur von Schichten mit unterschiedlichen Brechungsindizes auf einen schmalen aktiven Streifen begrenzt.

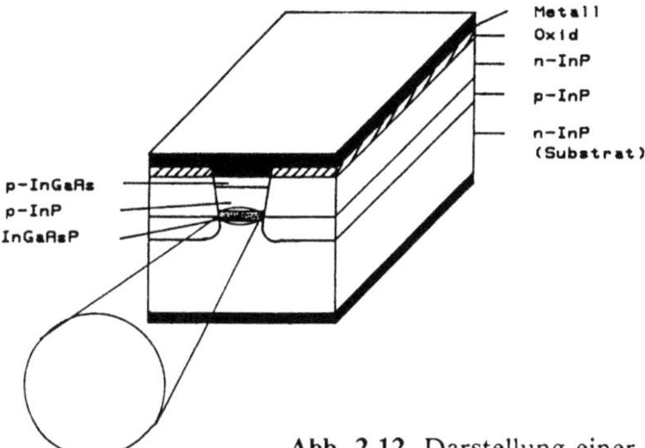

Abb. 2.12. Darstellung einer indexgeführten InP/InGaAsP-Laserdiode

Für die Modulation bei der optischen Informationsübertragung ist es wichtig, daß nicht mehrere longitudinale Moden auftreten. Durch externe Selektionsmittel oder eine Gitterstruktur im aktiven Medium kann man erreichen, daß nur eine einzige Mode angeregt wird.

Für Anwendungsgebiete, die hohe Ausgangsleistungen benötigen, können Halbleiterlaserarrays verwendet werden. Durch die parallele Anordnung von zwanzig Laserdioden und mehr kann derzeit eine kontinuierliche Ausgangsleistung von bis zu 3 W erzielt werden.

Den positiven Eigenschaften einer Laserdiode wie die geringen Abmessungen, die einfache Anregung durch Ladungsträgerinjektion, die direkte Modulierbarkeit über den Strom, steht u.a. als Nachteil eine größere Divergenz des Laserstrahls gegenüber.

2.4.5 Übersicht über die Lasertypen

In Tabelle 2.2 sind einige wichtige Lasertypen aufgeführt, die schon heute ein großes Anwendungsfeld haben. Diese Zusammenstellung kann natürlich nicht vollständig die Vielzahl der unterschiedlichen Möglichkeiten zur Erzeugung von Laserstrahlung wiedergeben.

Ein Lasertyp, dessen Entwicklung recht aufmerksam verfolgt wird, ist der Freie-Elektronen-Laser, der hier kurz vorgestellt werden soll.

Das aktive Medium beim Freien-Elektronen-Laser besteht aus einem energiereichen Elektronenstrahl. Dieser Strahl durchläuft eine Anordnung von wechselnden magnetischen Dipolen, wodurch der Strahl kleine wiederholende Richtungsänderun-

Tabelle 2.2. Wichtige Laserarten mit typischen Eigenschaften und Anwendungsgebieten

Lasertyp	Wellenlänge λ in µm	typische Ausgangsleistung in W		Anwendungsbeispiele
		CW	Impuls	
Gaslaser				
Wasserstoff (H$_2$)	0,116 0,123 0,160		$5\cdot10^3$–10^6	Spektroskopie, Fotochemie, Biochemie, Mikrobearbeitung, Pumpen von Farbstofflasern
Stickstoff (N$_2$)	0,3371		$5\cdot10^5$–$5\cdot10^6$	
Excimer (Edelgashalogenid-laser) Ar F, Kr F, Xe Cl, Xe F	0,193 0,248 0,308 0,351		10^6	Materialbearbeitung, Spektroskopie, Pumpen von Farbstofflasern, Fotochemie
Helium-Cadmium (He Cd)	0,325 0,4416	5–$100\cdot10^{-3}$		Medizin, Biologie, Fotolithographie
Helium-Neon (He Ne)	0,6328 1,1523 3,3912	$0,5$–$50\cdot10^{-3}$		Meßtechnik, Justieren, Holographie, optische Datenverarbeitung
Argon (Ar$^+$)	Linien von 0,3511–0,5287	0,5–100		Holographie, Meßtechnik, Spektroskopie, Pumpen von Farbstofflasern, Medizin
Krypton (Kr$^+$)	Linien von 0,324–0,858	0,5–20		Spektroskopie, Pumpen von Farbstofflasern, Fotolithographie
Kohlenmonoxid (CO)	4,9–6,6	10–1000		Spektroskopie
Kohlendioxid (CO$_2$)	10,6	1–$22\cdot10^3$	100–10^{12}	Materialbearbeitung, Lidar, Medizin, Spektroskopie

gen erfährt. Die dabei entstehende elektromagnetische Strahlung hat die gleiche Richtung wie der Elektronenstrahl. Mit diesem Prinzip sollen hohe Spitzenleistungen, kurze Impulse und ein weiter Abstimmbereich von 50 nm (Beginn des Röntgenbereichs) bis 1 mm möglich sein.

Es gibt eine weitere Methode, um bestimmte Laserfrequenzen zu erzeugen, die nicht durch direkte Anregung zur Verfügung stehen. Dabei handelt es sich um die Frequenzvervielfachung mittels nichtlinearer Effekte – Änderung der Brechzahl oder Mehrphotonenprozesse –, die bei der Wechselwirkung von leistungsstarker Laserstrahlung mit Materie auftritt.

Tabelle 2.2. Fortsetzung

Lasertyp	Wellenlänge λ in μm	typische Ausgangsleistung in W		Anwendungsbeispiele
		CW	Impuls	
Festkörperlaser				
Rubin (Cr^{3+} $Al_2 O_3$)	0,694	100	$100-10^8$	Materialbearbeitung, Medizin, Lidar
Neodym-Glaslaser (Nd^{3+} Glas)	1,062		$100-10^8$	Materialbearbeitung, Plasmaforschung, Fotochemie
Neodym-YAG	1,064	1-500	10^6	Materialbearbeitung, Medizin
Farbstofflaser				
Farbstoffe	0,31-1,28	0,1-1	10^6	Spektroskopie, Medizin, Biologie, Umweltschutz, Analysenmeßtechnik
Halbleiterlaser				
GaAs/GaAlAs	850-910	0,1	10^3	Optische Informations-übertragung, optische Plattenspeicher (Audio, Video), Laserdrucker, Meßtechnik
InP/InGaAsP	1300	$3 \cdot 10^{-3}$		

3. Strahlungsmessung

Die charakteristischen Strahldaten eines Lasers werden sowohl für dessen Nutzanwendung als auch für Sicherheitsanalysen und die Klassifizierung benötigt. Es sind dies eine oder mehrere der folgenden Angaben sowie weiterer, die davon abgeleitet sind: Wellenlänge, Leistung, Energie, Impulsdauer, Strahlabmessungen, Strahldivergenz, Modenprofil und Impulsmuster. Aus diesen Größen können die für die jeweilige Anwendung bzw. Sicherheitsanalyse notwendigen Größen errechnet werden. In den Tabellen für die Laserklassifizierung und die Grenzwerte zulässiger Bestrahlung treten neben Leistung und Energie die Leistungs- und Energiedichte, die Strahldichte und deren Zeitintegral, die integrierte Strahldichte, auf. Da gerade einige der radiometrischen Größen weniger bekannt sind, sollen zunächst diese erläutert werden.

3.1 Radiometrische Größen

In DIN 5031 Teil 1 [3.1] sind die Größen, Formelzeichen und Einheiten der Strahlungsphysik festgelegt. Davon werden nur die behandelt, die im Rahmen der Laser-Sicherheitsbetrachtungen erforderlich sind, zusätzlich werden jedoch einige Größen benötigt, die dort nicht definiert sind. Es ist dies ein geringer Teil der insgesamt existierenden Größen. Insbesondere werden die photometrischen und die Photonengrößen nicht behandelt, da diese für die Fragen der Lasersicherheit nur eine untergeordnete Rolle spielen. Eine der Hauptursachen für die Schwierigkeiten, die Neulinge auf dem Gebiet der Strahlungsmessung mit den radiometrischen und photometrischen Größen haben, liegt darin, daß für dieselbe physikalische Größe mehrere verschiedene Namen existieren, je nachdem ob man sich auf den Strahler, den Empfänger oder auf das Strahlungsfeld im Raum dazwischen bezieht und ob man die Größe radiometrisch, photometrisch oder als Photonengröße betrachtet. Handelt es sich beispielsweise um die Leistungsdichte in einem Laserstrahl, so nennt man diese eine Bestrahlungsstärke, sobald der Strahl auf eine Probe auftrifft und spezifische Ausstrahlung, falls man den Strahler selbst betrachtet; die entsprechenden photometrischen Größen sind Lichtstrom, Beleuchtungsstärke und spezifische Lichtausstrahlung.

3.1.1 Strahlungsenergie, Strahlungsmenge

Unter Strahlungsenergie versteht man die Energie, die in der Form elektromagnetischer Wellen auftritt. Ihre Einheit sind Wattsekunden (Ws) oder Joule (J). Es handelt sich dabei nur um unterschiedliche Namen für dieselbe Einheit, und beide sind gleich groß wie die in der Mechanik verwendete Einheit Newtonmeter (Nm). Mechanische, elektrische, thermische und elektromagnetische Energieformen sind einander völlig äquivalent und lassen sich ineinander umwandeln. Als Formelzeichen für die Strahlungsenergie benutzt man Q. Als weiterer Name für die Strahlungsenergie wird gelegentlich auch der Begriff Strahlungsmenge verwendet.

3.1.2 Strahlungsleistung, Strahlungsfluß

Die Strahlungsleistung ist die Strahlungsenergie, die je Zeiteinheit in der Form elektromagnetischer Wellen transportiert wird. Als Formelzeichen benutzt man P oder Φ. Es gilt also

$$P = \frac{dQ}{dt} \cdot \tag{3.1}$$

Die Einheit dieser Größe ist demgemäß das Watt (W). Als weiterer Name für die Strahlungsleistung ist der Begriff Strahlungsfluß gebräuchlich. Er wird üblicherweise nur verwendet, wenn man den Raum zwischen Strahler und Empfänger betrachtet, während der Begriff Strahlungsleistung für Strahler, Empfänger und den Raum dazwischen benutzt wird.

3.1.3 Spitzenleistung

In Bezug auf die Laserstrahlensicherheit kann der Begriff Laserleistung zwei verschiedene Bedeutungen haben. Meist meint man die Leistung eines Dauerstrichlasers damit. In diesem Fall reicht es, die mittlere Leistung über einen gewissen Zeitraum zu betrachten, mindestens 0,25 s. Dies ist die Zeitgrenze, die meist (siehe Abschn. 3.4.3) zur Abgrenzung zwischen Impulslasern und Dauerstrichlasern verwendet wird.

Für Zeiten unterhalb 0,25 s bis zu etwa 10^{-9} s wird die Schadensgrenze nicht durch die Leistung, sondern durch die Energie im Laserimpuls bestimmt. In diesem Zeitbereich braucht der Verlauf der Laserleistung innerhalb des Impulses nicht beachtet zu werden. Unterhalb von 10^{-9} s jedoch werden die Leistungen während der Dauer des Impulses so hoch, daß neue Schädigungsmechanismen wie Mehrphotonenprozesse und Beschleunigung freier Elektronen wirksam werden. Für das Auftreten dieser Prozesse ist die momentane Laserleistung maßgebend. Daher muß in diesem Falle die maximale Leistung im Laserimpuls, die Spitzenleistung, bekannt sein.

Hinsichtlich ihrer Definition und Einheit unterscheidet sich die Spitzenleistung nicht von der Strahlungsleistung, wie sie im vorigen Abschnitt besprochen wurde. Es ist jedoch der Maximalwert der Strahlungsleistung innerhalb eines vorgegebenen Zeitraumes zu betrachten. Bei diesem Zeitraum handelt es sich meist um die Dauer eines Laserimpulses.

3.1.4 Leistungsdichte, Bestrahlungsstärke

Die Leistungsdichte an einer Stelle im Raum ist der Quotient aus der Strahlungsleistung, die ein Flächenelement dA durchsetzt, das diese Stelle enthält, geteilt durch die Größe dieses Flächenelementes. Als Formelzeichen für die Leistungsdichte benutzt man E. Es gilt also

$$E = \frac{dP}{dA} \; . \tag{3.2}$$

Die Einheit dieser Größe ist W/m^2.

Von Leistungsdichte spricht man meist nur, wenn man den Raum zwischen dem Strahler und dem Empfänger betrachtet. Betrachtet man ein Flächenelement auf dem Empfänger und die dort auftreffende Strahlungsleistung, so spricht man von Bestrahlungsstärke. Betrachtet man ein Flächenelement auf dem Strahler und die von dort ausgehende Strahlungsleistung, so spricht man von *spezifischer Ausstrahlung*. Für die letztgenannte Größe hat man auch ein eigenes Formelzeichen eingeführt, nämlich M. Die Einheit aller drei Größen ist nach dem Gesagten selbstverständlich die gleiche, nämlich W/m^2.

3.1.5 Energiedichte, Bestrahlung

Die Energiedichte im Laserstrahl ist das zeitliche Integral der Bestrahlungsstärke über einen Zeitraum t. Als Formelzeichen für die Energiedichte verwendet man H. Es gilt also

$$H = \int E \, dt \; . \tag{3.3}$$

Die Einheit dieser Größe ist Ws/m^2 oder J/m^2. Ist die Leistungsdichte während des betrachteten Zeitraumes t konstant, so erhält man die Energiedichte vereinfacht als Produkt aus der Bestrahlungsstärke und diesem Zeitraum t:

$$H = E \cdot t \; . \tag{3.4}$$

Auch hier gibt es einen zusätzlichen Begriff mit der gleichen physikalischen Bedeutung, wenn man das zeitliche Integral der Leistungsdichte nicht auf eine Stelle im freien Strahlungsfeld, sondern auf eine Stelle an einem bestrahlten Objekt bezieht. Man spricht dann anstelle von Energiedichte von Bestrahlung. Auch hier ist selbstverständlich die Einheit dieselbe. Bezogen auf den Strahler gibt es im Fall der Energiedichte keinen eigenen Begriff.

3.1.6 Strahldichte

Für die Definition der Strahldichte wird der Begriff des Raumwinkels benötigt. Der Raumwinkel Ω (Einheit Steradiant, Einheitenzeichen sr) ist das Verhältnis der von einem räumlichen Winkel aus einer Kugeloberfläche herausgeschnittenen Fläche A zu dem Quadrat des Kugelradius r (Abb. 3.1). Der Vollwinkel entspricht also der gesamten Kugeloberfläche und hat den Wert $\Omega = 4\pi$.

Die Strahldichte L ist der Quotient aus der durch ein Flächenelement dA in eine Richtung ε austretenden Strahlungsleistung dP und dem Produkt aus der Größe der Projektion dieses Flächenelementes auf eine Ebene senkrecht zu dieser Richtung ($\cos\varepsilon\,dA$) und dem durchstrahlten Raumwinkelelement $d\Omega$ (Abb. 3.2). Das Formelzeichen für die Strahldichte ist L. Es gilt also

$$L = d^2 P/(d\Omega\,dA\cos\varepsilon)\,. \tag{3.5}$$

Die physikalische Einheit dieser Größe ist $\mathrm{W/(m^2\,sr)}$. Diese Größe läßt sich sowohl auf den Strahler als auch auf den Empfänger beziehen; sie hat in beiden Fällen den gleichen Namen und natürlich auch die gleiche Einheit.

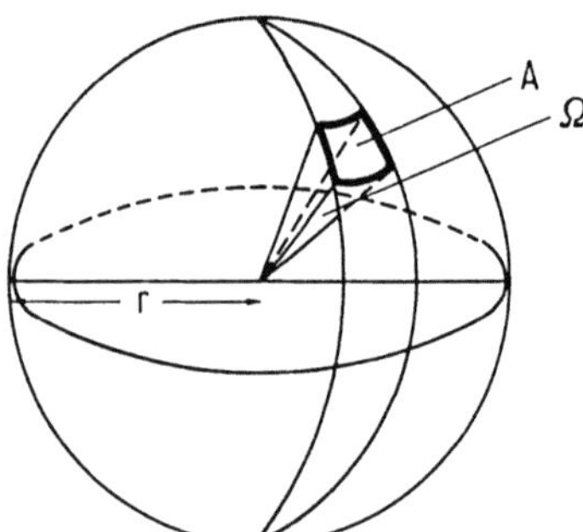

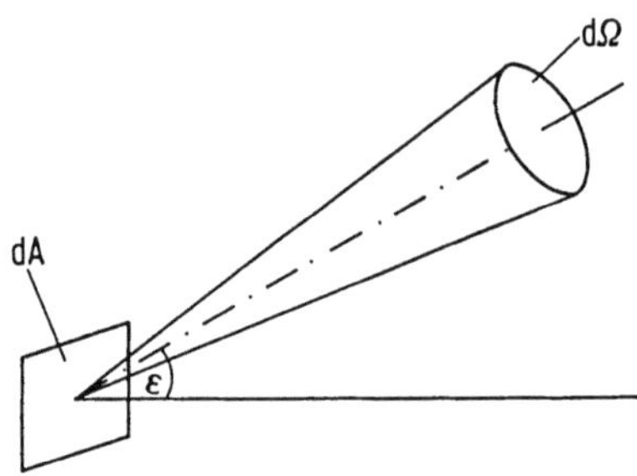

Abb. 3.1. Zur Definition des Raumwinkels   **Abb. 3.2.** Größen für die Strahldichtedefinition

3.1.7 Integrierte Strahldichte

Die integrierte Strahldichte ist das zeitliche Integral der Strahldichte. Sie leitet sich also aus der Strahldichte in der gleichen Weise her, wie die Energiedichte aus der Bestrahlungsstärke. Ein besonderes Formelzeichen ist in den Normen dafür nicht festgelegt. Im folgenden wird dafür S verwendet:

$$S = \int L\,dt\,. \tag{3.6}$$

Ähnlich wie bei der Energiedichte ergibt sich die integrierte Strahldichte als Produkt aus der Strahldichte L und dem betrachteten Zeitraum t, wenn die Strahldichte innerhalb dieses Zeitraumes konstant ist:

$$S = L \cdot t \ . \tag{3.7}$$

Die physikalische Einheit dieser Größe ist Ws/(m^2 sr) oder J/(m^2 sr).

3.1.8 Reflexionsgrad

Bei den Lasersicherheitsbetrachtungen spielen gewollte oder zufällige Reflexionen an Oberflächen eine große Rolle. Unter Reflexion versteht man das Zurückwerfen von Strahlung an einer Fläche ohne Änderung der Wellenlänge der Strahlung. Die charakteristische Materialkonstante, die die Reflexion eines Stoffes beschreibt, ist dessen Reflexionsgrad ρ. Der Reflexionsgrad ist das Verhältnis von zurückgestrahlter Strahlungsleistung zu eingestrahlter Strahlungsleistung. Diese Definition ist unabhängig von der Richtung, in die die Strahlung zurückgeworfen wird. In der Praxis unterscheidet man meist zwischen gerichteter oder spiegelnder Reflexion und gestreuter oder diffuser Reflexion. Dabei sind Mischformen, bei denen beide Arten von Reflexion gleichzeitig auftreten, an technischen Oberflächen die Regel.

Der spektrale Reflexionsgrad eines Stoffes wird durch dessen Brechungs- und Absorptionsverhalten bei der jeweiligen Wellenlänge bestimmt. Für eine nichtabsorbierende Oberfläche gilt folgender Zusammenhang zwischen der Brechzahl n und dem Reflexionsgrad ρ:

$$\rho = \frac{(n-1)^2}{(n+1)^2} \ . \tag{3.8}$$

Für viele Gläser, deren Brechzahl meist etwa 1,5 ist, hat der Reflexionsgrad einen Wert von rund 4%, bei Reflexion an Vorder- und Rückseite zusammen also etwa 8%. Halbleitermaterialien, die in der Laseroptik viel verwendet werden, haben höhere Brechzahlen bis hin zu rund 4 bei Germanium. Die Reflexion an einer Oberfläche beträgt dann schon 36%. Bei der Verwendung als Linsen werden diese daher meist mit reflexionsmindernden Schichten versehen, die für eine bestimmte Wellenlänge oder einen Wellenlängenbereich den Reflexionsgrad auf wenige Prozent verringern. Metalle haben demgegenüber einen Reflexionsgrad, der besonders im infraroten Spektralgebiet Werte nahe bei 100% annimmt (siehe Abb. 3.3).

Auch die geometrische Form der Oberflächen von Werkzeugen und Geräten spielt für deren Reflexionsverhalten und damit für die Lasersicherheit eine Rolle. Der Strahlverlauf nach Reflexion an einer ebenen, spiegelnden Fläche ist recht gut abzuschätzen (Abb. 3.4). Lediglich die Richtung des Bündels ist geändert, nicht jedoch seine Parallelität. Die Leistung oder Energie wird dabei um den Faktor des Reflexionsgrades geschwächt, bei Metallen also relativ wenig, bei Gläsern auf weniger als 10%.

Anders jedoch bei gekrümmten Flächen. Abbildung 3.5 zeigt die Reflexion an einer konvexen, Abb. 3.6 die Reflexion an einer konkaven Fläche. Im ersten Falle erhält man unmittelbar ein divergentes Laserbündel nach der Reflexion, im zweiten Fall ist das Bündel zunächst konvergent bis zum Brennpunkt der konkaven Fläche,

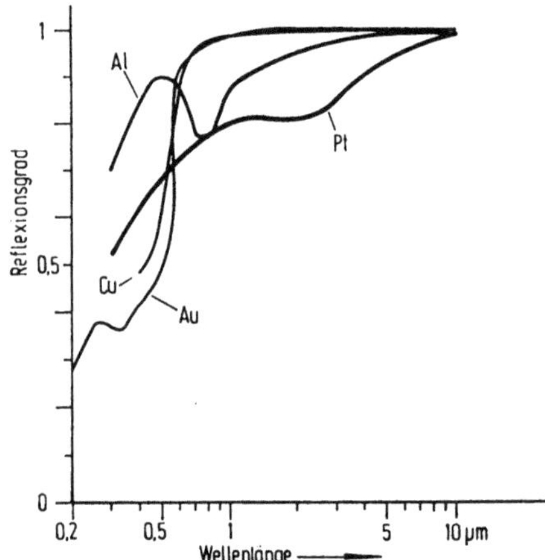

Abb. 3.3. Spektraler Reflexionsgrad von Aluminium, Gold Kupfer und Platin

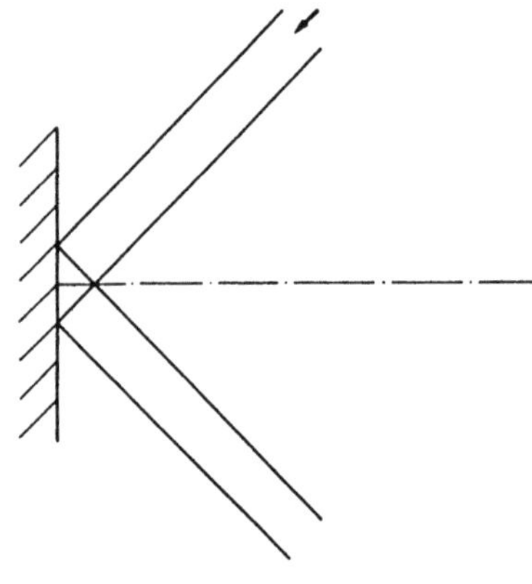

Abb. 3.4. Reflexion eines Laserbündels an einer spiegelnden, ebenen Fläche

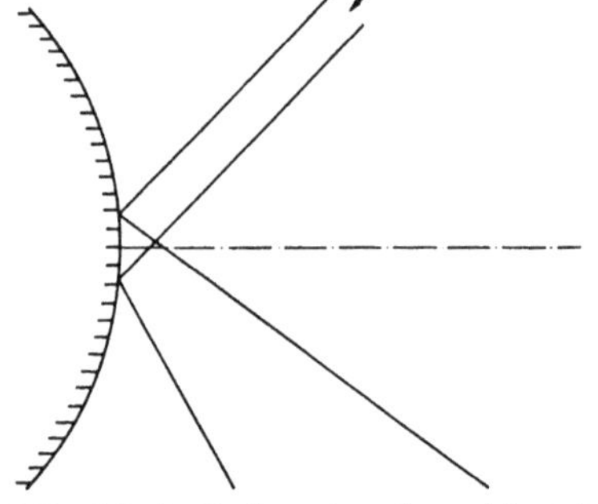

Abb. 3.5. Reflexion eines Laserbündels an einer spiegelnden, konvexen Fläche

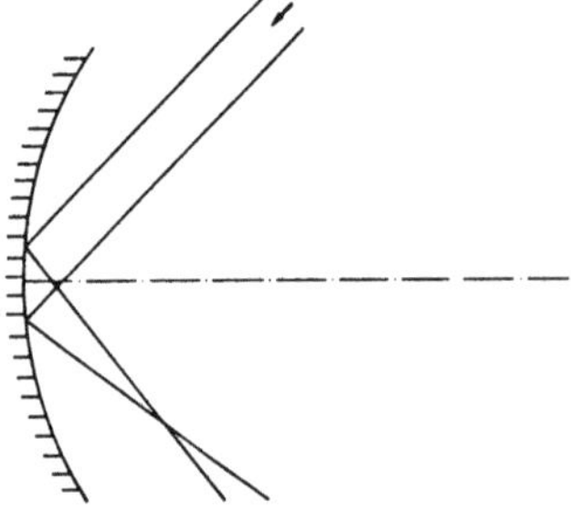

Abb. 3.6. Reflexion eines Laserbündels an einer spiegelnden, konkaven Fläche

um dann auch auseinander zu gehen. In dem Brennpunkt hat man eine starke Erhöhung der Leistungsdichte im Laserstrahl, die zu einer Gefährdung für dort befindliche Objekte führen kann.

Nichtabsorbierende Stoffe, die in Pulverform zusammengepreßt werden, ergeben eine diffuse Reflexion. Der Reflexionsgrad kann dabei Werte nahe bei 100% annehmen, da die Strahlungsanteile, die von den oberen Schichten nicht reflektiert werden, dann von den tieferen Schichten wieder zurückgeworfen werden. Bei ideal gestreuter Reflexion ist dabei die Richtung der rückgestreuten Strahlung nicht mehr mit der Richtung der einfallenden Strahlung korreliert (Abb. 3.7). Bei vielen Stoffen kann man die Winkelabhängigkeit der gestreuten Strahlung durch das Lambertsche Gesetz beschreiben. Es sagt aus, daß die in einer Richtung ε zur Flächennormalen gemessene Strahlungsleistung proportional zu $\cos\varepsilon$ ist. Das bedeutet zusammen mit (3.5), daß die Strahldichte unabhängig von der Beobachtungsrichtung ist. Integration über den Halbraum ergibt dann, wobei θ der Winkel in der Ebene senkrecht zu Flächennormalen ist:

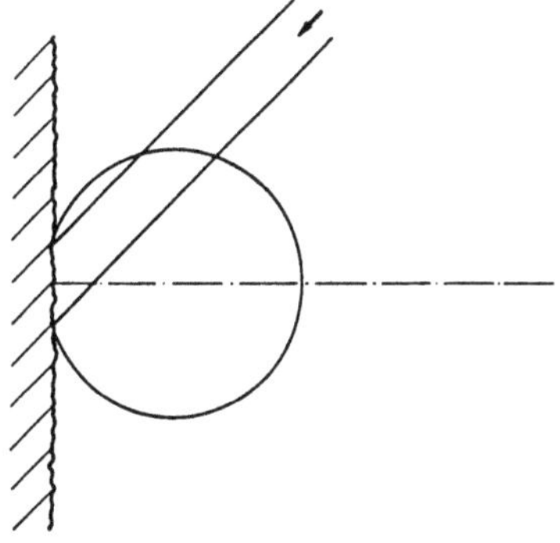

Abb. 3.7. Reflexion eines Laserbündels an einer vollkommen matten Fläche

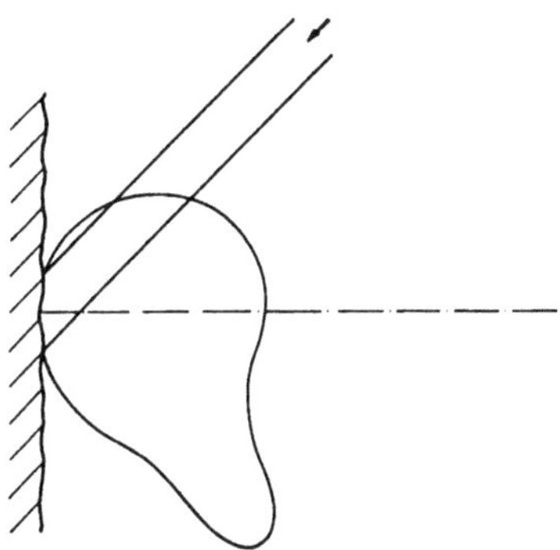

Abb. 3.8. Reflexion eines Laserbündels an einer matten Fläche mit spiegelndem Anteil.

$$\frac{dP}{dA} = L \int\limits_0^{2\pi}\int\limits_0^{\pi/2} \cos^2 \varepsilon \, d\varepsilon \, d\theta \; . \tag{3.9}$$

oder

$$E = \frac{dP}{dA} = \pi \cdot L \; . \tag{3.10}$$

Damit ergibt sich also bei diffuser Streuung nach dem Lambertschen Gesetz, daß für die Strahldichte L der von einem Laserstrahl bestrahlten Fläche, in dessen Bündel die Leistungsdichte E ist, gilt:

$$L = E/\pi \; . \tag{3.11}$$

Diesen Wert nimmt man vielfach für Näherungsberechnungen bei diffuser Streuung. In der Praxis ist einer weitgehend diffusen Reflexion meist ein mehr oder minder gerichteter Anteil überlagert (Abb. 3.8). Dies erschwert Sicherheitsbetrachtungen, bei denen man Annahmen über die Strahlungsverteilung machen muß, um die in die Beobachtungsrichtung gestreute Strahlung berechnen zu können.

Ist die Winkelausdehnung des bestrahlten Flecks auf der diffus streuenden Fläche kleiner als der Grenzwinkel $\alpha_{\min}$ (siehe Abschn. 5.1.2), so benötigt man für Sicherheitsbetrachtungen nicht die Strahldichte, sondern die Bestrahlungsstärke auf der Hornhaut in einem Abstand r vom Auftreffpunkt des Laserstrahles mit der Leistung P auf der diffus streuenden Fläche:

$$E = P/2\pi r^2 \; . \tag{3.12}$$

Diese Formel gilt nur, wenn man annimmt, daß sich die Laserleistung gleichmäßig in den Halbraum verteilt. Bei gerichteten Anteilen kann die Bestrahlungsstärke wesentlich höher werden.

3.1.9 Transmissionsgrad; Optische Dichte

Diese beiden Begriffe benötigt man bei der Berechnung von Laserschutzfiltern. Unter dem (spektralen) Transmissionsgrad $\tau(\lambda)$ eines Filters (für die Wellenlänge λ) versteht man das Verhältnis der von dem Filter durchgelassenen (spektralen) Strahlungsleistung zur auffallenden (spektralen) Strahlungsleistung. Die (spektrale) optische Dichte D ist der Zehnerlogarithmus des reziproken (spektralen) Transmissionsgrades:

$$D = \lg[1/\tau(\lambda)] . \tag{3.13}$$

Bei allen Berechnungen des Transmissionsgrades wird im folgenden angenommen, daß die Strahlung nur in einem vernachlässigbar kleinen Umfang gestreut wird.

3.2 Meßgeräte

Die Messung der Leistung und Energie von Laserstrahlung ist in den meisten Fällen auch heute noch nicht so einfach, daß man nur ein Meßgerät in den Strahl zu halten brauchte, um den richtigen Wert zu erhalten. Komplikationen treten dadurch auf, daß sonst bei optischen Messungen nicht so hohe Leistungen und Energien im Strahlungsfeld üblich sind, die außerdem noch, auch bei recht schwachen Lasern, mit hohen Leistungs- und Energiedichten einhergehen. Eine weitere Ursache für Meßfehler ist die Kohärenz der Laserstrahlung, die über Interferenzeffekte im Empfänger zu falschen Meßergebnissen führen kann.

3.2.1 Absolut-Meßgeräte

Alle Messungen der optischen Leistung und Energie sowie der daraus abgeleiteten Größen müssen letzten Endes, da ihre Einheiten Watt und Joule sind, auf die entsprechenden elektrischen Größen zurückgeführt werden. Diesen Anschluß an die elektrischen Basiseinheiten kann man mit den sogenannten Absolutmeßgeräten vollziehen. Es sind dies Meßgeräte, bei denen die optische Strahlungsleistung bzw. -energie durch eine elektrische Leistung bzw. Energie ersetzt wird. Die beiden Energieformen werden dabei meist in Wärme umgewandelt und schließlich wird eine Temperaturerhöhung an dem Empfänger gemessen. Zeigt das Meßgerät bei der optischen Einstrahlung und bei der elektrischen Heizung denselben Ausschlag, d.h. dieselbe Temperaturerhöhung, so hat man das elektrische Strahlungsäquivalent bestimmt. Dabei sind allerdings je nach gewünschter Genauigkeit Korrekturen anzubringen, da beispielsweise die optische Strahlung meist nicht vollständig absorbiert werden wird oder aber die elektrische Heizung nicht exakt an derselben Stelle erfolgt, wo die Strahlung absorbiert wird, so daß unterschiedliche Wärmeleitungs- oder Abstrahlungsverluste entstehen können.

Zur Messung der Temperaturerhöhung werden bei Absolutempfängern meist Thermoelemente verwendet, die auf Grund des thermoelektrischen Effektes die Temperaturerhöhung anzeigen. Daneben sind aber auch andere Meßprinzipien üblich. In den sogenannten Bolometern wird die Temperaturabhängikeit des elektrischen Widerstandes zur Messung der Temperaturänderung verwendet. Bei den pyroelektrischen Empfängern dient die Temperaturabhängigkeit der elektrischen Polarisation zum Nachweis derselben.

Absolutmeßgeräte haben meist nicht die Empfindlichkeit und auch keine so kurzen Zeitkonstanten, wie man sie beispielsweise mit photoelektrischen Meßgeräten erreichen kann. Deshalb wird man in der Praxis, insbesondere wenn es um die Messung kleiner Strahlungsleistungen und -energien geht, keine Absolutmeßgeräte verwenden, sondern empfindlichere Geräte, die man dann über eine Kalibrierung an Absolutmeßgeräte anschließt.

Eine wesentliche Voraussetzung für ein gutes Absolutmeßgerät ist eine über einen großen Spektralbereich unselektive und möglichst vollständige Absorption der Strahlung. Um die Korrekturen für den reflektierten Strahlungsanteil möglichst klein zu halten — solche Korrekturen sind auch wieder mit Unsicherheiten behaftet — sind sogenannte Hohlraumempfänger besonders gut geeignet, da man bei geeigneter Wahl der Hohlraumgeometrie den Absorptionsgrad des Hohlraumes völlig unselektiv und praktisch beliebig nahe an 1 bringen kann.

Einen derartigen Hohlraumempfänger zeigt Abb. 3.9 [3.2]. Der Laserstrahl, der von links durch die konusförmige Öffnung einfällt, wird von dem hochglanzvernikkelten Konus K über die schwarz vernickelten Innenwände des Hohlraumes verteilt. Der Reflexionsgrad dieser Anordnung ist kleiner als 10^{-3}. Die Wand ist wassergekühlt, und die Meßgröße, die der Strahlungsleistung proportional ist, ist die Temperaturdifferenz des Wassers zwischen Ein- und Ausströmen.

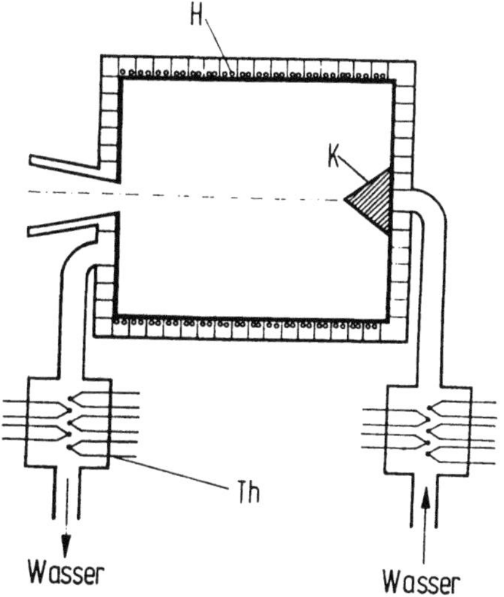

Abb. 3.9. Hohlraumempfänger für die Messung hoher Strahlungsleistungen

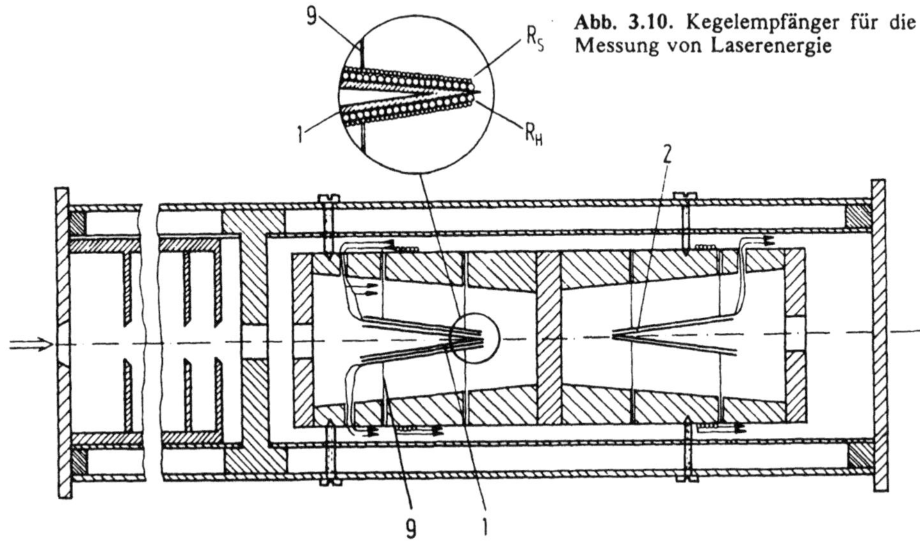

Abb. 3.10. Kegelempfänger für die Messung von Laserenergie

Daneben werden speziell für Absolutempfänger zur Laserstrahlungsmessung sehr gern kegelförmige Absorptionsflächen (siehe Abb. 3.10, 3.11) verwendet. Ist der Winkel an der Spitze des Kegels klein, etwa 20° und weniger, so wird ein Strahlungsbündel, das parallel zu Kegelachse eintritt, zur Spitze des Kegels hin reflektiert. Selbst wenn der Reflexionsgrad für eine einzelne Reflexion nicht sehr klein ist, tritt infolge der großen Anzahl von Reflexionen nur ein verschwindend kleiner Bruchteil der Strahlung wieder aus. Die Zahl z der Reflexionen, bevor der Strahl wieder austritt, ergibt sich bei einem Öffnungswinkel α des Kegels zu $z = 180°/\alpha$. Bei einem Reflexionsgrad ρ der Kegeloberfläche tritt damit nur noch der Bruchteil ρ^z aus. Ist $\alpha = 20°$ und $\rho = 0,05$, so wird $z = 9$ und $\rho^9 = 2 \times 10^{-12}$. Will man eine Restreflexion von $< 0,1\%$ zulassen, so muß $\rho < 0,46$ sein, also ist ein recht hoher Wert zulässig. Diese Rechnung gilt

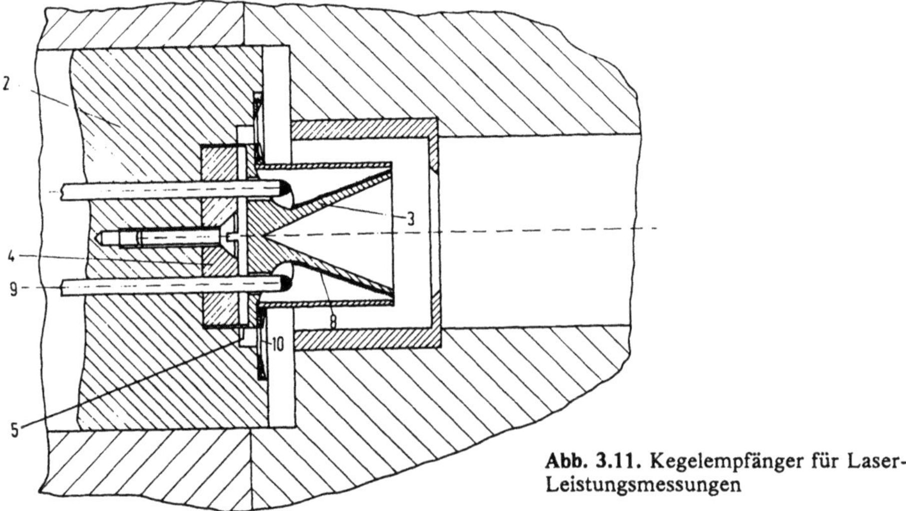

Abb. 3.11. Kegelempfänger für Laser-Leistungsmessungen

allerdings nur, wenn die Kegeloberfläche sehr gut poliert und völlig staubfrei ist, so daß keine Strahlung zurückgestreut wird. Die Streuung ist die praktische Grenze für die Erniedrigung des Reflexionsgrades derartiger Anordnungen. Das Kegelmaterial selbst muß eine gute Wärmeleitfähigkeit haben, damit sich trotz ungleichmäßiger Absorption der Strahlung eine möglichst gleichförmige Temperatur einstellt.

Das Konstruktionsprinzip, die Absorberfläche als Kegel auszubilden, ist besonders für Laserstrahlung geeignet, da diese Strahlung meist recht gut parallel aus dem Laser austritt und damit über das ganze Bündel gut zu der Kegelachse ausgerichtet werden kann. Um eine der Strahlungsleistung des Lasers gleiche elektrische Leistung am Empfängerkegel zu erzeugen, bringt man auf der Rückseite des Kegels eine elektrische Heizung an. Die durch Strahlung oder elektrische Heizung erzeugte Wärme läßt man über einen Wärmewiderstand zu einer Wärmesenke konstanter Temperatur hin abfließen. Die an dem Wärmewiderstand gemessene Temperaturdifferenz ist der Leistung proportional. Für die Auslegung des übrigen Teiles der Absolutempfänger gibt es unterschiedliche Kriterien für die Optimierung, je nachdem ob man die Laserenergie oder die Laserleistung messen will.

3.2.2 Energie-Meßgeräte

Die Laserenergie will man normalerweise an Impulslasern messen. Sind diese Laser schnell gepulst, so kann man diese Messung auf eine Messung der mittleren Leistung und der Impulswiederholfrequenz zurückführen. Bei langsam gepulsten Lasern wird man jedoch die Energie messen wollen, die in einem einzelnen Impuls emittiert wird. Die Impulsdauern der technisch gebräuchlichen Laser überdecken einen weiten Zeitbereich von Millisekunden für normal gepulste Festkörperlaser bis in den Nanosekundenbereich für Excimerlaser.

Will man für die Messung einen Absolutempfänger von dem oben diskutierten Typ einsetzen, so ergibt sich für die beschriebene Konstruktion eine relativ große Zeitkonstante. Man mittelt also über den Impulsverlauf, was sogar erwünscht ist, da man ja gerade die Gesamtenergie bestimmen will. Man muß also die Zeitkonstante groß gegen die Impulsdauer machen. Um eine möglichst große Empfindlichkeit für den Empfänger zu erhalten, muß dessen Wärmekapazität klein und der Wärmeableitwiderstand groß sein.

Zur Kalibrierung des Empfängers mit einer elektrischen Leistung muß man einen Kondensator über die Heizwicklung entladen. Dabei muß die Kapazität je nach Widerstand und Induktivität der Heizwicklung so gewählt sein, daß die Entladezeit möglichst genau der Impulsdauer entspricht, oder mindestens sehr klein gegen die Zeitkonstante des Empfängers ist. Die Ladungsmenge, die durch die Heizwicklung fließt, muß an dem Kegel die gleiche Temperaturerhöhung erzeugen wie der gemessene Laserimpuls. Einen derartigen Empfänger zeigt Abb. 3.10 [3.3]. Der Empfängerkegel 1 ist zur Wärmeisolierung an sehr dünnen Drähten 9 aufgehängt. Die Heizwicklung R_H befindet sich zwischen dem Kegel und einer Widerstandswicklung R_S, deren Widerstandsänderung proportional zur Temperaturerhöhung des Kegels ist. Zur Kompensation der Umgebungseinflüsse wird die Temperaturerhöhung gegen einen zweiten Kegel *2* gemessen, der nicht bestrahlt wird. Die Zeitkonstante dieses Empfängers ist etwa 150 s.

Entsprechend dem Zeitverlauf von Aufheizung und Abkühlung erhält man einen schnellen Anstieg und ein langsames Abklingen der Temperaturerhöhung. Zur Auswertung kann man entweder das Maximum der Temperaturerhöhung ablesen oder aber den Temperaturverlauf bestimmen und über ein thermisches Modell analysieren. Als Korrektur bleibt zu beachten, daß die Strahlungsleistung an der Innenseite und die elektrische Heizung an der Außenseite des Kegels aufgebracht werden.

Dieses Meßprinzip für die Laserenergie ist zwar für Absolutmeßgeräte sehr zweckmäßig, in der täglichen Energiemeßpraxis sind allerdings derartige Energiemeßgeräte wegen ihrer großen Zeitkonstante sehr unhandlich. Daher werden vielfach andere Meßprinzipien verwendet, von denen einige in Abschn. 3.2.7 behandelt werden.

3.2.3 Leistungs-Meßgeräte

Leistungsmeßgeräte werden vor allem für Dauerstrichlaser und schnell gepulste Impulslaser verwendet. Im Gegensatz zu den Energiemeßgeräten, wo die Strahlung nur sehr kurz ansteht, und man daher nicht im Gleichgewicht mißt und abliest, versucht man bei Leistungsmeßgeräten für Absolutmessungen das thermische Gleichgewicht abzuwarten. Die Zeitkonstante sollte daher nicht zu groß sein. Da das Meßprinzip wieder das gleiche ist (Abb. 3.11) [3.4] − man absorbiert die Strahlung in einem Konus und mißt die Temperaturdifferenz an einem Wärmewiderstand −, muß man Wärmekapazität und Wärmewiderstand so wählen, daß einerseits die Zeitkonstante klein ist, andererseits aber die Empfindlichkeit für den angestrebten Leistungsbereich ausreicht. Bei dem in Abb. 3.11 gezeigten Empfänger ist die Zeitkonstante von der Größenordnung 10 s. Die über Laserstrahlung oder die Heizwicklung *8* erzeugte Wärme fließt vom Empfängerkegel *3* über den Wärmewiderstand *5* zur Wärmesenke *2, 4.* Die dabei entstehende Temperaturdifferenz wird von den Thermoelementen bei *10* gemessen.

Auch hier wird man in den Spektralbereichen, für die photoelektrische Empfänger zur Verfügung stehen, diese dort einsetzen, wo es auf sehr empfindliche Messungen kleiner Leistungen ankommt. Bei hohen und sehr hohen Leistungen werden allerdings meist thermische Empfänger verwendet, da dann einerseits deren Empfindlichkeit ausreicht und diese andererseits leichter für eine höhere Zerstörungsschwelle ausgelegt werden können.

3.2.4 Anforderungen an die Meßgeräte

Die Anforderungen an die Energie- und Leistungsmeßgeräte sind in VDE 0835 [3.5] zusammengefaßt. Bisher sind allerdings keine Meßgeräte auf dem Markt, die nach dieser Norm geprüft sind. Daher ist man als Käufer eines Meßgerätes darauf angewiesen, selbst darauf zu achten, ob die in dieser Norm festgelegten Anforderungen in den Datenblättern spezifiziert sind, und sich daraus selbst den möglichen Einfluß auf die Meßunsicherheit auszurechnen. Einige davon kann der Benutzer am Meßgerät nachprüfen. Die wesentlichen Punkte sind die folgenden:

1. Zeitliche Konstanz. Die Empfindlichkeit der Geräte muß über den geplanten Benutzungszeitraum konstant sein. Unter Empfindlichkeit versteht man das Verhältnis von Ausgangsgröße zu Eingangsgröße, also zum Beispiel Anzeige zu eingestrahlter Strahlungsleistung. Eine Empfindlichkeitsänderung kann mehrere Ursachen haben. Es kann daran liegen, daß bestimmte Bauteile des Gerätes von vornherein nicht stabil sind. Eine Hauptursache von Empfindlichkeitsänderungen ist jedoch darin zu suchen, daß sich der Empfänger unter der Belastung mit Laserstrahlung ändert. Dies kann man gelegentlich an einer Farbänderung der Empfängeroberfläche erkennen, kann jedoch auch ohne erkennbare äußere Anzeichen geschehen. Aus diesem Grunde ist es bei Benutzung der Empfänger auch wichtig, die Laserleistung über die gesamte Empfängeroberfläche gleichmäßig zu verteilen, damit die Belastbarkeitsgrenze nicht lokal überschritten wird.

2. Örtliche Konstanz (Homogenität). Die Empfindlichkeit muß über die Empfängeroberfläche konstant sein. Diese Anforderung kann man selbst relativ leicht überprüfen, indem man verschiedene Punkte der Empfängeroberfläche mit einem Laserbündel konstanter Leistung bestrahlt, dessen Durchmesser nicht größer als 1/10 des Empfängerdurchmessers ist.

3. Änderung unter Bestrahlung (Fading). Neben den unter Punkt 1 diskutierten irreversiblen Änderungen unter Bestrahlung zeigen manche Empfänger auch reversible Änderungen der Empfindlichkeit bei Dauerbestrahlung. Ist man sicher, daß der verwendete Laser in seiner Leistung bzw Impulsenergie zeitlich konstant ist, so kann man auch diese Anforderung an das Meßgerät selbst überprüfen.

4. Temperaturabhängigkeit. Die Empfindlichkeit darf sich nur möglichst wenig mit der Umgebungstemperatur ändern. Will man diesen Punkt überprüfen, so muß man die Einstellung des thermischen Gleichgewichtes zwischen eingeschaltetem Meßgerät und der Umgebung abwarten.

5. Winkelabhängigkeit. Die Empfindlichkeit hängt bei manchen Meßgeräten vom Einfallswinkel ab. Diese Abhängigkeit kann bei polarisierter Laserstrahlung besonders groß sein. Auch dies läßt sich relativ leicht kontrollieren und gegebenenfalls korrigieren.

6. Linearität. Die Empfindlichkeit darf nicht von dem Wert der Strahlungsleistung bzw. -energie abhängen. Besonders bei hohen Leistungen werden manche Empfänger nichtlinear. Es ist auch zu beachten, daß man die Empfängeroberfläche möglichst homogen ausleuchtet, da man bei relativ punktförmiger Bestrahlung unter Umständen infolge der hohen Bestrahlungsstärke an dieser Stelle schon bei recht kleinen Leistungen den linearen Bereich verlassen haben kann, obwohl man bei Verteilung dieser Leistung über die gesamte Empfängeroberfläche durchaus noch linear messen könnte. Für eine Überprüfung muß man die Meßstrahlung definiert abschwächen können. Eine Nichtlinearität der Empfindlichkeit ist dann nicht schädlich, wenn vom Hersteller des Meßgerätes schon entsprechende Korrekturkurven oder -tabellen angegeben werden.

7. Wellenlängenabhängigkeit. Ein idealer Empfänger hätte für alle Wellenlängen die gleiche Empfindlichkeit. Dies ist jedoch für die wenigsten Empfänger der Fall, für die photoelektrischen Empfänger meist noch nicht einmal annähernd. Deshalb wird vom Hersteller des Empfängers meist eine Empfindlichkeitskurve oder -tabelle mitgeliefert. Eine genaue eigene Überprüfung ist nur sehr schwer möglich. Näherungsweise läßt sich die spektrale Abhängigkeit der Empfindlichkeit bei kleinen Leistungen durch Vergleich mit einem Strahlungsthermoelement bestimmten; der Absorptionsgrad dieser Empfänger ist meist recht unselektiv.

8. Polarisationsabhängigkeit. Hängt die Empfindlichkeit des Empfängers vom Polarisationszustand der Laserstrahlung ab, so wird man dies feststellen können, wenn man den Empfänger um kleine Winkel zur optischen Achse kippt und um diese dreht.

9. Zeitliche Mittelung. Mißt man die mittlere Leistung wiederholt gepulster Laser, so wird der Mittelwert bei schlechter Mittelung unter anderem auch von der Impulswiederholfrequenz abhängen. Dieser Einfluß muß möglichst klein sein, ist vom Anwender jedoch kaum zu kontrollieren.

10. Nullpunktsstabilität. Insbesondere wenn im Meßraum Luftströmungen auftreten, z.B. durch Klimaanlagen, kann sich der Nullpunkt des Meßgerätes ändern. Darauf sollte man sehr sorgfältig achten und eine derartige Drift korrigieren, indem man den Nullpunkt vor und nach der Messung bestimmt.

Alle diese genannten Einflüsse können zur Meßunsicherheit beitragen. Insbesondere auch die unter Punkt 1 erwähnte mögliche Überlastung kann die Empfindlichkeit stark beeinflussen. Daher sollte man, wenn man den Verdacht hat, daß das Gerät sich geändert hat, dieses vom Hersteller überprüfen lassen.

Meßgeräte, die die Mindestanforderungen nach VDE 0835 [3.5] erfüllen, sind Geräte der Genauigkeits-Klasse 20. Daneben gibt es noch die Klassen 10, 5, 2 und 1. Die Bezeichnung der Klasse gibt einen Hinweis auf die zu erwartende Meßunsicherheit. So ist beispielsweise bei Klasse 10 die Summe der Absolutbeträge der einzelnen Unsicherheiten 20%, die Wurzel aus der Quadratsumme der Einzelunsicherheiten 8%. Für die anderen Klassen sind die Verhältnisse ähnlich.

Die Klassenbezeichnung entspricht also etwa der Quadratsumme der Einzelunsicherheiten und nicht der Summe der Absolutbeträge. Dies trägt der Tatsache Rechnung, daß die Fehler sich in der Praxis nicht in einer Richtung auswirken werden, sondern sich zum Teil infolge einer statistischen Überlagerung kompensieren.

3.2.5 Meßgeräte-Kalibrierung

Wenn im Meßgerät selbst nicht bereits eine Kalibriermöglichkeit vom Hersteller vorgesehen ist, wird eine Überprüfung der Kalibrierung durch den Benutzer des Leistungsmeßgerätes im allgemeinen kaum möglich sein. Für eine eventuell erforderliche

Neukalibrierung muß er sich meist an den Hersteller des Gerätes wenden. Ist er darauf angewiesen, daß die von dem Meßgerät angezeigten Werte sehr genau stimmen, so hat er auch die Möglichkeit, das Gerät bei einem nationalen Prüfinstitut, in Deutschland im allgemeinen bei der Physikalisch-Technischen Bundesanstalt (PTB) in Braunschweig, kalibrieren zu lassen. Um die Zahl der Prüfungen dort zu verringern und die Prüfzeiten zu verkürzen, gibt es im Rahmen des Deutschen Kalibrierdienstes die Möglichkeit, daß Firmen oder Institutionen von der PTB als Kalibrierstellen anerkannt werden und dann Kalibrierungen mit ähnlicher Genauigkeit wie die PTB durchführen. Sie stellen darüber auch entsprechende Bescheinigungen aus. Zur Zeit gibt es Kalibrierstellen für Laserleistungsmeßgeräte noch nicht, es sind jedoch Vorbereitungen dafür im Gange.

Hat man sich ein Meßgerät mit hoher Genauigkeit kalibrieren lassen, so empfiehlt es sich, dieses Gerät nicht im täglichen Routinebetrieb einzusetzen wegen der Gefahr, daß sich die Kalibrierung durch Überlastung oder widrige Umwelteinflüsse ändert. Man sollte sich selbst ein oder mehrere gleichartige Geräte gegen dieses Gerät, das man als Primärnormal benutzt, kalibrieren und dann diese Sekundärnormale für die täglichen Messungen einsetzen. Die Sekundärnormale sollten in regelmäßigen Abständen, deren Dauer natürlich von der Ausnutzung abhängen wird, gegen die Primärnormale kalibriert werden.

Für die Bestimmung des Kalibrierfaktors ist in VDE 0835 [3.5] vorgesehen, daß 50% der Empfängerfläche so bestrahlt werden, daß die Bestrahlungsstärke innerhalb dieser Fläche nirgends kleiner als 63% des für das Gerät vorgesehenen Maximalwertes wird. Für die eigenen Kalibrierungen empfiehlt es sich, ebenso vorzugehen. Läßt sich das von den Lasern oder dem Aufbau her nicht realisieren, so ist es auch sehr zweckmäßig, wenn man den Empfänger genau so ausleuchtet, wie dies bei den späteren Leistungs- oder Energiemessungen der Fall sein wird. Beachtet man dabei, daß keine Überlastungen auftreten, so schließt man durch dieses Vorgehen sogar einige Fehlermöglichkeiten, wie zum Beispiel die ungleichmäßige Empfängerempfindlichkeit aus.

Will man sich Meßgeräte kalibrieren lassen, so sollte man darauf achten, daß diese auch „kalibrierfähig" sind. Diese Forderung soll bedeuten, daß die Eigenschaften des Gerätes, zumindest über eine gewisse Zeit, so konstant sind, daß die Kalibrierwerte über diesen Zeitraum eingehalten werden. Beispielsweise sollten Geräte, die in einem der in Abschn. 3.2.4 erwähnten Punkte sehr ungünstige Eigenschaften aufweisen, als Primärnormale nicht verwendet werden.

Bei Lasern hoher Leistung hat man in beschränktem Maße die Möglichkeit, die Kalibrierung der Empfänger direkt auf elektrische Einheiten zurückzuführen. Man kann zum Beispiel die Strahlung eines CO_2-Dauerstrichlasers abwechselnd auf den Empfänger und in ein Kalorimeter fallen lassen. Mißt man die Temperaturerhöhung im Wasser des Kalorimeters und ersetzt dann die Laserstrahlung durch eine elektrische Heizung, die die gleiche Temperaturerhöhung erzeugt, so hat man die Anzeige des Meßgerätes direkt kalibriert. Den Reflexionsgrad der Wasseroberfläche, auf Grund dessen nicht die gesamte Laserleistung in das Kalorimeter eintritt, kann man rechnerisch berücksichtigen. Die Brechzahl von Wasser ist 1,33 [siehe (3.8)].

Einige Lasermeßgeräte sind mit einer internen Kalibriermöglichkeit versehen, die es gestattet, die Anzeige des Gerätes von Zeit zu Zeit zu überprüfen. Derartige Meßgeräte sind entsprechend aufwendig und teuer, haben jedoch für Messungen, bei denen es darauf ankommt, daß die Meßunsicherheit klein ist, sehr große Vorzüge.

3.2.6 Kenngrößen von Meßgeräten

Der Begriff Kenngrößen von Meßgeräten ist so allgemein, daß eine Reihe der bisher diskutierten Eigenschaften bereits darunter fallen wie Homogenität, Zeitkonstante und andere.

Im folgenden sollen noch weitere wichtige Kenngrößen diskutiert werden, die die Einsatzmöglichkeit eines bestimmten Empfängers für eine bestimmte Anwendung beschränken oder aber diesen besonders geeignet machen:

1. Der Spektralbereich (Wellenlängenbereich) gibt an, für Strahlung welcher Wellenlängen ein Strahlungsempfänger benutzt werden kann. Der Spektralbereich ist meist durch die Art des Strahlungsnachweises im Empfänger bestimmt, kann aber auch durch Schutzfenster, die sich vor der Empfängeroberfläche befinden, eingeengt sein.

2. Die Empfindlichkeit ist definiert als das Verhältnis von Ausgangsgröße zur Eingangsgröße bei einem Strahlungsempfänger und wird häufig in Volt/Watt oder in Ampère/Watt angegeben. Die Empfindlichkeit bestimmt weniger den Meßbereich eines Empfängers, als sie Anforderungen an das nachgeschaltete Anzeigegerät festlegt. Bei kompletten Leistungs- oder Energiemeßgeräten ist sie von untergeordneter Bedeutung, da das Anzeigegerät integriert ist.

3. Die rauschäquivalente Strahlungsleistung gibt diejenige Strahlungsleistung an, die bei einem Empfänger die gleiche Ausgangsgröße bzw. Anzeige erzeugt wie das Rauschen. Sie hängt von der Wellenlänge und der Modulationsfrequenz der Strahlung, sowie von der Frequenzbandbreite des Nachweisgerätes ab.

4. Die Detektivität ist der Kehrwert der rauschäquivalenten Strahlungsleistung. Bei vielen Empfängern ist die Detektivität umgekehrt proportional zur Wurzel aus der Empfängerfläche und der Wurzel aus der Frequenzbandbreite. Daher hat man als Maß für die Empfängerqualität die *Normierte Detektivität* eingeführt. Sie ist das Produkt aus der Detektivität und der Wurzel aus dem Produkt von Empfängerfläche und Frequenzbandbreite.

5. Der Linearitätsbereich gibt an, für welche Leistungs- oder Energiewerte die Empfindlichkeit des Empfängers konstant ist. Man kann den Empfänger auch außerhalb seines Linearitätsbereiches benutzen, wenn man ihn entsprechend kalibriert, und nichts anderes dem entgegensteht, z.B. seine Zerstörungsschwelle.

6. Die Zerstörungsschwelle gibt an, bis zu welcher Leistungs- oder Energiedichte ein Empfänger benutzt werden kann, ohne daß sich seine Empfindlichkeit dauerhaft ändert oder er gebrauchsunfähig wird. Bei vielen Empfängern wird der zulässige Meßbereich oder der Linearitätsbereich in Watt oder Joule angegeben. Auch bei Einhalten dieser Werte kann die Zerstörungsschwelle, die meist durch die Leistungsdichte bestimmt ist, überschritten sein.

7. Der Frequenzbereich gibt an, mit welcher Frequenz die Strahlung moduliert sein kann, ohne daß die Empfindlichkeit um mehr als einen vorgegebenen Faktor (meist wird die 3 db-Frequenz angegeben) abnimmt. Die obere Grenzfrequenz ist von der Größenordnung der reziproken *Zeitkonstante* des Empfängers.

8. Die Größe der Empfängerfläche muß so ausgewählt werden, daß sie, gegebenenfalls zusammen mit einer geeigneten optischen Abbildung, die gesamte Strahlung erfaßt. Sollen kleine Leistungen nachgewiesen werden, so muß man häufig sehr kleine Empfänger benutzen (siehe unter Detektivität).

9. Der Innenwiderstand des Empfängers spielt eine Rolle bei der Anpassung nachfolgender Verstärkersysteme. Der Innenwiderstand gebräuchlicher Laserempfänger überstreicht einen sehr großen Bereich von wenigen Ohm bei Thermoelementen bis zu über $10^{14}\,\Omega$ bei pyroelektrischen Empfängern.

10. Die Empfängerkapazität kann für Hochfrequenzanwendungen wichtig werden. Sie bestimmt zusammen mit dem Innenwiderstand und den Daten der nachfolgenden Schaltung die obere Grenze des Frequenzbereiches, d.h. die höchste Frequenz, die noch nachgewiesen werden kann. Die untere Grenze des Frequenzbereiches kann durch eine kapazitive Kopplung in der nachfolgenden Schaltung bestimmt sein.

11. Der Temperaturbereich, in dem ein Empfänger eingesetzt werden kann, wird meist die Raumtemperatur umfassen. Viele empfindliche Empfänger, besonders für das fernere Infrarot, benötigen jedoch eine Kühlung mit Peltier-Elementen, flüssigem Stickstoff (77 K) oder gar flüssigem Helium (4 K).

3.2.7 Arten von Meßgeräten

Hinsichtlich ihrer Art kann man verschiedene Einteilungen der Empfänger wählen. Weiter vorne ist zum Beispiel zwischen Energie- und Leistungsmeßgeräten unterschieden worden. Ein für die Laserstrahlungsmessung wichtiges Unterteilungsprinzip ist auch die Unterteilung in thermische und photoelektrische Empfänger. Eigenschaften, die für die Auswahl wichtig sind, werden bei den einzelnen Typen erwähnt.

3.2.7.1 Thermische Empfänger

In thermischen Empfängern wird die Strahlungsleistung zunächst in Wärme umgewandelt, und die dadurch entstehende Temperaturerhöhung wird dann in ein nachweisbares Signal umgesetzt. Es handelt sich dabei meist um ein elektrisches Signal, es kann aber auch die Temperaturerhöhung mit einem Thermometer direkt gemessen werden. Alle thermischen Empfänger lassen sich bei entsprechender Schwärzung der Empfängerfläche über einen weiten Spektralbereich verwenden. Die wichtigsten Typen thermischer Empfänger sind die folgenden:

1. Strahlungs-Thermoelemente messen die Thermospannung, die zwischen zwei Kontaktstellen unterschiedlicher Metalle entssteht, die sich auf verschiedenen Temperaturen befinden. Eine Kontaktstelle liegt dabei im Empfänger, die zweite im Anzeigegerät. Thermoelemente haben meist einen kleinen Innenwiderstand und eine niedrige Grenzfrequenz (etwa 10 Hz). Ihr Nachteil ist, daß Thermoelemente mit hoher Detektivität vielfach mechanisch nicht sehr widerstandsfähig sind. Für sehr empfindlichen Strahlungsnachweis benutzt man Vakuum-Thermoelemente (Abb. 3.12), bei denen ein dünnes Absorberplättchen auf zwei Zuleitungen unterschiedlicher Thermokraft aufgeschweißt ist. Durch die Entwicklung der Aufdampf- und Ätztechniken kann man heute auf sehr kleinem Raum eine Vielzahl von Thermoelementen konzentrieren. Dadurch erhöht sich die Empfindlichkeit, und der Innenwiderstand der Anordnung kann bis in den Bereich von Kiloohm ansteigen.

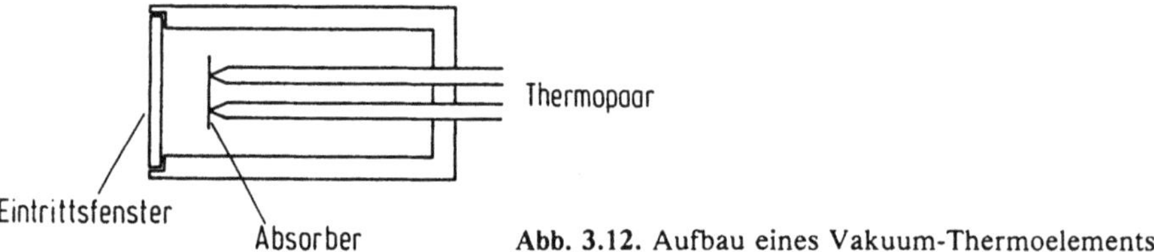

Abb. 3.12. Aufbau eines Vakuum-Thermoelements

2. Bolometer messen die Widerstandsänderung eines Materials auf Grund einer Temperaturänderung. Je nach Absorptionsmechanismus kann auch bei Bolometern der Wellenlängenbereich sehr groß sein. Halbleiter-Bolometer gestatten bei Kühlung auf die Temperatur des flüssigen Heliums und darunter, sehr kleine Strahlungsleistungen nachzuweisen. Die obere Grenzfrequenz reicht typischerweise bis etwa 1 kHz, der Innenwiderstand liegt meist im Bereich zwischen 10^4 und 10^8 Ω.

3. Pneumatische Empfänger nutzen die Temperaturerhöhung in einem Gas durch Absorption der Strahlung in dem Gas oder an einer Absorberfläche, die dann die Wärme an das Gas abgibt. Durch die Temperaturerhöhung im Gas dehnt sich dieses aus, und eine dünne Membran, die das Gasvolumen abschließt und als flexibler Spiegel ausgebildet ist, wird deformiert. Diese Deformation wird optisch oder kapazitiv nachgewiesen. Ein typischer Vertreter dieser Gruppe ist der Golay-Detektor (Abb. 3.13). Die Deformation des Spiegels wird in dem Bild durch die Ablenkung eines Strahles gemessen. Hinsichtlich ihrer Charakteristika sind die pneumatischen Empfänger den Strahlungsthermoelementen ähnlich.

4. Pyroelektrische Empfänger bestehen meist aus Ferroelektrika, die eine permanente elektrische Polarisation aufweisen wie $LiTaO_3$. Eine Temperaturänderung verursacht eine Änderung der Polarisation, die als Potentialdifferenz über dem Detektor nachgewiesen werden kann. Der Spektralbereich hängt nur von dem verwendeten Absorber ab. Sie können extrem hochohmig sein und sind meist nicht für den Nachweis unmodulierter Strahlung geeignet. Die obere Grenzfrequenz kann 100 MHz erreichen.

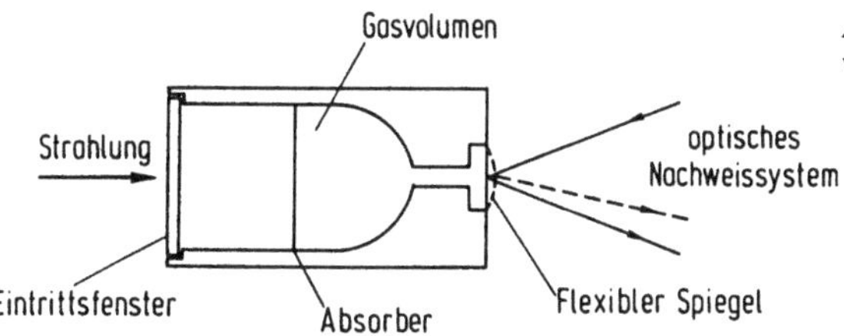

Abb. 3.13. Aufbau und Wirkungsweise eines Golay-Detektors

5. Kalorimeter weisen direkt die Temperaturerhöhung durch Strahlungsabsorption nach. Der Wellenlängenbereich kann groß gemacht werden, allerdings ist ihre Detektivität klein, so daß sie hauptsächlich für den Nachweis großer Leistungen geeignet sind. Außerdem sind sie sehr langsame Empfänger mit einer oberen Grenzfrequenz unter 1 Hz.

3.2.7.2 Photoelektrische Empfänger

Wie schon der Name sagt, wird bei diesen Empfängern der photoelektrische Effekt (die Erzeugung freier Elektronen) zum Strahlungsnachweis benutzt. Dadurch ist bei diesem Empfängertyp der Spektralbereich zu größeren Wellenlängen hin begrenzt. Die Photonenenergie muß ausreichen, um eine charakteristische Energielücke zu überwinden. Unter diesen Empfängern kann man wieder zwei unterschiedliche Typen unterscheiden, solche, die den äußeren photoelektrischen Effekt, und solche, die den inneren photoelektrischen Effekt ausnutzen.

1. Der äußere photoelektrische Effekt wird in *Vakuum-Photodioden* und in *Photovervielfachern* verwendet. Die Photonenenergie muß größer als die Austrittsarbeit eines Elektrons aus dem Metall oder Halbleiter in das Vakuum sein. Diese Austrittsarbeit beträgt mindestens etwa 1 eV, der Spektralbereich dieser Empfänger ist also auf Wellenlängen unter 1,1 μm beschränkt. Typische Empfindlichkeitskurven von Photovervielfachern zeigt Abb. 3.14, die denen von Vakuum-Photodioden gleichen Kathodenmaterials entsprechen. S 1, S 5 und S 20 sind handelsübliche Bezeichnungen von Kathodenmaterialien. Die mit UV bezeichnete Kurve entspricht einem Photovervielfacher, der nur im UV empfindlich ist. Dadurch ist es möglich, dort sehr empfindlich Strahlung nachzuweisen, ohne durch längerwellige Streustrahlung gestört zu werden.

Der Innenwiderstand dieser Empfänger ist sehr groß (typisch $> 10^9 \, \Omega$). Die obere Grenzfrequenz ist mit etwa 1 GHz ebenfalls sehr hoch. Diese Empfänger können sehr große Empfängerflächen bei geringer Rauschleistung haben.

2. Der innere photoelektrische Effekt wird in *Photoleitern, Photoelementen, Photodioden* und ähnlichen Empfängern ausgenutzt. Dabei werden Elektronen mit Hilfe der Photonenenergie in ein höheres Energieniveau gehoben, und die dadurch verursachte Änderung der elektrischen Leitfähigkeit oder die entstandene Photospannung werden nachgewiesen. Bei den photoelektromagnetischen Empfängern wird

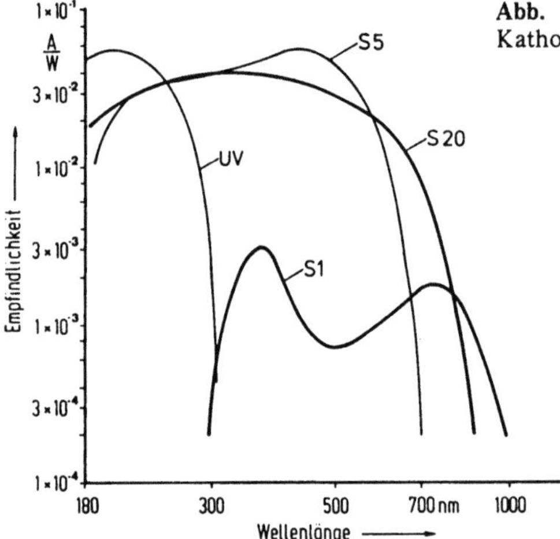

Abb. 3.14. Spektrale Empfindlichkeit von vier Kathodenmaterialien

noch ein äußeres Magnetfeld angelegt. Die Photonenenergie muß mindestens so groß sein, daß das Elektron das obere Energieniveau erreichen kann.

Es gibt Halbleiter mit einer sehr großen Vielfalt von Bandabständen; daher kann die obere Grenzwellenlänge über einen weiten Bereich variieren. Da auch die Störstellen-Photoleitung bei entsprechender Kühlung ausgenutzt werden kann, werden Empfänger mit Grenzwellenlängen zwischen 500 nm und etwa 100 μm angeboten. Typische Vetreter, die ohne Kühlung verwendet werden können, sind der Silizium-Empfänger, der von etwa 200 nm bis zu seiner Grenzwellenlänge von 1,1 μm eingesetzt werden kann und der PbS-Empfänger mit einer Grenzwellenlänge von etwa 3 μm. Innenwiderstand und obere Grenzfrequenz sind je nach verwendetem Grundmaterial, Dotierung und Betriebstemperatur sehr verschieden. Die Empfindlichkeitskurven einiger häufig verwendeter Vertreter dieser Klasse von Empfängern zeigt Abb. 3.15.

3.2.7.3 Andere Nachweissysteme

Neben den genannten Empfängertypen sind auch noch andere Systeme in Gebrauch, die für den Nachweis von Laserstrahlung geeignet sind, allerdings weniger für quantitative Messungen. Einige davon sollen hier erwähnt werden.

Aus Gründen der Laser-Strahlungssicherheit ist es sehr empfehlenswert, die Beobachtung der Bilder und Muster, die die Laserstrahlung erzeugt, nicht unmittelbar mit dem Auge vorzunehmen, sondern über eine Fernsehkamera auf einem Monitor zu betrachten. Zu der gleichen Kategorie gehört auch die Benutzung von Bildwandlern für den Nachweis infraroter Strahlung.

Zu dem gleichen Zweck werden auch Sensoren angeboten, deren Wirkstoff aus Phosphoren besteht, die mit sichtbarer oder ultravioletter Strahlung angeregt werden können. Fällt im Anschluß daran Wärmestrahlung auf diese Sensoren, so emittieren

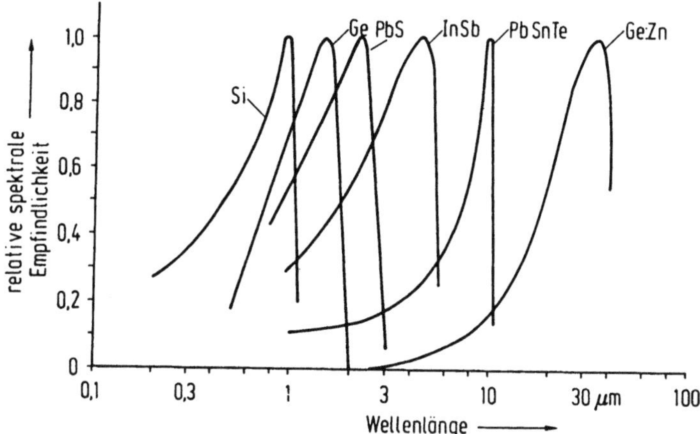

Abb. 3.15. Relative spektrale Empfindlichkeit von Empfängern, die den inneren photoelektrischen Effekt benutzen: Silizium (Si), Germanium (Ge), Bleisulfid (PbS), Indium-Antimonid (InSb), Blei-Zinn-Tellurid (PbSnTe) und Zinn-dotiertes Germanium (Ge:Zn)

sie sichtbares Licht und gestatten dadurch das Vorhandensein eines Laserstrahles nachzuweisen.

Schwarzer Tesafilm oder schwarzes Photopapier absorbieren Strahlung im Sichtbaren und nahen Infrarot gut. Bei Bestrahlung mit hohen Leistungsdichten ändern sie ihre Farbe und sind daher geeignet, um sich eine Vorstellung vom Durchmesser und der Gleichförmigkeit der Energieverteilung von Laserbündeln zu machen.

Für den Nachweis der Leistungsverteilung von Lasern, deren Wellenlänge größer als etwa $4\,\mu$m ist, wie dem CO_2-Laser, werden auch gern Plexiglas oder Styroporblöcke verwendet, bei denen sich der Laserstrahl je nach Leistungsdichte unterschiedlich tief einbohrt. Es ist aber umstritten, ob man daraus wirklich quantitative Schlüsse ziehen kann. Dies gilt aber für alle in diesem Abschnitt genannten Verfahren, die man nur bei sehr großzügiger Auslegung noch unter dem Begriff Meßverfahren zusammenfassen kann. Darüber hinaus besteht die Gefahr, daß bei der Zersetzung dieser Kunststoffe giftige oder gar karzinogene Stoffe entstehen.

3.3 Geometrische Strahldaten

Die Definition der geometrischen Strahldaten scheint zunächst zur Lasersicherheit wenig Bezug zu haben. Da aber für den Vergleich der Laserdaten mit den zulässigen Grenzwerten und beispielsweise für die Berechnung der Leistungsdichte aus der Leistung der Strahldurchmesser benötigt wird, spielen diese Werte auch eine Rolle. Die Strahldivergenz wird bei der Ausbreitung von Laserbündeln über große Strecken wichtig. Die folgenden Abschnitte sollen die strengen Definitionen wiedergeben, die man für exakte Sicherheitsanalysen benötigt; für praktische Rechnungen zur Überprüfung der Einhaltung der Grenzwerte wird es allerdings meist ausreichen, die Herstellerangaben zu benutzen, da man in solche Betrachtungen meist Sicherheitsfaktoren einschließt, bzw. Abschätzungen zur sicheren Seite rundet.

3.3.1 Strahldurchmesser

Von einem Strahldurchmesser kann man selbstverständlich nur bei runden Laserbündeln sprechen. Viele Laser wie zum Beispiel die Excimer-Laser haben rechteckige Strahlquerschnitte. Die folgenden Definitionen sind sinngemäß darauf zu übertragen. Anstatt kreisförmiger Blenden benutzt man dann rechteckige Blenden. Allerdings ist zu beachten, daß dann bei der Verwendung von Blenden zur Leistungs- oder Bestrahlungsstärkemessung diese senkrecht zu der betrachteten Richtung groß gegen die Strahlbreite sein müssen, um in dieser Richtung die gesamte Leistung zu erfassen.

Bei der Definition des Strahldurchmessers wird von zwei grundsätzlich verschiedenen Konzepten ausgegangen. In der Materialbearbeitung, wo die gesamte Laserleistung eine wesentliche Größe ist, definiert man den Durchmesser mit Hilfe des Kreises, der einen bestimmten Bruchteil der gesamten Laserleistung enthält. Demgegenüber ist es in der Nachrichtentechnik üblich, den Strahldurchmesser durch die Stellen zu definieren, an denen die Leistungsdichte auf einen bestimmten Bruchteil des Maximalwertes der Leistungsdichte abgefallen ist. Die letztgenannte Definition hat den Nachteil, daß sie bei Lasern, die zum Rande hin keine monoton abnehmende Bestrahlungsstärke haben (alle Multimodelaser, siehe Abb. 2.4), nicht eindeutig ist. Nimmt man für die Durchmesserdefinition die Stelle, an der die Leistungsdichte zum ersten Mal auf diesen Wert abgefallen ist, so kann unter Umständen der überwiegende Teil der Laserleistung sich außerhalb des so definierten Durchmessers ausbreiten. Diese Definition ist nur bei annähernd Gaußschem Strahlprofil (siehe Abschn. 3.3.4) sinnvoll. Aus diesem Grunde, und weil für Fragen der Lasersicherheit die Gesamtleistung wesentlich ist, wird dem erstgenannten Konzept der Vorzug gegeben.

Die Definition lautet also: Der Strahldurchmesser eines Laserstrahles an einer Stelle im Raum ist derjenige kleinstmögliche Kreis, der an dieser Stelle senkrecht zur Ausbreitungsrichtung des Laserstrahles steht und innerhalb dessen sich $x\%$ der gesamten Laserleistung finden. Für den Prozentsatz x sind sowohl 95% als auch 86% üblich. Für eine Gaußsche Leistungsverteilung im Strahl ist der 86%-Wert identisch mit dem $1/e^2$ -Wert für die Leistungsdichte im Strahl, ein bei der anderen Durchmesserdefinition häufig verwendeter Wert (siehe Abb. 3.19).

Die Messung des Durchmessers sollte genau nach dieser Definition mit Lochblenden verschiedenen Durchmessers erfolgen. Daneben ist es aber auch üblich, Schneiden oder Spaltblenden über den Strahl zu bewegen und dann unter der Annahme einer bestimmten Energieverteilung den Durchmesser nach dieser Definition zu berechnen. Will man ein genaues Strahlprofil (siehe Abschn. 3.3.4) gewinnen, so muß man mit einer kleinen Blende den gesamten Strahl abtasten.

3.3.2 Strahltaille

Als Strahltaille bezeichnet man die Stelle, an der der Durchmesser des Laserstrahles am kleinsten ist (Abb. 3.17). Die Lage der Strahltaille hängt unter anderem von der Spiegelkonfiguration im Laserresonator ab. Bei vielen Lasern liegt sie am Auskoppelspiegel, sie kann jedoch auch in einer größeren Entfernung davon oder innerhalb des Resonators liegen, wo sie dann nicht zugänglich ist. Ohne zusätzliche optische Abbildung hat man in der Strahltaille die höchste Leistungsdichte. Die Lage der Strahltaille ist auch für die Berechnung der Strahldivergenz von Bedeutung.

3.3.3 Strahldivergenz; Numerische Apertur

Zur Angabe der Strahldivergenz benötigt man die Definition des ebenen Winkels. Radiant ist die Einheit des ebenen Winkels und ist gleich dem Quotienten aus dem von dem Zentriwinkel aus einem Kreis ausgeschnittenen Kreisbogen k und dessen Radius r (Abb. 3.16):

$$\beta = k/r \ . \tag{3.14}$$

2π rad entsprechen also einem Winkel von 360°.

Unter der Strahldivergenz versteht man die Zunahme des Durchmessers des Laserstrahls mit zunehmendem Abstand vom Laser. Bei nicht kreissymmetrischen Laserbündeln hängt die Divergenz auch noch von der Richtung senkrecht zur optischen Achse ab. Meist ist sie in der Richtung am größten, in der das Bündel am schmalsten ist. Die Zunahme des Bündeldurchmessers beobachtet man allerdings nur, wenn man sich im Fernfeld jenseits der Strahltaille befindet. Als Abschätzung des Abstandes D vom Auskoppelspiegel des Laserresonator, wo das Fernfeld beginnt, kann man die folgende Formel benutzen:

$$D = d^2/\lambda \ . \tag{3.15}$$

Dabei bedeutet d den Durchmesser des Auskoppelspiegels und λ die Laserwellenlänge.

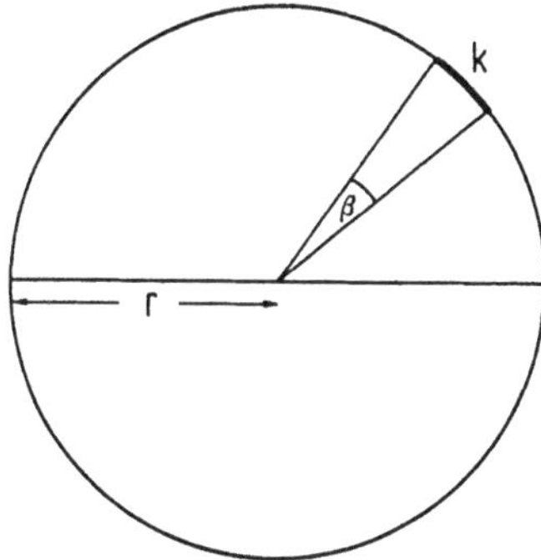

Abb. 3.16. Zur Definition des ebenen Winkels

Unter der Strahldivergenz δ versteht man meist den ebenen Öffnungswinkel des Bündels. Sie wird in Milliradian (mrad) angegeben und ist bei Laserbündeln guter Qualität von der Größenordnung 1 mrad.

Bei stärkerer Strahldivergenz, z.B. beim Austritt von Laserbündeln aus optischen Wellenleitern oder bei der Strahlung von Laserdioden, wird die Divergenz häufig auch durch die numerische Apertur NA des Strahlenbündels angegeben. Die numerische Apertur ist dabei der Sinus des halben Öffnungswinkels des Strahlenbündels (Abb. 3.17):

$$NA = \sin\beta \,.$$ (3.16)

Der Winkel β, auf den man sich bezieht, ist also nur halb so groß als der bei der normalen Divergenzdefinition benutzte Winkel δ.

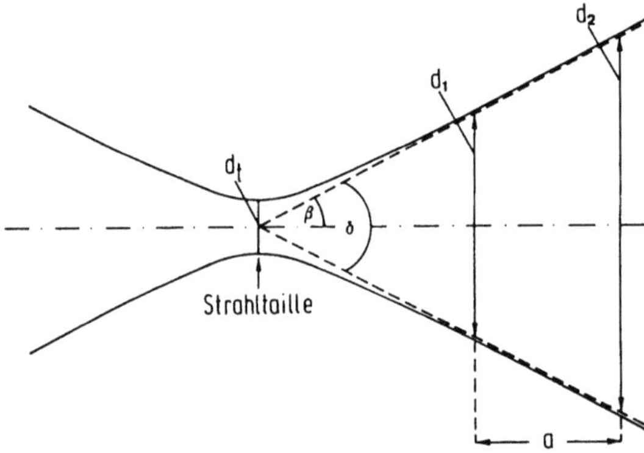

Abb. 3.17. Bestimmung der Strahldivergenz aus zwei Durchmessern hinter der Strahltaille

Auch hier stellt sich wie schon weiter oben beim Strahldurchmesser das Problem der Definition der Bündelbegrenzung. Es sind auch hier verschiedene Verfahren üblich. Für optische Wellenleiter nimmt man meist die Stelle, an der die Leistungsdichte im Strahl auf 5% ihres Maximalwertes abgefallen ist.

Bei Sicherheitsbetrachtungen hat die Strahldivergenz große Bedeutung bei der Berechnung der Gefährdung durch Laserstrahlung, die sich über weite Strecken ausbreitet, z.B. bei Entfernungsmeßgeräten, obwohl auch dort meist mit optischer Abbildung gearbeitet wird. Die numerische Apertur braucht man zur Berechnung der Gefährdung, die von Strahlung ausgeht, die durch optische Wellenleiter transportiert wird.

Die Strahldivergenz wird meist von dem Laserhersteller angegeben. Messen kann man sie auf zwei Arten:

1. Man mißt (siehe Abb. 3.17) den Strahldurchmesser an zwei Stellen im Fernfeld (hinter der Strahltaille). Die Strahldivergenz δ ist dann der Quotient aus der Differenz der beiden Durchmesser d_1, d_2 und dem Abstand a der beiden Meßstellen:

$$\delta = 2 \cdot \beta = (d_2 - d_1)/a \,.$$ (3.17)

2. Man bringt in den Laserstrahl hinter dem Auskoppelspiegel eine Linse bekannter Brennweite f und bekannter Lage der Brennebene (Abb. 3.18). In der Brennebene dieser Linse bestimmt man den Durchmesser des Laserbündels df. Diese Ebene entspricht nicht immer der Stelle des kleinsten Bündeldurchmessers. Die Strahldivergenz δ ist dann der Quotient aus dem so bestimmten Durchmesser und der Brennweite der verwendeten Linse:

$$\delta \;=\; 2\cdot\beta \;=\; df/f. \tag{3.18}$$

Der Nachteil dieser Methode ist, daß man zur Bestimmung des Strahldurchmessers nach Abschn. 3.3.1 meist mit sehr kleinen Blenden arbeiten muß. Die Brennweite der Linse sollte man daher so groß wählen, wie es technisch noch gut handhabbar ist. Liegt die Strahltaille sehr weit außerhalb des Lasers, so empfiehlt sich in jedem Fall, diese Methode anzuwenden.

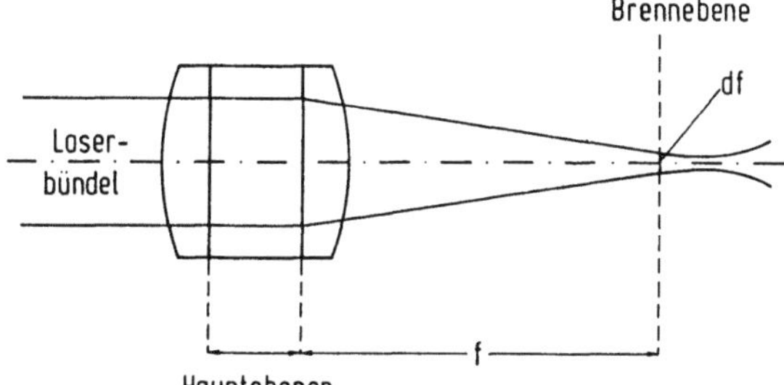

Abb. 3.18. Bestimmung der Strahldivergenz aus dem Bündeldurchmesser in der Brennebene einer Linse

3.3.4 Strahlprofil, Modenprofil

Unter dem Strahlprofil versteht man die Leistungsverteilung im Laserstrahl in einer Ebene senkrecht zur Ausbreitungsrichtung. Häufig kann man bei kleinen Lasern hoher Qualität, bei denen nur eine transversale Mode angeregt ist, von dem sogenannten Gaußschen Strahl (Abb. 3.19) sprechen, für den gilt:

$$E(r) \;=\; E_0 \exp[-2(r/w)^2]. \tag{3.19}$$

Dabei ist $E(r)$ die Verteilung der Bestrahlungsstärke senkrecht zur Ausbreitungsrichtung im Abstand r von der Strahlachse und w ist der Radius, an dem die elektrische Amplitude der elektromagnetischen Wellen auf $1/e$ abgefallen ist. Die für die Durchmesserbestimmung wichtigen Punkte $1/e$ und $1/e^2$ ihres Maximalwertes sind auch eingezeichnet. Diese Leistungsdichteverteilung hat man nur, wenn lediglich die TEM$_{00}$-Mode im Strahl angeregt ist. In Abb. 3.19 ist auch das Integral über die Gaußverteilung im Bereich $\pm\, r/w$ angegeben. Dieses Integral benötigt man für die Bestimmung des Bündeldurchmesser mit veränderlichen Lochblenden. Es gibt den Bruchteil $P(r/w)$ der Laserstrahlung an, die innerhalb von diesem Bereich liegt. Man erkennt, daß die meiste Energie im zentralen Bereich konzentriert ist.

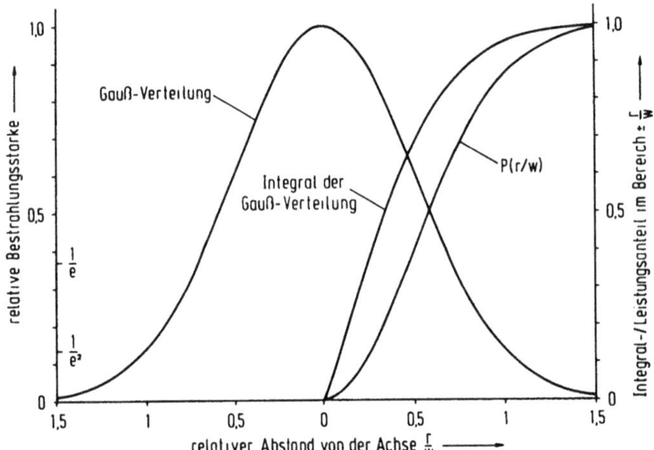

Abb. 3.19. Verlauf der Strahlungsleistung senkrecht zur Strahlachse bei der Gauß-Verteilung sowie Integral dieser Verteilung von $-r/w$ bis $+r/w$

$$P(r/w) = 1 - \exp[-2\cdot(r/w)^2] \; . \tag{3.20}$$

Bei der industriellen Anwendung von Laserstrahlung hat man es nur sehr selten mit Laserstrahlen zu tun, die ein Gaußsches Strahlprofil haben. Meist ist eine Vielzahl von höheren Moden angeregt (siehe Abb. 2.4). Man spricht dann auch vom Modenprofil des Laserstrahls. Daher kann auch die Leistungsverteilung im Strahl sehr inhomogen sein, und es können Maxima und Minima auftreten. Für Lasersicherheitsbetrachtungen rechnet man trotzdem meist mit dem Mittelwert der Leistungs- bzw. Energiedichte über den Strahlquerschnitt, obwohl die Höchstwerte beträchtlich davon abweichen können. Dieses Vorgehen ist zulässig, weil es im Bereich der Augengefährdung nur auf die mittlere Leistungsdichte über einen Durchmesser von 7 mm ankommt, ein Wert der sehr viel größer ist, als der Durchmesser der meisten unaufgeweiteten Laserbündel in Spektralbereich von 400 bis 1400 nm. Ansonsten kann je nach Definition für den Strahldurchmesser die Bestrahlungsstärke in der Mitte eines Gaußschen Strahles bis zu etwa einen Faktor 2 höher sein als die mittlere Bestrahlungsstärke (siehe Abschn. 3.3.1 und Abb. 3.19).

3.4 Zeitliche Strahldaten

3.4.1 Impulsdauer, Impulsbreite

Die Impulsdauer (gelegentlich wird der Begriff Impulsbreite in dem gleichen Sinne benutzt) ist ein Parameter, der in die Lasersicherheitsanalysen wesentlich eingeht, da die zulässigen Grenzwerte stark von ihr abhängen. Bei Impulsen einfacher zeitlicher Verteilung wird die Impulsdauer t (siehe Abb. 3.23) nicht sehr stark von deren Definition abhängen. Anders sieht es jedoch aus bei komplizierteren Impulsformen, etwa Impulsen, die in Wirklichkeit aus einer Vielzahl von kürzeren, mehr oder weniger aufgelösten Einzelimpulsen zusammengesetzt sind (siehe Abb. 3.20), oder bei Impulsformen, wie man sie vielfach bei TEA-Lasern (siehe Abb. 3.21) beobachtet, bei denen einem schmalen hohen Impuls noch ein langer, flacher Ausläufer folgt, in dem sich dann sogar der Hauptteil der Energie befinden kann. Ganz extrem stellt sich dieses Problem bei den modengekoppelten Impulslasern (siehe Abb. 3.22). Die Definitionsprobleme sind hier im Zeitbereich die gleichen wie bei der Definition des Strahldurchmessers im Ortsraum (siehe Abschn. 3.3.1).

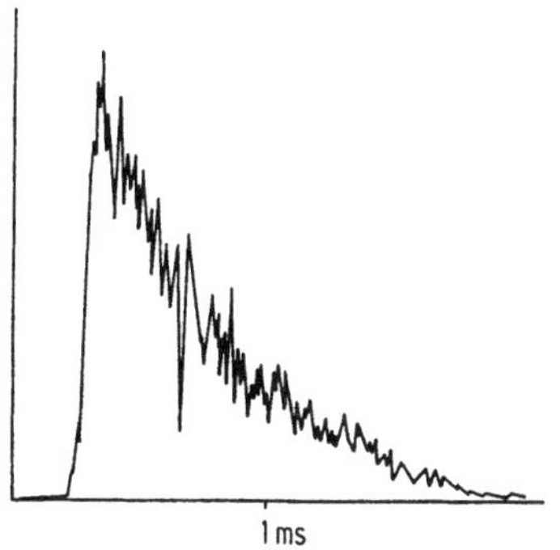

Abb. 3.20. Zeitlicher Verlauf der Strahlungsleistung bei einem Normalimpuls

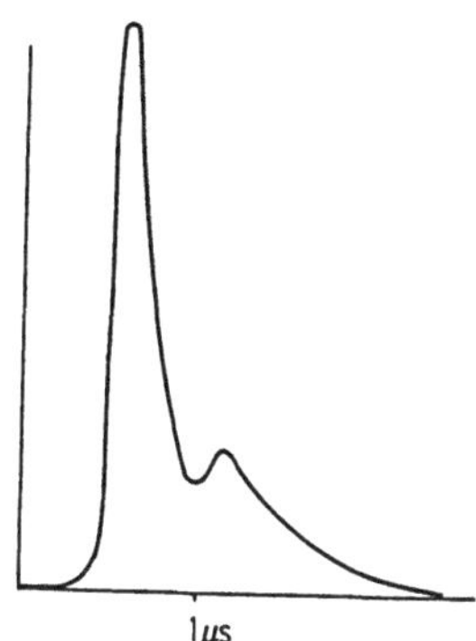

Abb. 3.21. Zeitlicher Verlauf der Strahlungsleistung beim Impuls eines TEA-Lasers

Die Impulsdauer wird normalerweise definiert als der zeitliche Abstand zwischen den Stellen, an denen die Leistung des Laserimpulses auf einen definierten Bruchteil der Maximalleistung angestiegen und dann wieder abgefallen ist. Als Bruchteile sind 1/2 (man spricht dann von der Halbwertsbreite) und 1/10 (man spricht dann von der Zehntelwertsbreite) üblich. Die Einheit dieser Größe ist nach dem Gesagten die Sekunde (s). Für Lasersicherheitsbetrachtungen wäre es auch hier günstiger, den Zeitraum zu betrachten, in dem ein bestimmter Bruchteil der Impulsenergie liegt, z.B. 86% oder 95%.

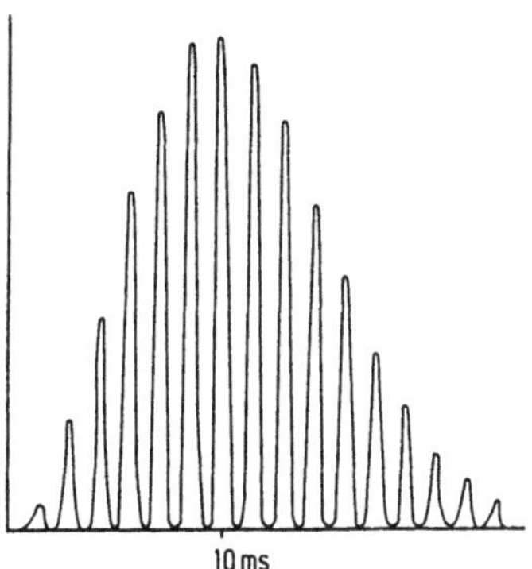

Abb. 3.22. Zeitlicher Verlauf der Strahlungsleistung bei einem modengekoppelten Impulslaser

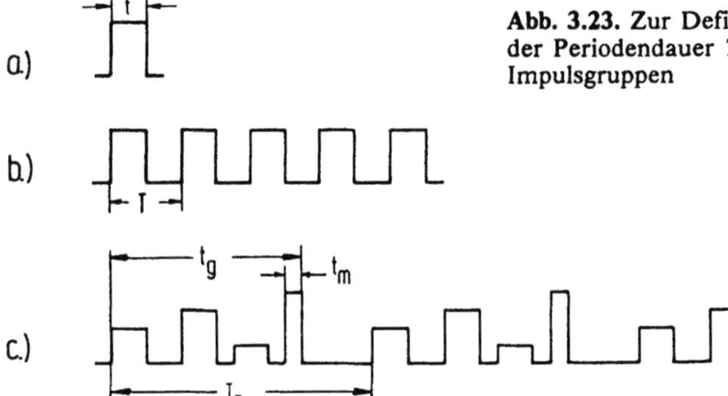

Abb. 3.23. Zur Definition der Impulsdauer t und der Periodendauer T bei Einzelimpulsen und bei Impulsgruppen

3.4.2 Impulsfolgefrequenz, Impulswiederholfrequenz

Meist senden Laser bei technischen Anwendungen nicht nur einzelne Impulse in großen zeitlichen Abständen aus, sondern Folgen von Impulsen, die je nach Anwendung auch noch unterschiedliche Energieinhalte, Impulsdauern und Leistungsverläufe haben.

Unter der momentanen Impulsfolgefrequenz N (andere Namen dafür sind auch Puls- und Impulswiederholfrequenz) versteht man bei einem wiederholt gepulsten Laser den Reziprokwert der in Abb. 3.23 dargestellten Periodendauer T (des zeitlichen Abstandes zweier Impulse):

$$N = 1/T. \tag{3.21}$$

Ist der Laser regelmäßig gepulst, so entspricht dies der Anzahl Impulse pro Sekunde. Die Einheit dieser Größe ist demgemäß das Hertz (Hz) bzw. die reziproke Sekunde (s^{-1}).

Die Impulsfolgefrequenz ist normalerweise durch die Frequenz der Laseranregung bestimmt und kann daher daraus abgeleitet werden. Will man sie jedoch aus der Laserstrahlung selbst bestimmen, so muß man den zeitlichen Abstand zwischen den äquivalenten Stellen zweier aufeinanderfolgender Laserimpulse messen und erhält dann die momentane Frequenz als Reziprokwert dieser Zeit. Als charakteristische Stelle bietet sich wieder der Zeitpunkt an, bei dem die Leistung des Laserimpulses einen bestimmten Wert oder einen bestimmten Bruchteil ihres Maximalwertes erreicht hat. Bei Impulsgruppen kommen als weitere Begriffe die Gruppenimpulsdauer t_g und die Gruppenwiederholfrequenz N_g als Reziprokwert der Periodendauer T_g der Impulsgruppen hinzu.

3.4.3 Dauerstrichlaser, Impulslaser

Eine weitere zeitliche Größe, die für die Lasersicherheitsbetrachtungen wichtig ist, ist die Abgrenzung zwischen Dauerstrich- und Impulslasern. Von den Begriffen her erscheint es klar, daß man unter Dauerstrichlasern solche Laser versteht, die im wesentlichen eine konstante Leistung kontinuierlich über einen längeren Zeitraum abgeben und unter Impulslasern solche Laser, die ihre Leistung bzw. Energie in einem oder in einer Folge von Impulsen zeitlich begrenzter Dauer abgeben. Es wird allerdings von der Anwendung abhängen, ob man eine Strahlung, die z.B. für eine Sekunde konstant ansteht, als die eines Dauerstrichlasers ansieht, oder ob man diese Strahlung als einen Laserimpuls von einer Sekunde Dauer betrachtet. Einen exakten Wert für die Abgrenzung zwischen Dauerstrich- und Impulslasern kann man aus den Grenzwerten oder Wechselwirkungsmechanismen der Laserstrahlung mit biologischem Gewebe oder anderer Materie nicht herleiten. Meist wird als Grenze 0,25 s benutzt. Dieser Wert hat insofern eine physiologische Begründung, die auch sicherheitsrelevant ist, als man die Dauer bis zum Eintreten des Lidschlußreflexes zu 0,25 s annimmt (siehe Abschn. 7.2). Es ist dies also eine Größe, die im wesentlichen aus dem Strahlenschutz im sichtbaren Spektralgebiet abgeleitet ist.

Diese spezielle Festlegung wird gelegentlich kritisiert, und es werden dann je nach Anwendung andere Zeiten vorgeschlagen. Die Bedeutung dieser Frage ist allerdings nicht sehr groß, da es sich um eine Konvention bzw. um einen Sprachgebrauch handelt. Bei der Auswahl von Laserschutzfiltern empfiehlt es sich beispielsweise die Zeitgrenzen sogar wellenlängenabhängig festzulegen (siehe Abb. 9.3).

Auch von der Physik des Lasers her ist es schwierig, die einzelnen Lasertypen eindeutig abzugrenzen. So kann es bei Dauerstrichlasern vorkommen, daß die Longitudinalmoden aneinander koppeln, so daß die emittierte Strahlung aus einer kontinuierlichen Folge sehr kurzer Einzelimpulse besteht, ähnlich wie in Abb. 3.22, nur daß die Amplitude der Einzelimpulse zeitlich konstant ist. Wenn man einen solchen Laser für Anwendungen einsetzt, deren Zeitkonstante groß gegen die Einzelimpulsdauer ist, so wird man von einem Dauerstrichlaser sprechen, sonst von einem modengekoppelten Impulslaser.

4. Biologische Wirkung

Die biologische Wirkung der Laserstrahlung unterscheidet sich nicht grundsätzlich von der biologischen Wirkung anderer optischer Strahlung, die von nichtkohärenten Lichtquellen ausgestrahlt wird. Es gibt jedoch einige Besonderheiten, die für Laserstrahlung charakteristisch sind, und die zum Teil zu dem großen Gefährdungspotential beitragen, das die Laserstrahlung hat. Es sind diese

– Bündelung,
– Monochromasie,
– Kohärenz.

Auf Grund der guten Bündelung der Strahlung vieler Laser, d.h. der geringen Divergenz ihrer Strahlung, ändert sich der Strahldurchmesser auch über große Entfernungen nur wenig. Es ist diese erstgenannte Eigenschaft die die großen Vorteile der Laserstrahlung gegenüber anderen Strahlungsquellen für den Einsatz bedingt, die diese Strahlung aber auch über große Entfernungen gefährlich macht (siehe auch Abschn. 5.5).

Die zweite Eigenschaft, die Monochromasie, ist ebenfalls für viele technischen Anwendungen der wesentliche Faktor, ist jedoch durchaus nicht bei allen Lasern gegeben und trägt zur Gefährdung nur unwesentlich bei. Dabei muß der Begriff Monochromasie insofern relativiert werden, als es zahlreiche Laser gibt, die Strahlung mehrerer Wellenlängen aussenden. Man meint damit meist die Schmalbandigkeit dieser Spektrallinien. Aber auch dies gilt nicht für sehr kurze Laserimpulse im Femtosekundenbereich.

Von der dritten Eigenschaft schließlich, der örtlichen und zeitlichen Kohärenz der Laserstrahlung, die besonders bei interferometrischen Messungen von Bedeutung ist, ist nicht eindeutig nachgewiesen, daß sie zu besonderen Schädigungsmechanismen beiträgt [4.1].

Hinsichtlich des Wellenlängenbereiches überdecken Laser praktisch das gesamte Gebiet optischer Strahlung, in dem die Luft durchlässig ist, also von etwa 180 nm bis 1000 µm. Dabei ergeben sich unterschiedliche Schädigungsmechanismen, auch abhängig von der Energie der Strahlung in den verschiedenen Wellenlängenbereichen. Als grobe Einteilung des optischen Spektralbereiches haben sich Ultraviolett, Sichtbares und Infrarot eingeführt. Ultraviolett und Infrarot werden, hauptsächlich wegen der zu differenzierenden biologischen Wirkung, dann nochmals feiner unterteilt.

Beim Einsatz der Laser für die Materialbearbeitung spielen neben den unmittelbaren Wechselwirkungsmechanismen zwischen dem Werkstoff und der spezifischen Laserstrahlung auch noch der Reflexionsgrad des Werkstoffes und die Leistungsdichte der Laserstrahlung für die Bearbeitbarkeit eine große Rolle. Ein hoher Reflexionsgrad eines Werkstoffes bei einer Laserwellenlänge verhindert, daß die Strahlung eintritt. Damit sinkt die absorbierte Leistung und die Bearbeitbarkeit nimmt stark ab. Erhöht man allerdings die Leistungsdichte so weit, daß die elektrische Feldstärke ausreicht, um einen Lawinendurchbruch zu erzeugen, so entsteht an der Oberfläche des Werkstoffes ein Plasma, das die Laserstrahlung stark absorbiert. Damit kann die Laserleistung über Wärmeleitung und Wärmestrahlung aus diesem Plasma auf den Werkstoff übertragen werden und die Bearbeitbarkeit ist gegeben. Für diesen Mechanismus gibt es eine ziemlich scharfe Schwelle.

Derartige Effekte braucht man bei der biologischen Wirkung der Laserstrahlung meist nicht zu berücksichtigen, da man anstrebt, die Leistung auf Werte zu begrenzen, die unterhalb der biologischen Schädigungsschwelle liegen. Dies schließt allerdings nicht aus, daß bei sehr kurzen Laserimpulsen die Leistungsdichte so hoch wird, daß die Schädigungsgrenze durch elektronische Effekte, wie sie auch beim Lawinendurchbruch eine Rolle spielen, bestimmt wird. Der Reflexionsgrad, der bei Metallen vor allem im Infraroten Werte bis nahezu 100% erreichen kann (siehe Abb. 3.3), ist bei biologischen Geweben immer wesentlich niedriger. Außerdem tritt spiegelnde Reflexion nur an glatten Oberflächen, wie der Hornhaut des Auges auf. Dabei ist deren Reflexionsgrad wegen der niedrigen Brechzahl von Wasser nur etwa 2%. Sonst handelt es sich immer um diffuse Reflexion (siehe Abschn. 3.1.8), die eine Rückstreuung der Strahlung erzeugt. Der Reflexionsgrad beträgt dabei zwischen etwa 4% für Wellenlängen, bei denen die Laserstrahlung gut absorbiert wird und größenordnungsmäßig 50% für Wellenlängen, bei denen die Absorption nur gering ist.

4.1 Wirkung ultravioletter Strahlung

Die langwellige Grenze des ultravioletten Spektralgebietes zum Sichtbaren wird in den Normen [4.2, 4.3] entweder mit 380 nm oder mit 400 nm angegeben. Diese Grenze ist physiologisch durch die Grenze des durch die Strahlung hervorgerufenen Seheindruckes bestimmt. Die Netzhaut ist auch für Wellenlängen unterhalb 380 nm empfindlich. Die Transmission der vorderen Augenmedien, insbesondere bei älteren Menschen, nimmt jedoch unterhalb 400 nm stark ab [4.4, 4.5]. Daher ist die genaue Festlegung der Grenze zwischen dem sichtbaren und dem ultravioletten Spektralgebiet insofern willkürlich, als sie von der angenommenen Schwelle des Seheindrucks abhängt. Die Augenempfindlichkeitskurve, bei der man noch zwischen den relativen spektralen Hellempfindlichkeitsgraden für das Tagsehen $V(\lambda)$ und das Nachtsehen $V'(\lambda)$ unterscheiden muß (siehe Abschn. 4.6.3), ist von der CIE [4.6] bis herab zu 380 nm definiert. Daher soll diese Wellenlänge als Grenzwellenlänge angenommen werden. Den spektralen Verlauf zeigt Abb. 4.1.

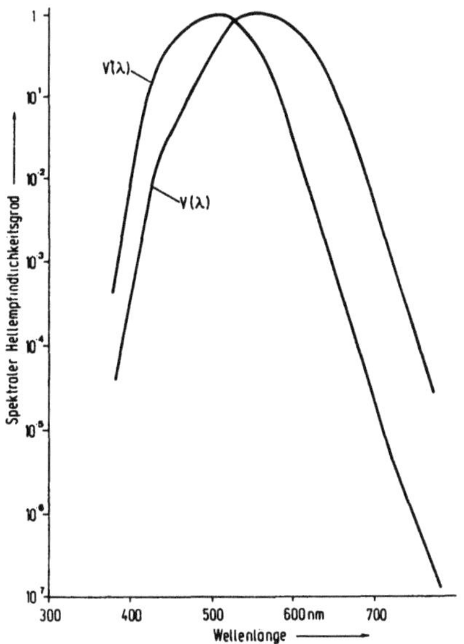

Abb. 4.1. Relativer spektraler Hellempfindlichkeitsgrad für das Tagsehen $V(\lambda)$ und das Nachtsehen $V'(\lambda)$

Die starke Zunahme der Absorption aller biologischen Gewebe zu kürzeren Wellenlängen hin bewirkt, daß die Strahlung in einer immer dünneren Oberflächenschicht der Haut und des Auges absorbiert wird. Damit ändert sich die Stelle der Einwirkung und der biologische Wirkungsmechanismus. Auf Grund dieser Zusammenhänge wird das ultraviolette Spektralgebiet in UV-A, UV-B und UV-C eingeteilt [4.2]. Das UV-C erstreckt sich bis 100 nm Wellenlänge. Unterhalb von 200 nm Wellenlänge fängt jedoch der Sauerstoff in der Luft an zu absorbieren, so daß unterhalb 180 nm eine freie Ausbreitung von UV-Strahlung in Luft nicht mehr möglich ist. Für Probleme der Lasersicherheit braucht man daher dieses Spektralgebiet zwischen 100 und 180 nm nicht mehr zu betrachten.

Im gesamten ultravioletten Spektralgebiet ist die biologische Wirkung der Strahlung kumulativ, so daß man ähnlich wie bei ionisierender Strahlung von einer Dosisbeziehung sprechen kann. Das bedeutet, daß man zur Beurteilung der Gefährdung das Zeitintegral der Bestrahlungsstärke, die Bestrahlung, betrachten muß. Als Integrationszeit nimmt man dabei meist 30000 s, d.h. einen vollen Arbeitstag. Es scheint jedoch so zu sein, daß UV-Strahlung auch noch über längere Zeiträume additiv auf biologisches Gewebe wirkt. Dies ist der Grund, warum später bei den Vorschriften für die Klassifizierung und die Schutzmaßnahmen das ultraviolette Spektralgebiet bei einigen Erleichterungen ausgenommen ist (siehe Abschn. 5.4, 7.1).

Eine Reihe von Medikamenten und chemischen Verbindungen sensibilisiert biologisches Gewebe für die Wirkung von UV-Strahlung [4.10], so daß schon für Bestrahlungen, die weit unterhalb der sonst geltenden Grenzwerte liegen, starke biologische Reaktionen auftreten können. Da derartige Wirkungen oft sehr spezifisch sind und nicht der Reaktion des unbehandelten Gewebes entsprechen, bleiben sie in den folgenden Diskussionen unberücksichtigt.

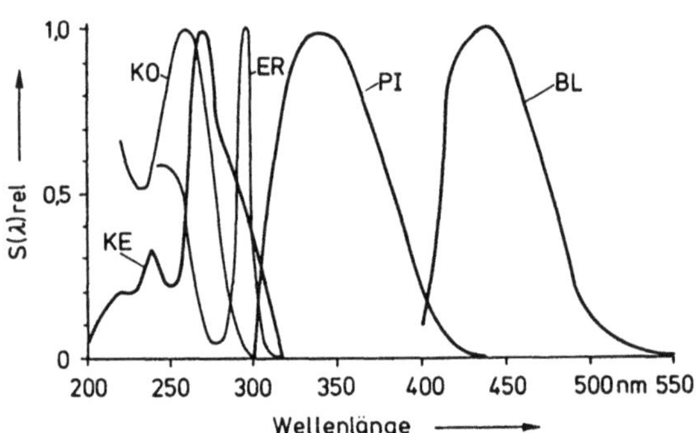

Abb. 4.2. Relative spektrale Verteilung der Wirkungsfunktionen für die direkte Pigmentierung (PI), die Erythembildung (ER), die Photokeratitis (KE), die Photokonjunktivitis (KO) und die photochemischen Schäden (BL)

Der Spektralbereich des UV-A erstreckt sich von 315 nm bis 380 nm. In diesem Bereich dringt die Strahlung bei schwacher Pigmentierung (Bräunung) noch einige Millimeter tief in die Haut ein. Im Auge wird sie hauptsächlich in der Linse absorbiert. Die biologische Wirkung der Strahlung ist eine direkte Pigmentierung der Haut ohne vorherige Erythembildung [4.7]. Die Wirkungsfunktion für die direkte Pigmentierung hat ihr Maximum bei etwa 340 nm, die Empfindlichkeit der Haut für diese Strahlung ist allerdings recht gering. Der Schwellenwert für die biologische Wirkung beträgt bei diesem Maximum 100 000 J m^{-2}. Die relative Wirkungsfunktion ist in Abb. 4.2 dargestellt. Die Wirkung in der Augenlinse ist davon allerdings verschieden. Die Strahlung in diesem Wellenlängenbereich trägt dort zur Bildung der Katarakt (Grauer Star) bei. Eine Wirkungsfunktion ist dafür nicht bekannt.

Der Spektralbereich des UV-B schließt sich an das UV-A an und reicht von 280–315 nm. Die hauptsächliche biologische Wirkung der Strahlung in diesem Bereich ist die Erythembildung (Hautrötung, die ein scharfes Maximum ihrer Wirkungsfunktion bei 297 nm hat (Abb. 4.2). Der Schwellwert für diese Wirkung der UV-Strahlung ist etwa 200 bis 300 mal niedriger als der Schwellwert für die direkte Pigmentierung, er schwankt allerdings je nach persönlicher Empfindlichkeit sehr stark. Mit dem Abklingen der Hautrötung entsteht als Folge des Erythems eine sekundäre Pigmentierung der Haut. Am Auge kann diese Strahlung eine Photokeratitis erzeugen, eine Entzündung der Hornhaut des Auges. Das Maximum dieser Wirkung liegt erst in dem anschließenden UV-C-Gebiet.

Der Spektralbereich des UV-C erstreckt sich nach der Definition von 100–280 nm. In diesem Gebiet ist die Absorption aller biologischen Gewebe bereits so stark, daß die Strahlung nur noch in eine dünne Oberflächenschicht eindringen kann. Wie bereits erwähnt, genügt es, als untere Grenze 180 nm zu betrachten, da unterhalb dieser Wellenlänge die Strahlung in der Luft so stark absorbiert wird, daß keine freie Ausbreitung über nennenswerte Strecken erfolgen kann. Die bereits im UV-B einsetzende Photokeratitis-Bildung hat hier ihr Wirkungsmaximum bei 270 nm. Nur wenig unterhalb, bei 260 nm hat die Wirkungsfunktion für die Photokonjunktivitis, die Entzündung der Bindehaut des Auges, ihr Wirkungsmaximum (Abb. 4.2). Die Schwellenwerte für diese beiden photobiologischen Wirkungen liegen nochmals etwa um den Faktor 10 niedriger als der Schwellenwert für die Erythembildung. Die Erythembildung, deren Maximum bei 297 nm liegt, nimmt unterhalb von 280 nm wieder stark zu. Die Empfindlichkeit erreicht wieder mehr als die Hälfte ihres Wertes im Maximum.

Neben den bisher erwähnten Wirkungen der UV-Strahlung gibt es weitere Wirkungen, denen beim Menschen keine so klare Wirkungsfunktion zuzuordnen ist und die zum Teil zu Spätschäden führen können. UV-Strahlung wirkt beispielsweise auf das Zellwachstum, von Stimulation bis hin zu einer dauerhaften Zellschädigung, wie sie zur Bakterientötung ausgenutzt wird, deren Wirkungsmaximum bei 265 nm liegt [4.7].

Spätschäden infolge starker UV-Exposition sind vorzeitige Alterung der Haut durch Degeneration der Hautzellen und Verminderung der Elastizität sowie die Entstehung verschiedener Hautkrebsarten [4.8]. Die letztgenannte Wirkung ist durch Tierexperimente und durch epidemiologische Studien an Personen, die häufig natürlicher UV-Strahlung ausgesetzt sind, belegt. Auch die Häufigkeit des Auftretens von Hautkrebs nimmt mit abnehmender geographischer Breite zu [4.9]. Chemische Verbindungen können stark sensibilisierend wirken [4.10].

4.2 Wirkung sichtbarer Strahlung

Wie schon der Name sagt, erstreckt sich der Spektralbereich der sichtbaren Strahlung über das Wellenlängengebiet, dessen Strahlung in der Lage ist, einen Licht- oder Seheindruck im Auge zu erzeugen. Da die Grenzen abhängig von der angenommenen Schwellenempfindlichkeit fließend sind, findet man für sie verschiedene Wellenlängenangaben; meist wird als untere Grenze 380 nm und als obere Grenze 780 nm [4.2] verwendet. Die untere Grenze ist durch die beginnende Absorption der vorderen Augenmedien gegeben (siehe Abschn. 4.1), die obere Grenze durch die nahezu exponentielle Abnahme der Empfindlichkeit der Netzhaut mit zunehmender Wellenlänge [4.11]. Erzeugt man auf der Netzhaut entsprechend hohe Bestrahlungsstärken, so kann man auch noch mit Wellenlängen oberhalb 1000 nm Helligkeitsempfindungen erzeugen. Das sichtbare Spektralgebiet ist durch besonders niedrige Grenzwerte zulässiger Strahlung für das Auge gekennzeichnet, da in diesem Bereich die vorderen Augenmedien infolge ihrer fokussierenden Wirkung die Bestrahlungsstärke auf der Netzhaut um einen Faktor 10^5 bis 10^6 gegenüber deren Wert auf der Hornhaut erhöhen (siehe Abschn. 4.6.2).

Hinsichtlich der biologischen Wirkung der Strahlung muß man für sichtbare Strahlung zwei hauptsächliche Wirkungsmechanismen unterscheiden. Im kurzwelligen Teil des Sichtbaren sind es photochemische Prozesse, die die Schädigungsgrenze bestimmen. Im langwelligen Teil des Sichtbaren dagegen ist es hauptsächlich die Wärmewirkung der im Gewebe absorbierten Strahlung, die schließlich bei zu hoher Bestrahlungsstärke zu einer Schädigung führt.

Die Wirkungsfunktion für photochemische Schäden hat im Bereich um 435 nm bis 440 nm ihr Maximum und fällt oberhalb 500 nm steil ab (siehe Abb. 4.2, Kurve BL). Die Wirkung einer Temperaturerhöhung durch sichtbare Strahlung ist selbstverständlich unabhängig von der Wellenlänge der sie verursachenden Strahlung, allerdings sind die Grenzwerte zulässiger Bestrahlungsstärke infolge der photochemischen Wirkung so klein, daß eine Temperaturerhöhung, die eine schädigende Wirkung bei Einhaltung dieser Grenzwerte erzeugen könnte, nicht eintreten kann. Erst oberhalb 500 nm bis 600 nm, wo die Wahrscheinlichkeit für die Erzeugung photochemischer Schäden klein wird, werden die Grenzwerte durch die thermischen Effekte bestimmt.

4.3 Wirkung infraroter Strahlung

Das infrarote Spektralgebiet schließt sich an das sichtbare an und erstreckt sich bis zum Mikrowellengebiet. Die langwellige Grenze des Gebietes optischer Strahlung ist bei 1 mm Wellenlänge festgelegt. Die schädigende Wirkung der Infrarotstrahlung ist rein thermisch, jedoch ergeben sich infolge des verschiedenen Absorptionsverhaltens der Gewebe für die unterschiedlichen Wellenlängen auch unterschiedliche Wechselwirkungsmuster. Ähnlich wie das ultraviolette Spektralgebiet wird das infrarote nach DIN 5031 Teil 7 [4.2] in drei Teilbereiche weiter unterteilt:

Der Spektralbereich des IR-A erstreckt sich von 780 nm bis 1400 nm. Es ist dies der Spektralbereich, in dem noch Strahlung bis zur Netzhaut vordringen kann, wo sie thermische Schäden erzeugen kann. Insbesondere der längerwellige Teil dieses Spektralgebietes oberhalb 1000 nm Wellenlänge ist durch die zunehmende Absorption des Wassers in den vorderen Augenmedien gekennzeichnet. Bei 1400 nm erreicht nur noch sehr wenig Strahlung die Netzhaut. In dem Zwischenbereich, wo die Strahlung in der Linse und in der Iris absorbiert wird, kann sie ähnlich wie im UV-A Katarakt erzeugen [4.12]. Im gesamten IR-A sind die für das Auge zulässigen Strahlungsgrenzwerte noch sehr niedrig, da die fokussierende Wirkung der vorderen Augenmedien noch wirkt.

Der Spektralbereich des IR-B schließt sich an das IR-A an und reicht von 1400 nm bis 3000 nm. Infolge der Wasserabsorption hat die Eindringtiefe (Abb. 4.3) der Strahlung in das biologische Gewebe so stark abgenommen, daß beim Auge die Netzhaut nicht mehr erreicht werden kann. Die Grenzwerte für das Auge (hauptsächlich die Hornhaut ist betroffen) und die Haut sind daher gleich. In einem Zwischenbereich um 1500 nm Wellenlänge nimmt die Wasserabsorption wieder etwas ab, so daß die Eindringtiefe der Strahlung im Auge größer als 5 mm wird. Sie kann dann zwar nicht bis zur Netzhaut vordringen, wird aber auch nicht unmittelbar an der Oberfläche, sondern auf einem längeren Weg absorbiert. Dadurch bleibt zumindest für kurze Einwirkungszeiten bis etwa 1 μs Dauer, während deren noch keine thermischen Ausgleichsvorgänge ablaufen können, die Temperaturerhöhung im Gewebe relativ niedrig, und für Impulslaser sind daher höhere Grenzwerte zulässig. Dieser Effekt wird für Entfernungsmeßgeräte mit Erbiumlasern ausgenutzt (siehe auch Abschn. 5.6).

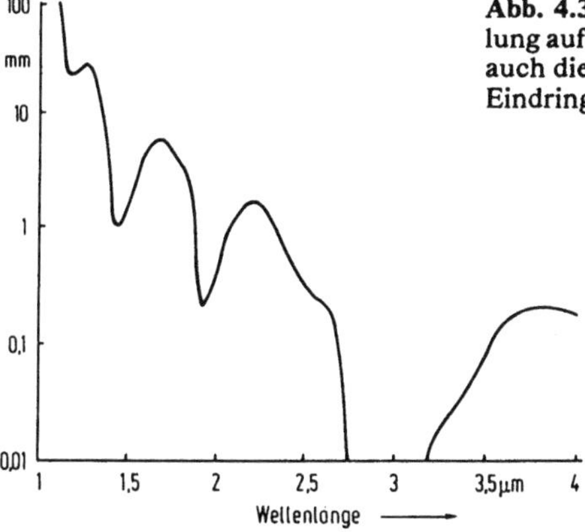

Abb. 4.3. Strecke im Auge, innerhalb der Infrarotstrahlung auf 5% ihres Ausgangswertes abgeklungen ist (siehe auch die Bilder 4.7, 4.8). Bei $10,6\,\mu m$ (CO_2-Laser) ist die Eindringtiefe $< 0,1\,mm$

Der Spektralbereich des IR-C umfaßt das gesamte restliche Infrarot von $3\,\mu m$ bis 1 mm Wellenlänge. In dem gesamten Gebiet ist die Eindringtiefe des Strahlung, hauptsächlich auf Grund der starken Absorption des Wassers, das überwiegender Bestandteil aller biologischen Gewebe ist, wesentlich kleiner als 1 mm. Daher wird die Strahlung in einer sehr dünnen Oberflächenschicht absorbiert. Die biologische Wirkung beruht in dem gesamten Spektralgebiet auf der Temperaturerhöhung durch die absorbierte Strahlungsenergie. Die zulässigen Grenzwerte sind in dem gesamten Bereich infolgedessen gleich.

4.4 Zeitabhängigkeit

Die Zeitabhängigkeit der biologischen Wirkung der Laserstrahlung ist relativ kompliziert, da je nach Einwirkungsdauer bzw. Impulsdauer der Laserimpulse unterschiedliche physikalische und biochemische Prozesse ablaufen können, die eine sehr spezifische schädigende Wirkung haben können. Tritt die Schädigung über eine thermische Wirkung ein, so spielen auch Fragen der Wärmeableitung eine Rolle. Die gleiche Bestrahlungsstärke auf der Netzhaut erzeugt eine unterschiedliche Temperaturerhöhung, je nachdem wie groß die bestrahlte Fläche ist. Das thermische Gleichgewicht wird schneller erreicht, wenn der bestrahlte Fleck sehr klein ist. Bei sehr großen Fleckdurchmessern ist die Temperatur in der Fleckmitte unabhängig vom Durchmesser, da keine Wärme in nennenswertem Umfang zur Seite abgeleitet wird, sondern nur nach vorne und hinten. Wird schließlich ein gewisser Grenzdurchmesser, dargestellt in Abb. 4.4a, unterschritten, so nimmt die Mittentemperatur umgekehrt proportional zum Durchmesser ab. Schematisch zeigen dies die Abb. 4.4b–d. Bei der Schädigungswahrscheinlichkeit wirkt sich das dann entsprechend aus [4.13].

Kontinuierliche Strahleneinwirkung über sehr lange Zeiträume, die groß gegen die thermische Zeitkonstante im biologischen Gewebe sind, verursacht im Gewebe bei Gleichgewicht zwischen Energiezufuhr und Energieableitung eine Temperaturerhöhung, die proportional der eingestrahlten Leistung und umgekehrt proportional der

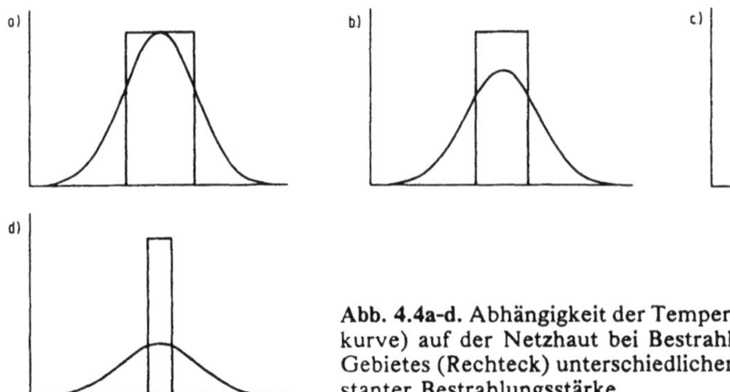

Abb. 4.4a–d. Abhängigkeit der Temperaturverteilung (Glockenkurve) auf der Netzhaut bei Bestrahlung eines kreisförmigen Gebietes (Rechteck) unterschiedlichen Durchmessers mit konstanter Bestrahlungsstärke

Wärmeableitung ist. Da die ohne Schädigung tolerierbare Temperaturerhöhung für alle biologischen Gewebe von der Größenordnung 1 K bis 10 K [4.14] ist, ergibt sich daraus, daß der zulässige Grenzwert als eine Bestrahlungsstärke und demgemäß in $\mathrm{W\,m^{-2}}$ angegeben sein wird. Das gleiche gilt, wenn das Gleichgewicht nicht auf den rein thermischen Effekten der Wärmezufuhr und Wärmeableitung beruht, sondern wenn photochemische Prozesse ablaufen, bei denen sich ein Gleichgewicht zwischen photochemisch induzierten Reaktionen und gegenläufigen Heilungsprozessen einstellt, und permanente Schäden erst oberhalb einer bestimmten Schadensdichte auftreten.

Anders verhält es sich dagegen, wenn die biologischen Zeitkonstanten größer als der betrachtete Einwirkungszeitraum sind. Dies ist beispielsweise im kurzwelligen UV der Fall, wo die Zellen geschädigt werden und der Abbau des geschädigten Materials sowie der Aufbau einer dauerhaften Pigmentierung sehr viel langsamer ablaufen, als der beim Laserstrahlenschutz betrachtete größte Zeitraum, nämlich ein Arbeitstag oder 30 000 s. Dies gilt auch bei stochastischen Prozessen, wie der Karzinogenese durch kurzwellige Strahlung. In all diesen Fällen ist die Wirkung proportional zur Strahlungsdosis, und die zulässigen Grenzwerte werden als Bestrahlung angegeben, also in $\mathrm{J\,m^{-2}}$.

Betrachtet man in den anderen Spektralbereichen ausgehend von einem Arbeitstag eine Strahleneinwirkung über immer kürzere Zeiten, so wird man je nach Schädigungsmechanismus und Wellenlänge schließlich die thermische oder biologische Zeitkonstante unterschreiten. Die Wirkung der Strahlung ist dann dort ebenfalls proportional der Strahlungsenergie (Strahlungsmenge), die Einheit der Grenzwerte ist $\mathrm{J\,m^{-2}}$. Aus den in Abschn. 5 zu diskutierenden Grenzwerttabellen geht hervor, daß die Zeiten für diesen Übergang je nach Wellenlänge zwischen etwa 10 000 s und 10 s liegen.

Mit abnehmender Impulsdauer wird die Strahlungsenergie in immer kürzeren Zeiten auf das biologische Gewebe übertragen. Schließlich können noch weitere Schädigungsmechanismen wirksam werden (siehe Abb. 4.5). Es sind dies zunächst akustische Stoßwellen, die insbesondere bei Bestrahlungen auftreten, die deutlich oberhalb der zulässigen Grenzwerte liegen. Diese Stoßwellen können zum Beispiel durch sehr

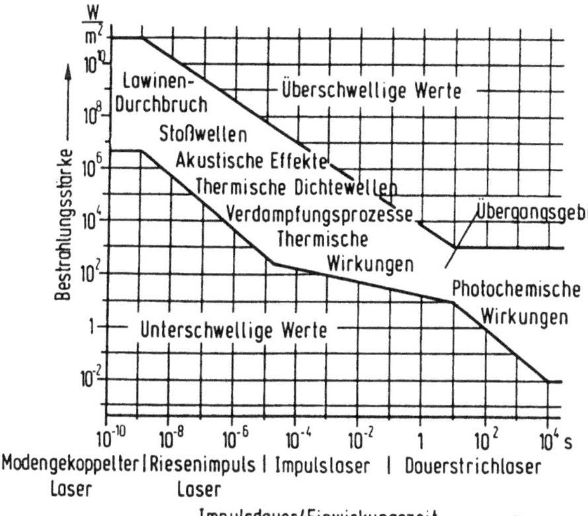

Abb. 4.5. Schematische Übersicht über die Zeit- und Bestrahlungsstärkeabhängigkeit der verschiedenen Schädigungsmechanismen

schnelle thermische Dichtewellen oder durch Verdampfungsprozesse verursacht werden. Für Bestrahlungsstärken in der Nähe der Grenzwerte sind die Temperaturerhöhungen im Gewebe sehr klein, von der Größenordnung 1 K. Infolge der sehr kurzen Einwirkdauern ist allerdings der Temperaturanstieg sehr schnell, so daß allein durch die damit verbundene Wärmeausdehnung Stoßwellen erzeugt werden können.

Verringert sich die Einwirkungszeit weiter, so wird schließlich bei konstanter Strahlungsenergie während der Dauer des Impulses die elektrische Feldstärke des Strahlungsfeldes so groß, daß ein elektrischer Durchbruch in dem biologischen Gewebe auftreten kann. Dieser Durchbruch entsteht infolge der Beschleunigung freier Elektronen durch die elektrische Feldstärke. Als freie Elektronen stehen einmal die im Gewebe auf Grund seiner elektrischen Leitfähigkeit vorhandenen zur Verfügung, zum anderen können durch Temperaturerhöhung und bei sehr hoher elektrischer Feldstärke auch durch Mehrphotonenprozesse freie Elektronen erzeugt werden. Da die genannten Prozesse von der elektrischen Feldstärke des Strahlungsfeldes ausgelöst werden, sind für kurze Zeiten (unter 1 ns) die zulässigen Grenzwerte wieder durch die Bestrahlungsstärke bestimmt (die Einheit ist $W\,m^{-2}$).

Für noch kürzere Zeiten im Femtosekundenbereich scheinen schließlich die zulässigen Grenzwerte wieder zuzunehmen [4.15], auch dies ist vermutlich ein Feldstärkeeffekt. Insbesondere nimmt dort die Schädigung kaum zu, auch wenn man die Schwelle deutlich überschreitet. Ursache dafür könnte sein, daß die Strahlungsabsorption im Melanin, das im Auge der hauptsächliche Absorber für die Strahlung ist, bei hohen Feldstärken in eine Sättigung geht, oder daß infolge anderer nichtlinearer Prozesse, wie zum Beispiel Änderung der Brechzahl mit der elektrischen Feldstärke, eine Defokussierung des Strahlenbündels eintritt, so daß der Schaden im Gewebe begrenzt wird.

Andere Zeitabhängigkeiten in den Grenzwerten für die minimale Schädigung können in Übergangsbereichen entstehen, wo mehrere Mechanismen wirksam sind, insbesondere können sie auch dann auftreten, wenn mehrere physikalische und biologische Prozesse unterschiedlicher Zeitkonstanten beteiligt sind.

4.5 Wirkung sehr kleiner Leistungen

Unter dem Begriff „sehr kleine Leistungen" sollen in diesem Abschnitt Leistungen, Bestrahlungsstärken und Bestrahlungen unterhalb der zulässigen Grenzwerte verstanden werden. In diesem Bereich wird Laserstrahlung heute für eine Vielzahl von Anwendungen in der Medizin, in Randgebieten der Medizin und in der Kosmetik eingesetzt. Einige davon sind Wundheilung, Schmerzstillung, Akupunktur, Behandlung von Akne, Haarausfall und Cellulitis, sowie Biostimulation. Verwendet werden hauptsächlich Laser, die im roten (z.B. He-Ne-Laser) oder im nahen infraroten (z.B. Dioden-Laser) Spektralgebiet strahlen, daneben aber auch andere, kürzerwellige Laserstrahlung, wie die des Argon-Lasers (488 nm und 515 nm) oder des He-Cd-Lasers (442 nm). Die heilende Wirkung von „Rotlicht" ist seit langer Zeit bekannt [4.16], die Vorteile der Verwendung eines Lasers zur Erzielung dieser biologischen Wirkung könnten nur in der Kohärenz der Laserstrahlung liegen, da alle anderen Parameter mit konventionellen Lichtquellen ebenso verwirklicht werden können.

Inwieweit bei der biologischen Wirkung der Laserstrahlung psychologische Effekte eine Rolle spielen, ist nur sehr schwer nachzuweisen. Es gibt Abschätzungen, daß die Kohärenz der Laserstrahlung bei den verwendeten Laserleistungen (Größenordnung wenige Milliwatt als Dauerstrich oder in Impulsen bis zu einigen Watt Spitzenleistung) keine Rolle spielen kann [4.1]. Daher wurde die Realität dieser „Laser"-Wirkung stets angezweifelt, insbesondere weil es auch Untersuchungen gibt, die zeigen, daß Laserattrappen ebenso wirksam sein können [4.17]. Trotzdem gibt es viele Erfolgsberichte über eine Therapie mit Laserstrahlung, bei denen die gleiche Wirkung mit anderer Strahlung nicht erzielt werden konnte [4.18]. Die Grundlagenforschung zu den möglichen Wirkungsmechanismen nimmt zu. Man versucht dabei auch zunächst nicht so komplizierte biologische Systeme wie den menschlichen Körper, sondern einfachere Systeme wie Hefe- oder Tumorzellen zu untersuchen. Bei diesen Untersuchungen zeigte sich, daß der photobiologische Effekt deutlich im Zellwachstum und in der Zellvermehrung nachgewiesen werden kann, sowohl im positiven wie im negativen Sinne [4.1, 4.19]. Obwohl bisher völlig unverstanden, scheinen sich auch statistisch signifikante Unterschiede in der photobiologischen Wirkung zwischen Laserstrahlung und konventioneller Strahlung zu ergeben.

4.6 Wirkungsmechanismen beim Auge

Die Wirkung der Laserstrahlung auf das Auge erfordert aus mehreren Gründen eine gesonderte Diskussion. Das Auge ist, wie auch die Haut, der auftreffenden Strahlung unmittelbar und ungeschützt ausgesetzt. Eine schwere Schädigung eines Auges und der damit verbundene Verlust des Sehvermögens ist jedoch für den Betroffenen wesentlich schwerwiegender als die Schädigung einer gleich großen Hautpartie, die meist wieder ohne Folgeschäden heilen wird, während ein Schaden am Auge, insbesondere wenn es sich um die Netzhaut handelt, irreparabel ist. Hinzu kommt die überragende Bedeutung des Auges für die Kommunikation des Menschen mit seiner Umwelt.

Ein zweiter Grund, warum die Schädigungsmechanismen am Auge gesondert behandelt werden müssen, liegt in der Fokussierungswirkung der vorderen Augenmedien. Während im ultravioletten und im ferneren infraroten (IR-B und IR-C) Spektralgebiet die Strahlung kaum in das biologische Gewebe eindringt, und daher der Ablauf der Schadensentstehung für Auge und Haut sehr ähnlich ist, kann im Sichtbaren und im nahen Infrarot (IR-A) die Strahlung bis zur Netzhaut vordringen. Infolge der Fokussierungswirkung der vorderen Augenmedien kann sich dabei die Bestrahlungsstärke gegenüber den Werten auf der Hornhaut um 5 bis 6 Größenordnungen erhöhen. Dies macht die Netzhaut des Auges zu dem durch Laserstrahlung im Wellenlängenbereich von 400–1400 nm am meisten gefährdeten und daher am besten zu schützenden Teil des Körpers.

Darüber hinaus ist die Netzhaut des Auges sehr kompliziert aufgebaut. Die Schädigungsmechanismen sind teilweise von denen in der Haut verschieden, obwohl sich in vielen Fällen ergibt, daß die zulässigen Grenzwerte von Auge und Haut sich gerade um den erwähnten Verstärkungsfaktor infolge der Fokussierungswirkung unterscheiden.

4.6.1 Aufbau und Transmission des Auges

Den Aufbau des Auges zeigt schematisch Abb. 4.6. Für die einzelnen geometrischen und optischen Größen hat Gullstrand Durchschnittswerte angegeben, die man für Berechnungen meist benutzt. Danach hat das Auge eine Länge von 24 mm. Die optische Achse des Auges geht durch seinen objektseitigen Brennpunkt, den Hornhaut-

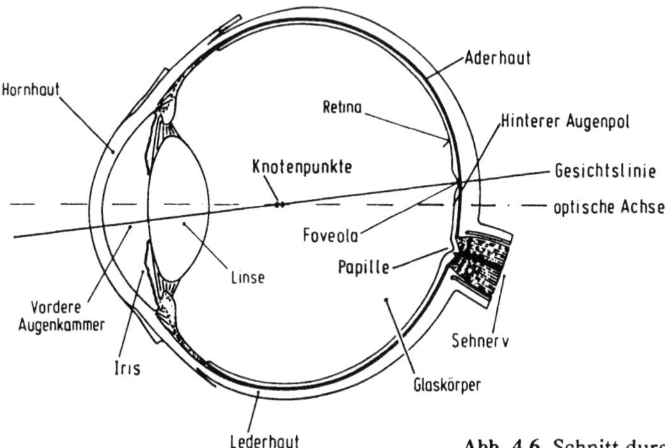

Abb. 4.6. Schnitt durch das menschliche Auge

scheitel, die beiden Hauptpunkte, die Pupillenmitte, die beiden Knotenpunkte, den geometrischen Augenmittelpunkt und den hinteren, bildseitigen Brennpunkt, der beim rechtsichtigen (emmetropen) Auge im hinteren Augenpol auf der Netzhaut liegt. Da die Stelle schärfsten Sehens auf der Netzhaut nicht mit dem hinteren Augenpol zusammenfällt, bildet die Sehachse (Gesichtslinie) beim Fixieren eines Gegenstandes einen Winkel von etwa 5° bis 7° zur optischen Achse. Sie geht durch die Knotenpunkte und endet in der Sehgrube, deren zentraler Teil die Foveola ist.

Unmittelbar der Strahlung und den anderen Umwelteinflüssen ausgesetzt ist die Hornhaut (Cornea), die nach außen hin nur durch eine wenige Mikrometer dicke Schicht von Tränenflüssigkeit geschützt ist. Sie selbst besteht zu etwa 75% aus Wasser. An die Hornhaut schließt sich die vordere Augenkammer an, die mit den Kammerwasser gefüllt ist. Vor der Augenlinse, die folgt, liegt seitlich die je nach Helligkeit in ihrem Durchmesser veränderliche Regenbogenhaut (Iris). Die Öffnung der Regenbogenhaut nennt man Pupille, ihren Durchmesser entsprechend Pupillendurchmesser. Dieser bestimmt bei größeren Lichtbündeln, welcher Anteil der Strahlung ins Auge eintreten kann. Den Raum hinter der Iris bis zur Linse nennt man hintere Augenkammer. Zwischen der Netzhaut (Retina), in der der Seheindruck entsteht, und der Linse dehnt sich der Glaskörper aus, der eine gelartige Konsistenz hat und ebenfalls hauptsächlich aus Wasser besteht.

Der Durchmesser der Pupille d_p hängt von der Leuchtdichte L der betrachteten Objekte ab. Über diese Abhängigkeit gibt es eine Reihe von Untersuchungen. Als typischer Zusammenhang sei die Näherungsformel von *Reeves* [4.20] für ausgedehnte Objekte angegeben:

$$\lg d_\mathrm{p} = 0{,}8558 - 0{,}000401 \, (\lg L + 8{,}4)^3 \, . \tag{4.1}$$

Dabei ist die Leuchtdichte L in $\mathrm{cd\,m^{-2}}$ einzusetzen, den Durchmesser d_p erhält man dann in Millimetern. Der Bereich der möglichen Änderungen erstreckt sich von etwa 2 mm bis zu etwa 8 mm. Dies bedeutet, daß der Strahlungsfluß durch die Pupille, der proportional zu deren Fläche ist, nur um einen Faktor 16 geändert wird, wenn sich die der Leuchtdichte um den Faktor 10^6 ändert. Bei älteren Personen ist der Bereich eingeengt. Die Regelung ist darüber hinaus recht langsam. Die Latenzzeit beträgt etwa 1/4 s, die Änderungsgeschwindigkeit einige mm/s. Für Fragen der Lasersicherheit hat man daher festgelegt, daß stets von einem Pupillendurchmesser von 7 mm auszugehen ist, was hinsichtlich des Strahlungsflusses, der ins Auge treten kann, im wesentlichen dem ungünstigsten Fall entspricht. Die Latenzzeit ist von der gleichen Größenordnung wie der Lidschlußreflex, das reflektorische Schließen des Augenlides, wenn die Helligkeit so groß wird, daß Blendung eintritt (siehe auch Abschn. 7.2). Für Sicherheitsanalysen ist also diese Durchmesserregelung nicht von Bedeutung.

Im Sichtbaren und im IR-A sind die Augenmedien bis zur Netzhaut durchlässig (Abb. 4.7). Die Abnahme der Transmission am kurzwelligen Ende dieses Spektralgebietes unterhalb 400 nm ist durch die Absorption der organischen Stoffe im Auge bestimmt. Mit zunehmendem Alter entsteht eine gelbliche Pigmentierung der Augenlinse, die im Laufe der Zeit zunimmt. Infolge dieser Pigmentierung verschiebt sich die kurzwellige Grenze der Transmission zu immer größeren Wellenlängen [4.5].

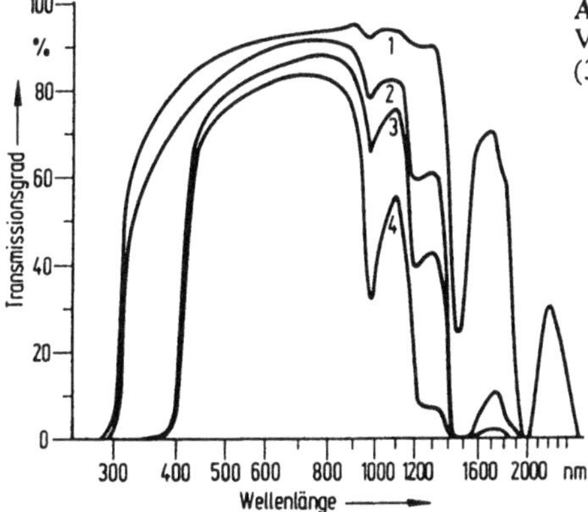

Abb. **4.7.** Transmission der Augenmedien bis zur Vorderkammer (1), zur Linse (2), zum Glaskörper (3) und zur Netzhaut (4)

Die langwellige Grenze der Transmission des Auges sowie die oberhalb 800 nm auftretenden Absorptionsbanden sind hauptsächlich durch die Absorption des im Auge vorhandenen Wassers bestimmt. Zum Vergleich zeigt Abb. 4.8 die Transmission von drei Wasserschichten, jeweils 0,6, 4 und 20 mm dick, die damit etwa die gleiche Dicke haben wie die Wasserschichten, die im Auge vor der Vorderkammer, der Linse und der Netzhaut liegen. Man erkennt, daß deren Transmissionskurven fast identisch mit den entsprechenden aus Abb. 4.7 sind.

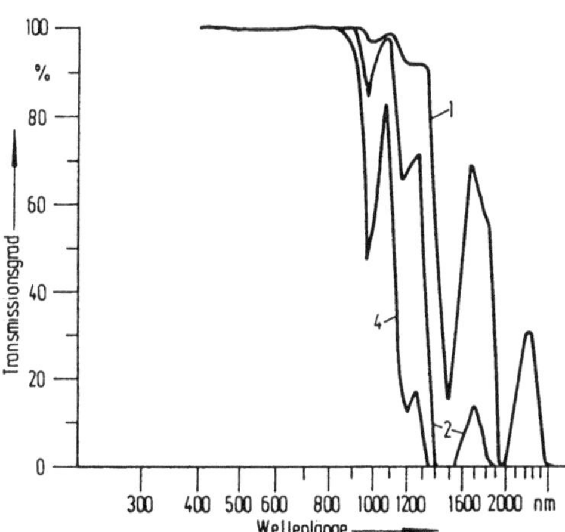

Abb. **4.8.** Spektraler Reintransmissionsgrad von Wasser in verschiedener Schichtdicke: 0,6 mm (1), 4 mm (2) und 20 mm (4)

Bei diesen Betrachtungen ist zunächst die Absorption der Regenbogenhaut (Iris) unberücksichtigt geblieben, da sie seitlich von der Gesichtslinie liegt, und ihre Transmission die Leistung eines achsennahen Strahlenbündels nicht beeinflußt. Ist jedoch der Bündeldurchmesser größer als der Pupillendurchmesser, so wird der Teil der Strahlung, der auf die Iris fällt, von dieser absorbiert und führt dort zu einer Temperaturerhöhung. Eine solche Temperaturerhöhung kann die Bildung eines grauen Stars fördern [4.12]. Werden allerdings die letztlich durch die Netzhaut bestimmten Grenzwerte eingehalten, so bleibt die Temperaturerhöhung der Iris vernachlässigbar klein.

4.6.2 Bilderzeugung im Auge

Bei dem schematischen Gullstrandschen Auge [4.28] liegt der objektseitige Brennpunkt des Auges 16,74 mm vor dem Hornhautscheitel, der zugehörige Hauptpunkt 1,50 mm dahinter. Im Ruhezustand (ohne Akkommodation) erzeugt ein rechtsichtiges Auge ein Bild eines unendlich fernen Gegenstandes (Fernpunkt) auf der Netzhaut. Seine Brennweite f_a ist dann 17,05 mm. Durch Veränderung der Krümmung der Augenlinse kann das Auge seine Brennweite bis auf 14,17 mm verringern (akkommodieren), so daß auf der Netzhaut auch ein scharfes Bild von nahe gelegenen Gegenständen (Nahpunkt) erzeugt werden kann. Die Akkommodationsstrecke, die Differenz zwischen Fernpunkt und Nahpunkt, nimmt allerdings mit zunehmendem Alter ab. In der Augenoptik spricht man meist nicht von der Brennweite des Auges, sondern von seiner Brechkraft. Sie ist der Reziprokwert der in Metern gemessenen Brennweite. Diese Größe nennt man Dioptrie. Sie hat das Einheitenzeichen m^{-1} oder dpt.

Den Nahpunktabstand von der Hornhaut, d.h. die kleinste Entfernung, auf die das Auge noch fokussieren kann, hat *Duane* [4.21] in Abhängigkeit vom Alter an etwa 2000 Individuen bestimmt (Abb. 4.9). Die drei Kurven geben den Mittelwert und die Streubreite der Ergebnisse an. Man erkennt, daß Jugendliche bis auf etwa 7 cm akkommodieren können, ältere Menschen nur noch auf etwa 1 m. Dieser Abstand hat sicherheitstechnische Bedeutung für die Gefährdung durch divergente Quellen (siehe Abschn. 7.5).

Bei Fehlsichtigkeiten des Auges wird der Fernpunkt nicht mehr auf der Netzhaut, sondern davor (Myopie) oder dahinter (Hyperopie) abgebildet. Außerdem kommt es vor, daß das Auge in verschiedenen Meridianebenen unterschiedliche Brennweiten hat (Astigmatismus). Dies kann durch unterschiedliche Krümmungen der Hornhaut oder unterschiedliche Brechwerte der Linse verursacht werden. Das optische System des

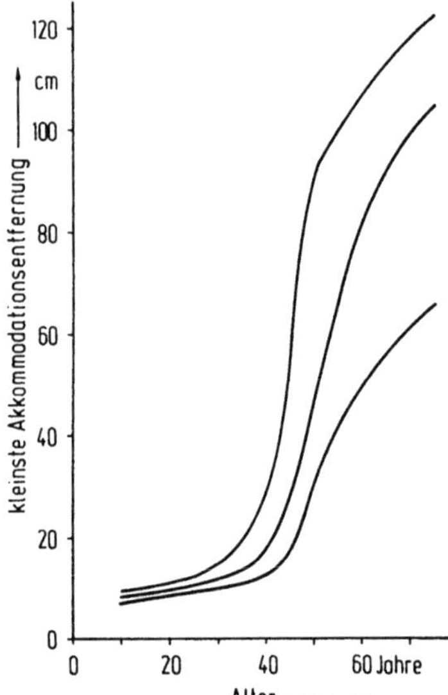

Abb. 4.9. Zunahme der kleinsten Akkommodationsentfernung (Nahpunktabstand) mit dem Alter. Angegeben sind Mittelwert und Streubereich

Auges hat dann zwei Hauptschnitte, die meist aufeinander senkrecht stehen (regelmäßiger Astigmatismus). Diese Fehlsichtigkeiten lassen sich fast immer durch Brillen oder Kontaktlinsen korrigieren. Sie brauchen daher für Fragen der Lasersicherheit nicht beachtet zu werden.

Die Brennweite – auch des rechtsichtigen Auges – hängt ferner noch von der Wellenlänge des Lichtes ab. Der Grund dafür ist, daß die Brechzahl n aller optischen Medien mit zunehmender Wellenlänge abnimmt. Da die Brennweite einer Linse umgekehrt proportional zu $(n - 1)$ ist, wird diese also mit zunehmender Wellenlänge größer. Über das gesamte sichtbare Spektralgebiet macht das eine Brechwertdifferenz von über 2 dpt aus.

Als Maß für die Sehschärfe dient normalerweise der Visus. Unter Visus 1 versteht man, daß ein Winkel von 1 Bogenminute (1′) noch aufgelöst werden kann; dies entspricht auf der Netzhaut einer geometrischen Ausdehnung von 4,9 μm. Der Visus 1 ist ein Wert, der von den meisten Menschen erreicht wird, Visus 2 – das entspricht der doppelten Auflösung – kommt durchaus vor. Dieser niedrige Wert für die Winkelauflösung bedeutet, daß das Auge als abbildendes System nahezu beugungsbegrenzt ist. Für eine beugungsbegrenzte Abbildung gilt, daß der Durchmesser des Beugungsscheibchens d_b gemessen bis zum ersten Beugungsminimum

$$d_b = 2{,}44\ \lambda\, f/d\,. \tag{4.2}$$

beträgt. Dabei bedeutet λ die Lichtwellenlänge, f die Brennweite der zur Abbildung verwendeten Linse und d den Durchmesser des zur Abbildung verwendeten Bündels. Setzt man $\lambda = 555\,\text{nm}$ (Maximum der Augenempfindlichkeit), $f = f_a = 17{,}05\,\text{mm}$ und $d = d_p = 3\,\text{mm}$ ein, so erhält man $d_b = 7{,}7\,\mu\text{m}$. Die Hälfte dieses Wertes stimmt ziemlich genau mit der Auflösung bei einem Visus 1 überein. Dies entspricht der Tatsache, daß man bei dem Rayleighschen Auflösungskriterium zwei Objekte als aufgelöst betrachtet, wenn das Maximum des zweiten auf das Minimum der Strahlungsverteilung des ersten zu liegen kommt.

Die Durchmesser der kleinsten Bilder auf der Netzhaut wurden in Abhängigkeit vom Pupillendurchmesser d_p auch experimentell bestimmt, und man erhielt Werte von minimal etwa 4 μm bei 3 mm Pupillendurchmesser. Für kleinere Pupillendurchmesser nimmt der Durchmesser entsprechend obiger Formel zu, bei größeren Pupillendurchmessern nimmt er nicht mehr ab, sondern bleibt konstant oder nimmt eher etwas zu. Dies ist auf zunehmende Abbildungsfehler infolge der größeren Öffnung, z.B. durch die sphärische Aberration zurückzuführen.

Diese hohe Abbildungsqualität des Auges hat zur Folge, daß man bei Fragen der Lasersicherheit stets unterstellen muß, daß ein Parallelbündel, wie es aus den meisten Lasern austritt, von dem Auge auf einen Punkt in der Netzhaut mit einem Durchmesser von 4 μm abgebildet wird. Legt man einen Pupillendurchmesser von $d_p = 7\,\text{mm}$ zugrunde und nimmt an, daß diese Pupille gleichmäßig mit einer Bestrahlungsstärke E_p bestrahlt ist, so ist die Bestrahlungsstärke auf der Netzhaut

$$E_n = E_p \left(7 \times 10^{-3} / 4 \times 10^{-6}\right)^2 = E_p \cdot 3 \times 10^6. \tag{4.3}$$

Der theoretische Verstärkungsfaktor ist also 3×10^6. Für die Laserschadensanalyse hat sich eingebürgert, als minimalen Bilddurchmesser auf der Netzhaut $10\,\mu$m anzunehmen. Dieser gegenüber dem eben diskutierten Beugungsscheibchen größere Durchmesser wird damit begründet, daß die thermisch wirksame Fleckgröße durch Vorwärtsstreuung im Auge und mikroskopische Brechwertschwankungen in den brechenden Medien größer ist, als es der Auflösungsgrenze entspricht. Augenbewegungen wirken tendenziell auch in diese Richtung. Der Durchmesser von $10\,\mu$m bedeutet aber immer noch einen Verstärkungsfaktor von 5×10^5.

4.6.3 Bestrahlungstärke auf der Netzhaut

Für die Entstehung eines Netzhautschadens ist die Leistungsdichte der Laserstrahlung auf der Netzhaut die entscheidende Größe. Bei Dauerstrichlasern ist der Grenzwert durch die Bestrahlungsstärke, bei Impulslasern durch die Bestrahlung gegeben. Je nach Eigenschaften der Quelle muß man verschiedene Fälle unterscheiden.

1. Punktquellen. Unter einer Punktquelle soll ein Strahler verstanden werden, der divergent strahlt, und dessen Abstand von der Hornhaut so groß ist, daß die Größe seines Bildes auf der Netzhaut F_n im wesentlichen durch die Beugung begrenzt ist (siehe Abschn. 4.6.2) oder doch wenigstens so klein, daß er unter einem Winkel erscheint, der kleiner als der Grenzwinkel α_{min} (siehe Abschn. 5.1.2) ist (Abb. 4. 10). Die Größe der Fläche F_n entspricht also etwa einem Durchmesser von $10\,\mu$m, unabhängig von der tatsächlichen Ausdehnung der Quelle.

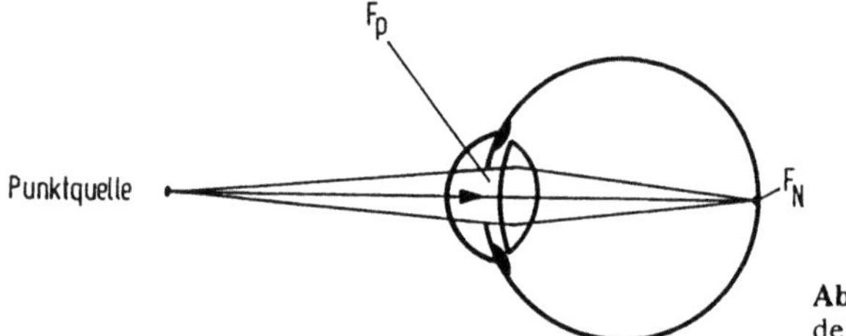

Abb. 4.10. Bild einer Punktquelle auf der Netzhaut

Hat dieser Strahler die Strahldichte L und den Abstand a von der Hornhaut, so fällt für $\varepsilon = 0$ nach (3.11) die Leistung P_p

$$P_p = L\, F_p / a^2, \tag{4.4}$$

durch die Pupille in das Auge. Die Bestrahlungsstärke E_n auf der Netzhaut ist also

$$E_n = L\, F_p / \left(a^2 F_n\right). \tag{4.5}$$

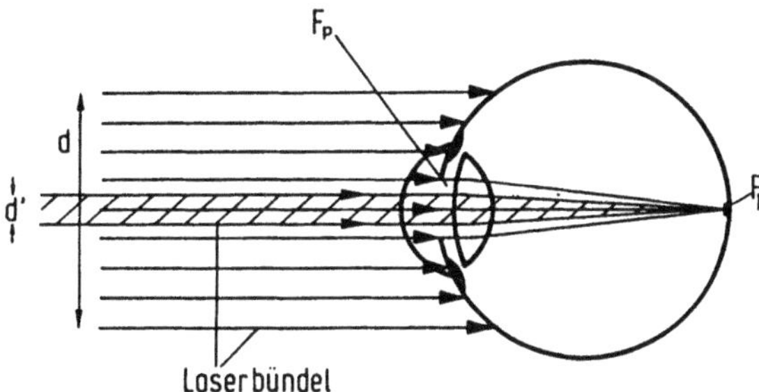

Abb. 4.11. Bild von Laserbündeln unterschiedlichen Durchmessers

2. Paralleles Laserbündel. Welcher Anteil der Laserleistung P_l eines Laserbündels (Abb. 4.11) in das Auge fällt, hängt davon ab, wie groß der Bündeldurchmesser des Lasers im Verhältnis zu dem angenommenen Pupillendurchmesser von 7 mm ist. Ist $d' \leq 7$ mm, so ist $P_p = P_l$ und

$$E_n = P_l / F_n , \tag{4.6}$$

wobei F_n wieder etwa $10\,\mu$m Bilddurchmesser entspricht. Ist jedoch $d > 7$ mm, so ist

$$E_p = P_l F_p / (d^2 \pi / 4) , \tag{4.7}$$

und die Netzhautbestrahlungsstärke entsprechend

$$E_n = P_l F_p / (F_n d^2 \pi / 4) . \tag{4.8}$$

Die Größe $E_l = P_l /(d^2 \pi/4)$ ist die Leistungsdichte im Laserstrahl. Gleichung (4.6) hat dieselbe Form wie (4.8), wenn man erstere formal wie folgt umschreibt:

$$E_n = P_l F_p / (F_n d_p^2 \pi / 4) , \tag{4.9}$$

wobei d_p der Pupillendurchmesser ist. Dies erklärt die Rechenvorschrift (siehe Abschn. 5.5 und 9.2.4), daß man die Leistungsdichte im Laserstrahl im Spektralbereich zwischen 400 und 1400 nm so mitteln muß, daß man bei Bündeldurchmessern über 7 mm vom tatsächlichen Durchmesser ausgeht, darunter aber die mittlere Leistungsdichte für den angenommenen Pupillendurchmesser von 7 mm berechnet.

3. Ausgedehnte Quellen. Die Strahldichte kann durch optische Geräte wie Linsen nicht verändert werden. Insbesondere bleibt daher die Bestrahlungsstärke auf der Netzhaut, deren Größe darüber entscheidet, ob ein Schaden entsteht oder nicht, unabhängig vom Beobachtungsabstand. Dies wird in Abb. 4.12 erläutert. Dort sind zwei Strahler gleicher Strahldichte in verschiedenen Abständen a_1 und a_2 vom Auge dargestellt. Die Bildgröße F_n des Strahlers auf der Netzhaut ist seiner Fläche F_s, verkleinert im Quadrat des Abbildungsmaßstabes (Verhältnis der Bildweite im Auge, die etwa

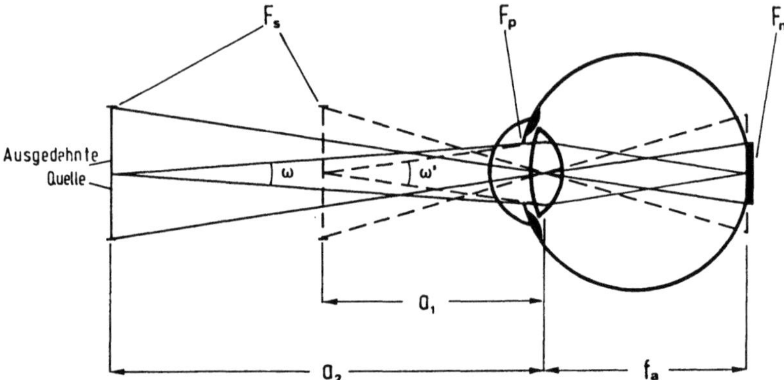

Abb. 4.12. Abbildungsverhältnisse am Auge bei ausgedehnten Quellen

der Brennweite f_a des Auges entspricht und Abstand a, entsprechend a_1 bzw. a_2, vom Auge), proportional:

$$F_n = F_s f_a^2 / a^2 .$$ (4.10)

Die durch die Pupille in das Auge eintretende Leistung P_p ist der Strahldichte L des Strahlers und der Pupillenfläche F_p proportional, dem Quadrat des Abstandes des Strahlers von dem Auge umgekehrt proportional:

$$P_p = L F_s F_p / a^2 .$$ (4.11)

Damit ergibt sich insgesamt die Bestrahlungsstärke E_n auf der Netzhaut zu

$$E_n = L F_p / f_a^2.$$ (4.12)

Da die Brennweite des Auges in der für die Lasersicherheitsbetrachtungen verwendeten Näherung eine Konstante ist, und der Pupillendurchmesser immer mit fest 7 mm berücksichtigt werden muß, ist auch die Bestrahlungsstärke auf der Netzhaut und damit die Schädigungsschwelle nur durch die Strahldichte der Quelle festgelegt und unabhängig vom Abstand des Strahlers vom Auge.

Insoweit ist die Behandlung dieser Quellen einfacher, als man Abbildungen nicht zu berücksichtigen braucht. Bei Laserdioden, wo gelegentlich auch die Strahldichte L angegeben wird, handelt es sich jedoch wegen der kleinen Ausdehnung der strahlenden Fläche fast immer um Punktquellen, ebenso wenn ein Laserbündel auf einen Punkt einer streuenden Fläche fokussiert wird.

4.6.4 Aufbau der Netzhaut und Netzhautschäden

In der Netzhaut werden die Lichtreize zu Signalen verarbeitet, die an das Gehirn weitergeleitet werden. Lichtempfindliche Bauteile sind die Stäbchen und die Zapfen. Die Zapfen ermöglichen das Farbensehen. Es gibt davon drei Sorten mit Empfindlichkeitsmaxima im blauen, grünen und roten Spektralgebiet. Das Dämmerungssehen, das den Stäbchen zuzuordnen ist, gestattet keine Farbwahrnehmung.

Makroskopisch fallen an der Netzhaut zwei Stellen auf (siehe Abb. 4.6), die Papille und der gelbe Fleck (Macula lutea), der wegen seiner gelblichen Färbung so genannt wird, mit der Foveola als Mitte. In der Papille treten der Sehnerv und die Blutadern aus dem Auge aus bzw. ein. An dieser Stelle befinden sich weder Stäbchen noch Zapfen, so daß ein Sehen dort nicht möglich ist; sie heißt deshalb auch blinder Fleck. Die Netzhautgrube (Fovea centralis) ist der zentrale Teil des gelben Flecks. Sie liegt im Schnittpunkt der Gesichtslinie mit der Netzhaut, ist bei Helladaptation die Stelle des schärfsten Sehens und hat einen Durchmesser von 1,5 mm ($1°$ bis $1,5°$ bezogen auf den Knotenpunkt). Wie der Name schon sagt, ist sie grubenartig vertieft. In ihr befinden sich nur Zapfen und keine Stäbchen. Ihr mittlerer Teil, die Foveola ist die Stelle, die das höchste Auflösungsvermögen und die größte Empfindlichkeit für Leuchtdichteunterschiede hat. Die Sehschärfe nimmt bei Entfernung aus der Netzhautgrube rasch ab. $10°$ außerhalb ist sie auf nur noch etwa 1/4 ihres Maximalwertes abgesunken.

Das Prinzip des mikroskopischen Aufbaus der Netzhaut zeigt Abb. 4.13. Sie ist umgekehrt aufgebaut, wie man es von physikalischen Strahlungsempfängern gewohnt ist: Die Schaltelemente und Verbindungsleitungen befinden sich auf der lichtzugewandten Seite der photoempfindlichen Empfänger. Vom Glaskörper aus gesehen kommt zuerst die Schicht der Nervenfasern, die die Reize vom Auge zum Gehirn

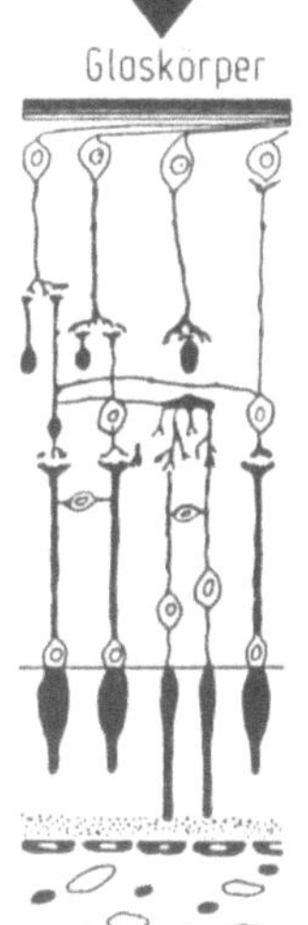

Abb. 4.13. Aufbau der Netzhaut

leitet. Darunter befinden sich mehrere Schichten von Nervenzellen (Ganglienzellen, Amakrinzellen, Bipolarzellen und Horizontalzellen), die die Signale der Photorezeptoren bereits verschalten und verarbeiten, bevor sie an das Gehirn weitergeleitet werden. Erst unterhalb dieser Schichten folgen die Stäbchen und die Zapfen, die eigentlich lichtempfindlichen Teile der Netzhaut. In ihnen wird nur ein geringer Teil der einfallenden Strahlung absorbiert. Hinter dieser Schicht der Photorezeptoren folgen schließlich das Pigmentepithel und die Aderhaut. Letztere versorgt die Netzhaut mit Blut und liegt auf der Lederhaut auf. Das Pigmentepithel ist etwa $10\,\mu$m dick und ist von Melaningranula durchsetzt. Die gesamte Netzhaut ist nur etwa 0,4 mm dick.

Während die darüber liegenden Netzhautschichten die Strahlung nur wenig absorbieren, auch die Rezeptorenschicht nicht, wird der überwiegende Teil der bis hierher vorgedrungenen Strahlung im Pigmentepithel und in der darunter liegenden Aderhaut in Wärme umgesetzt. Knapp die Hälfte der Strahlung wird im Pigmentepithel absorbiert, der Rest in der Aderhaut und in der Lederhaut. Da das Pigmentepithel sehr dünn ist, wird die umgesetzte Energiedichte dort sehr hoch [4.22]. Thermische Netzhautschäden gehen daher hauptsächlich von einer Überhitzung des Pigmentepithels aus. Das Pigmentepithel hat beim Auge wohl eine ähnliche Funktion wie die Lichthofschutzschicht beim Film, nämlich die Rückstreuung von Licht aus tieferliegenden Schichten zu verhindern und damit für guten Kontrast im Netzhautbild zu sorgen. Durch die starke Absorption in dieser Schicht geht die Hauptgefahr bei thermischen Netzhautschäden von ihr aus. Die im Melanin absorbierte Strahlung erhitzt die Granula, die dann über Wärmeleitung, bei kurzen Impulsen auch über Wärmestrahlung, zu einer Temperaturerhöhung und unter Umständen einer Schädigung der übrigen Netzhautschichten führen. Das Melanin ist braun gefärbt. Entsprechend dieser Farbe wird der blaue Teil des sichtbaren Spektralbereiches wesentlich stärker absorbiert als der rote. Daher verteilt sich die Absorption im letzteren auf eine größere Strecke, und die zulässigen Grenzwerte sind dort höher (siehe Abschn. 5.1).

4.7 Methoden zur Festlegung zulässiger Grenzwerte

Bei der Festlegung zulässiger Grenzwerte sieht man sich mehreren Schwierigkeiten gegenüber. Ein prinzipielles Problem besteht darin, daß Schadensschwellen vielfach mit Tierexperimenten bestimmt werden müssen. Die Übertragung der so ermittelten Werte auf den Menschen bleibt immer mit einer Restunsicherheit behaftet, da man nie völlig sicher sein kann, ob sich das tierische und das menschliche Gewebe gleich verhalten. Eng mit diesem Problem verknüpft ist auch die Frage der Unterschiede zwischen verschiedenen Individuen. Auch hier ist die Variabilität sehr groß, insbesondere wenn es sich um Menschen verschiedener Rassen handelt, die in der Haut und auch im Auge sehr unterschiedliche Pigmentierung haben können.

Ein zweites Problem besteht darin, den Beginn eines Schadens zu definieren: muß er makroskopisch oder mikroskopisch sichtbar sein, oder genügt es, wenn man ihn elektronenmikroskopisch feststellen kann? Das letztgenannte Kriterium liefert nochmals um den Faktor 2 bis 3 niedrigere Grenzwerte als das Kriterium der lichtmikroskopischen Sichtbarkeit und wird meist für die Festlegung von Schädigungsschwellen zugrundegelegt [4.23].

Auch wenn die bisher genannten Parameter konstant gehalten werden, ist es nicht möglich, einen exakten Wert zu bestimmen, oberhalb dessen ein Schaden eintritt, und unterhalb dessen kein Schaden zu beobachten ist. Dies hängt nicht nur mit unsauberer Versuchsführung oder nicht ausreichend konstanten Bedingungen zusammen, sondern es ist eine prinzipielle Eigenschaft der Wechselwirkung mit biologischem Gewebe, daß man nur eine Schadenswahrscheinlichkeit angeben kann. Man wird also eine Vielzahl von Versuchen machen müssen, bei denen alle Parameter möglichst konstant gehalten werden, und nur einer, z.B. die Bestrahlungsstärke, variiert wird. Den Hintergrund eines Kaninchenauges, an dem derartige Grenzwertbestimmungen gemacht wurden, zeigt Abb. 4.14. Die Bestrahlung erfolgte mit Q-Switch-Impulsen eines Rubinlasers. Die jeweils deutlich sichtbaren Läsionen sind überschwellige Markierungsläsionen. Bei den kleinen, kaum sichtbaren Effekten handelt es sich um Expositionen im Schwellenbereich bei etwa 10 μJ pro Exposition.

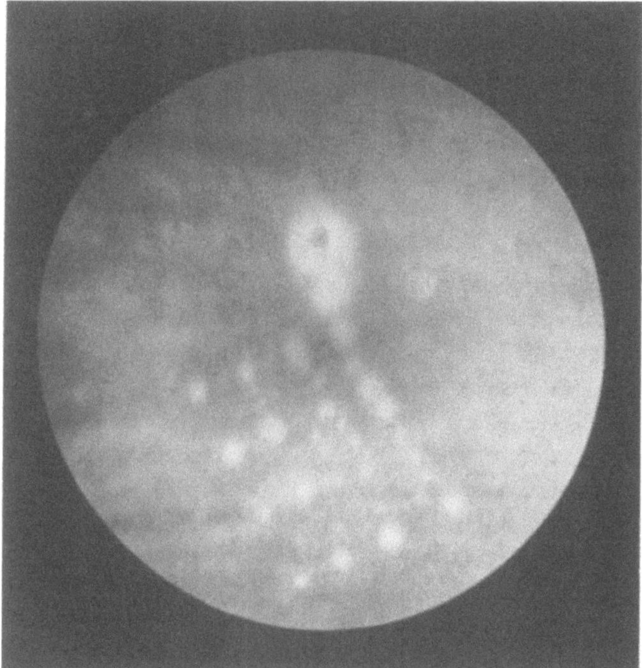

Abb. 4.14. Läsionen im Fundus eines Kaninchenauges zur Grenzwertbestimmung

Man trägt (Abb. 4.15a) die Schädigungswahrscheinlichkeit gegen die Bestrahlungsstärke auf und erhält dann meist eine S-förmige Kurve. Als Schwellenwert kann man den 50%-Wert benutzen, besser jedoch trägt man die so ermittelten Summenwahrscheinlichkeiten auf Wahrscheinlichkeitspapier gegen die Leistungsdichte auf (Abb. 4.15b), errechnet eine Ausgleichsgerade und die zugehörigen Vertrauensinter-

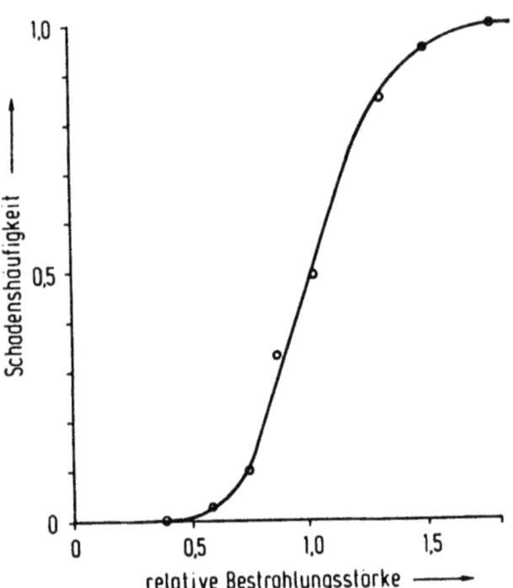

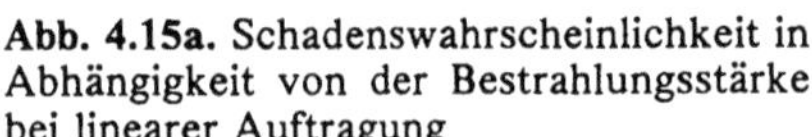

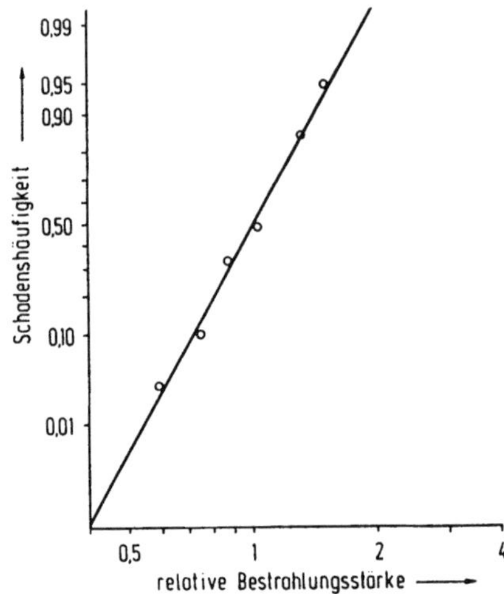

Abb. 4.15a. Schadenswahrscheinlichkeit in Abhängigkeit von der Bestrahlungsstärke bei linearer Auftragung

Abb. 4.15b. Schadenswahrscheinlichkeit in Abhängigkeit von der Bestrahlungsstärke bei logarithmischer Auftragung auf ein Wahrscheinlichkeitsnetz

valle für die Meßpunkte und kann dann bei einem akzeptabel erscheinenden Niveau der Schädigungswahrscheinlichkeit die Leistungsdichte ablesen.

Da dieses Niveau meist sehr niedrig (1–10%) gewählt wird – ein Bereich der wegen des großen experimentellen Aufwandes nicht so gut abgesichert ist – wird es sich vielfach um eine Extrapolation der Meßwerte handeln, deren Ergebnis dann natürlich auch von der Steigung der Ausgleichsgeraden abhängt. Letztere wird nicht nur durch den Verlauf der biologischen Schädigungswahrscheinlichkeit, sondern auch durch die Konstanz der experimentellen Parameter beeinflußt. Je genauer diese während der Dauer des Experimentes konstant gehalten werden, umso steiler wird die Gerade, und umso dichter ist man bei der biologischen Realität.

Mit einem derartigen Histogramm hat man erst einen einzigen Grenzwert für eine bestimmte Laserwellenlänge, eine bestimmte Einwirkungsdauer und eine Fleckgröße bestimmt. Für die Festlegung der zulässigen Grenzwerte für Laserstrahlung mußten alle diese Parameter auch noch variiert werden. Die entsprechenden Versuche wurden natürlich von verschiedenen Gruppen von Experimentatoren ausgeführt. Abbildung 4.16 zeigt eine derartige Zusammenstellung für die zulässigen Grenzwerte für Laser im Spektralbereich zwischen 400 und 550 nm in Abhängigkeit von der Impulsdauer [4.26, 4.27] und dazu die Grenzwerte, die schließlich als Résumé aus allen derartigen Untersuchungen in die Norm [4.24] übernommen wurden. Aus dieser Abbildung erkennt man deutlich, daß der Sicherheitsfaktor, der in die Vorschrift eingearbeitet ist, meist nicht sehr groß ist, außer für sehr kurze Zeiten, wo man zunächst besonders vorsichtig war, da zur Zeit der Grenzwertfestlegungen nur wenige Experimente vorlagen.

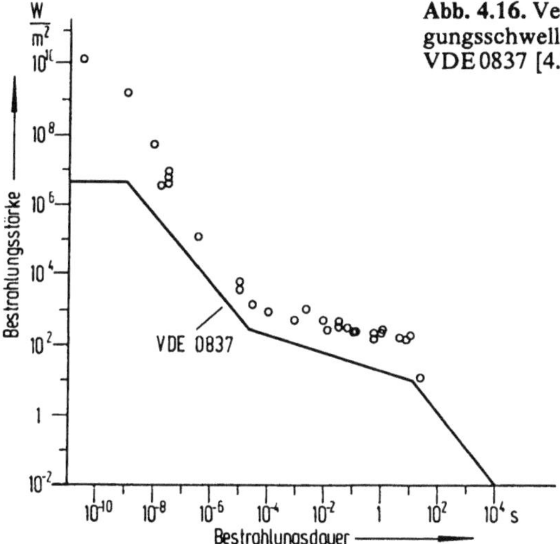

Abb. 4.16. Vergleich experimentell bestimmter Schädigungsschwellen mit den zulässigen Grenzwerten nach VDE 0837 [4.24]

4.8 Impulsfolgen

Ein besonderes, bis heute nicht völlig verstandenes Problem der Schädigungsmechanismen sind die Impulsfolgen. Es wurde immer wieder durch Experimente belegt, daß bei Impulsfolgen, auch wenn die Einzelimpulse zeitlich relativ weit auseinander auf das biologische Gewebe treffen, die Schädigungswahrscheinlichkeit gegenüber Einzelimpulsen erhöht ist. Dies wurde in den Vorschriften [4.24] zunächst so berücksichtigt, daß für Impulsdauern unter $10\,\mu s$ mit einer Impulswiederholfrequenz N die zulässigen Grenzwerte für den Einzelimpuls um den Faktor $N^{-1/2}$ verringert wurden (siehe Abschn. 5.1.3.3). Dies galt zwischen $N = 1\,\text{Hz}$ und $N = 278\,\text{Hz}$. Darüber war der Faktor konstant $278^{-1/2} = 0,06$.

Für Impulsdauern über $10\,\mu s$ (siehe Abschn. 5.1.3.4) muß neben dem Grenzwert für den Einzelimpuls auch der für einen Impuls betrachtet werden, dessen Zeitdauer der Summe der Einzelzeiten aller Einzelimpulse entspricht und dieser durch die Gesamtzahl n aller Impulse geteilt werden. Für die Zeitabhängigkeit der Grenzwerte gilt (siehe Abschn. 5 bzw. Tabelle VI von [4.24]) zwischen 400 und 1050 nm für Zeiten ab $1,8 \times 10^{-5}$ bis zu einer oberen Grenze, die je nach Wellenlänge zwischen 10 s und 10^4 s liegt, der folgende Grenzwert für den Einzelimpuls H_{einzel}:

$$H_{\text{einzel}} = 18\,t^{0,75}\,\text{Jm}^{-2}. \qquad (4.13)$$

Der Grenzwert für die Gesamtdauer aller Impulse H_{gesamt} ist dann

$$H_{\text{gesamt}} = 18\,(nt)^{0,75}\,\text{Jm}^{-2}, \qquad (4.14)$$

wobei n die Gesamtzahl der Impulse in einer Folge ist. Dieser Wert ist noch durch die Gesamtzahl der Impulse n zu teilen und man erhält daher

$$H_{\text{gesamt}} = H_{\text{einzel}}\,n^{-1/4}. \qquad (4.15)$$

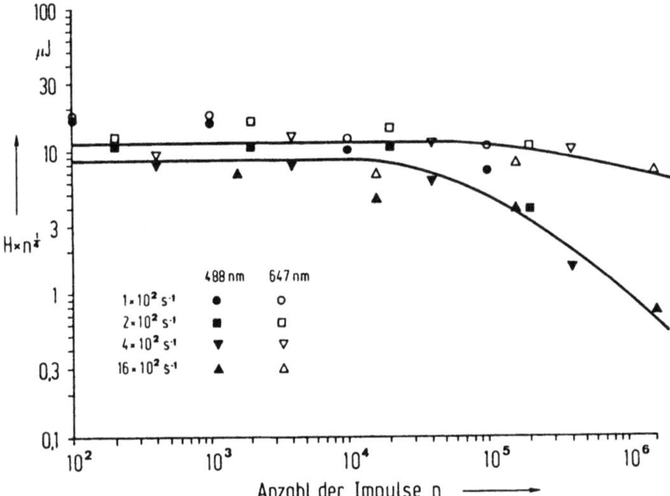

Abb. 4.17. Produkt aus dem Schädigungsschwellwert H und der vierten Wurzel aus der Gesamtzahl der Impulse für zwei verschiedene Laserwellenlängen und vier verschiedene Impulswiederholfrequenzen N

Neuere Versuche haben gezeigt, daß dies auch eine gute Beschreibung für Impulsfolgen mit Einzelimpulsdauern unter $10\,\mu s$ ist [4.25]. Das Überraschende war daß diese Beziehung auch für Impulsfolgen bis zu mehr als 10^6 Einzelimpulsen galt.

In Abb. 4.17 ist das Produkt aus dem Schädigungsschwellwert nach [4.25] und $n^{1/4}$ aufgetragen, das bei Gültigkeit dieser Beziehung konstant sein müßte. Man erkennt aber, daß daneben trotzdem noch eine Abhängigkeit von der Impulswiederholfrequenz N besteht. Diese Abhängigkeit läßt sich bei den Experimenten in Abb. 4.17

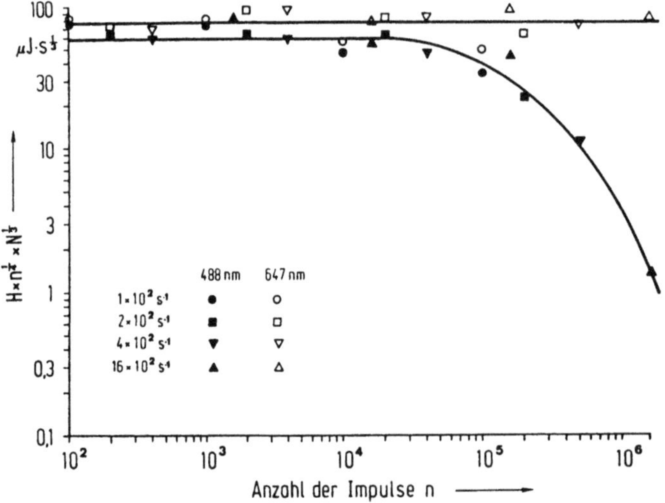

Abb. 4.18. Produkt aus dem Schädigungsschwellwert H und der dritten Wurzel aus der Impulswiederholfrequenz N und der vierten Wurzel aus der Gesamtzahl der Impulse n für zwei verschiedene Laserwellenlängen und vier verschiedene Impulswiederholfrequenzen

am besten durch die Beziehung $n^{-1/4}\,N^{-1/3}$ beschreiben. Trägt man (siehe Abb. 4.18) das Produkt aus dem Schädigungsschwellwert und $n^{1/4}\,N^{1/3}$ auf, so sind die Punkte jetzt tatsächlich nahezu über den gesamten Bereich konstant. Diese Beziehung kann man so umschreiben, daß für den zulässigen Grenzwert H_z gilt

$$H_z \sim N^{-7/12}\,T^{-1/4}, \tag{4.16}$$

wobei T die gesamte Einwirkungszeit der Impulsfolge ist. Der Exponent 7/12 ist sehr nahe bei 1/2, man findet also die alte $1/N^{-1/2}$ Beziehung wieder, allerdings versehen mit einem Korrekturfaktor, der mit der vierten Wurzel aus der gesamten Einwirkungszeit abnimmt.

Für die Wellenlänge des Kryptonlasers (647 nm) wird jetzt der ganze Bereich sehr gut durch diese Funktion beschrieben, für die Wellenlänge des Argonlasers (488 nm) weichen die Meßpunkte ab etwa 2×10^5 Impulsen immer noch von einer horizontalen Geraden ab. Dies ist auf photochemische Effekte zurückzuführen, die bei derartig langen Zeiten und bei dieser Wellenlänge die zulässigen Grenzwerte bestimmen (siehe Abschn. 4.2).

5. Strahlungsgrenzwerte

Wegen der Fokussierungswirkung des Auges im Spektralbereich zwischen 400 und 1400 nm muß man zwischen zulässigen Grenzwerten für die Haut und denen für das Auge unterscheiden. (siehe Abschn. 4.6.3). In diesem Kapitel werden die charakteristischen Abhängigkeiten der zulässigen Grenzwerte von der Wellenlänge und der Einwirkungsdauer dargestellt. Mit diesen Grenzwerten muß man sich nur dann auseinandersetzen, wenn man Laser benutzt, bei denen gefährliche Strahlung frei zugänglich ist, also Laser der Klassen 3B und 4 (siehe Abschn. 7) sowie bei der Wartung gekapselter Laser dieser Klasse. Dann müssen auch Laserschutzbrillen getragen werden (siehe Abschn. 9). Die zulässigen Grenzwerte nennt man abgekürzt MZB-Werte (*„M*aximal *Z*ulässige *B*estrahlung") oder in der englischen Literatur MPE („*M*aximum *P*ermissible *E*xposure").

5.1 Grenzwerte für das Auge

Auch beim Auge gibt es zwei verschiedene Beobachtungsbedingungen, die zu unterschiedlichen Grenzwerten führen, nämlich den direkten Blick in einen gut kollimierten Laserstrahl und das Betrachten einer ausgedehnten Laserquelle. Diese Unterschiede gibt es nur zwischen 400 und 1400 nm, die Abschn. 5.1.1 und 5.1.2 sprechen daher nur diesen Wellenlängenbereich an. In der Praxis sind ausgedehnte Quellen die Ausnahme. Beispiele dafür sind die Beobachtung von Hologrammen, die Betrachtung von flächigen Laserdioden-Anordnungen oder von diffus streuenden Flächen, die von Laserstrahlung beleuchtet sind.

Die biologischen Ursachen für die unterschiedlichen Grenzwerte sind neben den Abbildungsbedingungen durch das Auge die Wärmeleitungsverhältnisse in der Netzhaut. Kollimierte Laserstrahlung kann von den brechenden Medien des Auges auf der Netzhaut auf einen nahezu beugungsbegrenzten Fleck von etwa 10 μm Durchmesser fokussiert (siehe Abschn. 4.6.3) werden, und die gesamte Strahlungsleistung wird dort konzentriert. Bei einem so kleinen Fleck wird die Wärme gut nach der Seite abgeleitet. Umgekehrt wird von einer ausgedehnten Quelle ein größeres Bild auf der Netzhaut erzeugt, und aus dem Zentrum des Flecks ist kaum noch Wärmeableitung zur Seite möglich (Abb. 4.4).

5.1.1 Direkter Blick in den Laserstrahl, Punktquellen

Zunächst sollen die Grenzwerte für direkten Blick in den Strahl diskutiert werden. Die Bezeichnung „direkter Blick in den Strahl" ist insofern irreführend, als diese Grenzwerte für alle Strahlungsquellen gelten, die auf der Netzhaut ein Bild kleiner als etwa 25 μm erzeugen. Dies kann sowohl ein gut kollimierter Laserstrahl sein, als auch eine divergent strahlende Laserdiode, ein Lichtwellenleiterende, oder als Sekundärquelle das Punktbild einer Laserquelle auf einer diffus streuenden Fläche (siehe Abschn. 4.6.3).

Die experimentellen Untersuchungen über die Schädigungsschwellen für das Auge führten im Laufe der Jahre zu einer starken Differenzierung der Zahlenwerte für die zulässige Bestrahlung. Es ergab sich eine komplizierte Wellenlängen- und Zeitabhängigkeit der Grenzwerte zulässiger Bestrahlung, die das ganze System sehr schwer handhabbar machten. Geltende Vorschrift dafür ist in Deutschland VDE 0837 [5.1]. Einen dreidimensionalen Gesamtüberblick über die zulässigen Grenzwerte in Abhängigkeit von der Wellenlänge und der Einwirkungs- bzw. Impulsdauer gibt Abb. 5.1. Die genauen Zahlenwerte für die zulässige Bestrahlungsstärke bzw. Bestrahlung in Abhängigkeit von der Bestrahlungsdauer bzw. der Impulslänge gibt die Tabelle VI von VDE 0837 [5.1]. In dieser Tabelle tauchen noch mehrere wellenlängen- oder zeitabhängige Faktoren (C_1 bis C_4) auf. Ferner sind in einigen Bereichen die Übergangszeiten (T_1 und T_2), von denen aus andere Grenzwerte gelten, wellenlängenabhängig. Man erkennt in Abb. 5.1 deutlich, daß dieses Zahlensystem sehr viele Unstetigkeiten enthält, wo sich die Grenzwerte teilweise um mehrere Größenordnungen ändern.

Für einige wichtige Wellenlängenbereiche sind die zulässigen Grenzwerte in Abb. 5.2 herausgezeichnet. Die im rechten Teil eingezeichneten horizontalen Geraden gelten für die angegebenen Wellenlängen. Für Zwischenwerte der Wellenlänge ist der Übergang kontinuierlich. Dieses Bild kann trotz seiner Kompliziertheit nur einen ersten Überblick geben, denn für Impulslaser müssen die angegebenen Grenzwerte abhängig von der Impulswiederholfrequenz und der Impulslänge nochmals modifiziert werden (siehe Abschn. 5.1.3). Die zulässigen Grenzwerte sind in Tabelle VI von VDE

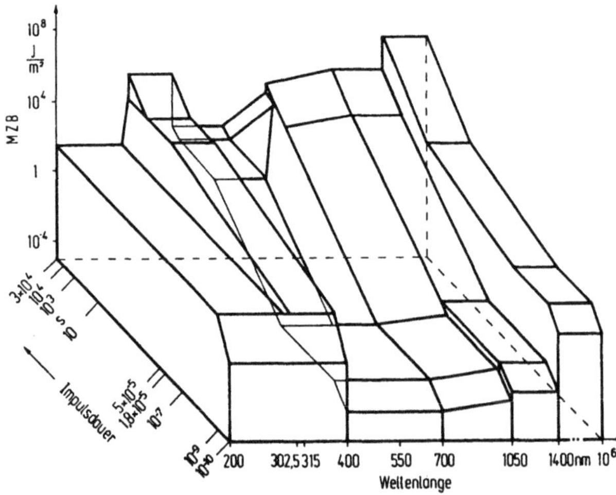

Abb. 5.1. Zeit- und Wellenlängenabhängigkeit der zulässigen Grenzwerte (MZB) bei Punktquellen

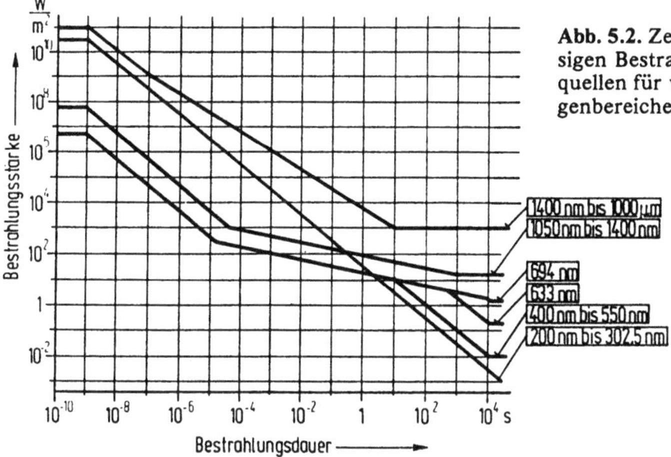

Abb. 5.2. Zeitabhängigkeit der zulässigen Bestrahlungsstärke bei Punktquellen für verschiedene Wellenlängenbereiche

0837 [5.1] teilweise in Bestrahlungsstärken E ($\mathrm{W\,m^{-2}}$) – dies sind die horizontalen Geraden in Abb. 5.2 –, teilweise als Bestrahlung H ($\mathrm{J\,m^{-2}}$) angegeben. Letztere Werte wurden für die graphische Darstellung durch Division mit der Impuls-/Bestrahlungsdauer t in Bestrahlungsstärken umgerechnet.

5.1.2 Ausgedehnte Quellen

Biologisch gesehen liegt dann eine ausgedehnte Quelle vor, wenn ihr Bild auf der Netzhaut so groß ist, daß die Wärmeableitung aus der Mitte des auf der Netzhaut bestrahlten Flecks vernachlässigbar ist. Die kleinste Fleckgröße für die dies gilt, kann man, wie in Abb. 5.3 geschehen, durch einen Grenzwinkel α_{min} beschreiben, unter dem der Fleck vom Knotenpunkt des Auges aus erscheint. Damit wird auch klar, daß die der ausgedehnten Quelle entsprechende kleinste Objektgröße, die dem Übergang zwischen Punktquelle und ausgedehnter Quelle entspricht, mit zunehmendem Objektabstand ebenfalls zunimmt.

Diese Betrachtung gilt zunächst für ein reelles Bild einer Quelle auf der Netzhaut. Bei unscharfer Abbildung einer Punktquelle kann man auch einen ausgedehnten Fleck erhalten, der größer ist, als es α_{min} entspricht. Dieser Fall bleibt allerdings für Fragen der Lasersicherheit meist unberücksichtigt, weil die Bestrahlungsstärke dann

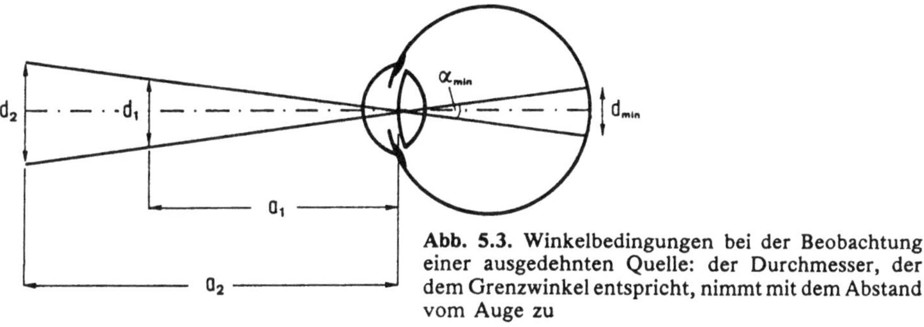

Abb. 5.3. Winkelbedingungen bei der Beobachtung einer ausgedehnten Quelle: der Durchmesser, der dem Grenzwinkel entspricht, nimmt mit dem Abstand vom Auge zu

kleiner ist, als sie im Falle einer scharfen Abbildung wäre, und man normalerweise von dem ungünstigsten Fall ausgeht.

Es gibt aus biologischen Untersuchungen Hinweise, daß die zulässigen Grenzwerte proportional zum Reziprokwert des Durchmessers des Netzhautbildes sind [5.2]. Dies entspricht der Temperaturerhöhung in Abhängigkeit von der Fleckgröße (siehe Abschn. 4.4), ist jedoch in den Vorschriften bisher nicht berücksichtigt. Es würde deren Anwendung noch komplizierter machen, da man es dann nicht mit zwei Grenzwertsätzen − ausgedehnte Quellen und direkter Blick in den Strahl − zu tun hätte sondern man für jede einzelne Quelle den Durchmesser ausrechnen müßte.

Da die experimentell bestimmten Grenzwerte für ausgedehnte Quellen eine etwas andere Zeitabhängigkeit haben als die Grenzwerte für den Blick in den direkten Strahl, und die Grenzwerte für den Grenzwinkel selbst gleich sein sollen, ist der Grenzwinkel für die ausgedehnten Quellen ebenfalls von der Zeit abhängig. Diesen Zusammenhang zeigt Abb. 5.4. In diesem Bild liegt der kleinste Grenzwinkel für $1{,}8 \times 10^{-5}$ s bei 0,0015 rad. Dies entspricht einem Durchmesser des Bildpunktes auf der Netzhaut von 25 μm. Bei 10 s Einwirkungsdauer ist der Winkel 0,024 rad und die Fleckgröße 407 μm. Die Zeitabhängigkeit kann man sich physikalisch so plausibel machen, daß die Wärme sich während längerer Einwirkungszeiten über eine größere Fläche verteilen kann, für kurze Zeiten jedoch das thermische Gleichgewicht noch nicht erreicht ist. Ob diese Erklärung den tatsächlichen biologischen Verhältnissen entspricht, erscheint nach den neuesten Versuchen über die Impulsadditivität zumindest zweifelhaft [5.3]. Der Grenzwinkel nimmt für Zeiten unter $1{,}8 \times 10^{-5}$ s wieder zu, da neben den thermischen auch noch andere Schädigungsmechanismen ins Spiel kommen. Es sind dies beispielsweise akustische Stoßwellen, Mehrphotonenprozesse und Ionisationen (siehe Abschn. 4.4).

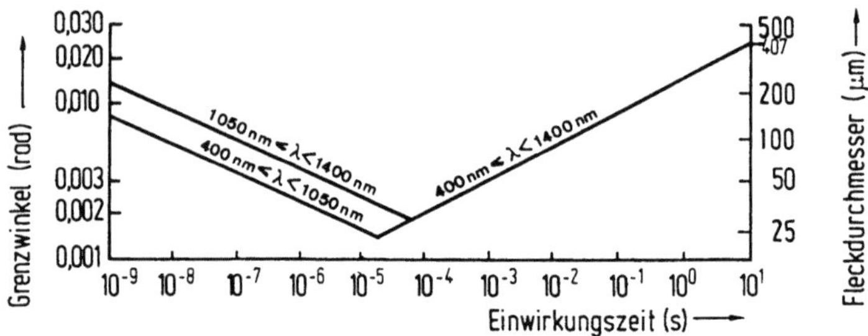

Abb. 5.4. Abhängigkeit des Grenzwinkels α_{min} für ausgedehnte Quellen und der diesem entsprechenden Bildgröße auf der Netzhaut (Fleckdurchmesser) von der Einwirkungszeit

Bei Benutzung des Grenzwinkels für nicht kreissymmetrische Quellen ist die größte Lineardimension der Quelle zu verwenden [5.4]. Diese Näherung ist experimentell gesichert und dadurch zu erklären, daß im Laufe der Bestrahlung der Fleck erhöhter Temperatur breiter wird, als es der Querdimension entspricht, da in Längsrichtung keine Wärme abgeführt werden kann. Die Grenzwerte für ausgedehnte Quellen sind in Tabelle VII von VDE 0837 [5.1] zusammengefaßt, die graphische Darstellung der Grenzwerte zeigt Abb. 5.5. Diese Grenzwerte sind ähnlich wie die Grenzwerte für Punktquellen strukturiert, die Unterschiede entstehen durch die dis-

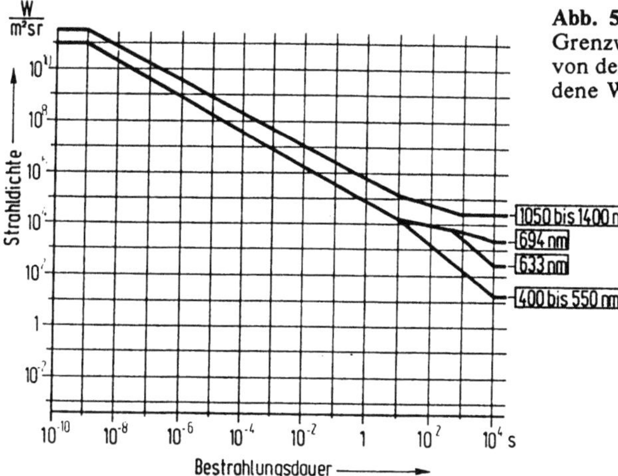

Abb. 5.5. Abhängigkeit der zulässigen Grenzwerte bei ausgedehnten Quellen von der Einwirkungsdauer für verschiedene Wellenlängen

kutierten Effekte. Physikalische Größen, die die zulässigen Grenzwerte im Spektralbereich zwischen 400 und 1400 nm bestimmen, sind die Strahldichte L (horizontale Geraden) und die integrierte Strahldichte S (Geraden unter 45°). Zur Darstellung in dem Bild wurden die Werte für die integrierte Strahldichte (Einheit $J/(m^2\,sr)$) durch Division mit der Bestrahlungsdauer (bzw. Impulsdauer) t in Strahldichten (Einheit $W/(m^2\,sr)$) umgerechnet.

5.1.3 Impulsfolgen

Die Berechnung zulässiger Grenzwerte für Impulsfolgen erfordert besondere Sorgfalt. Es müssen die folgenden vier zusätzlichen Bedingungen (Abschn. 5.1.3.1–4) überprüft werden, und dann muß mit dem ungünstigsten Fall weitergerechnet werden. Dabei gelten die beiden ersten Bedingungen für alle Wellenlängen, die dritte und vierte zusätzlich für den Spektralbereich zwischen 400 und 1400 nm.

5.1.3.1. Die Bestrahlung H durch jeden Einzelimpuls der Dauer t einer Impulsfolge darf nicht den Strahlungsgrenzwert (MZB) für den einzelnen Impuls überschreiten:

$$H < \text{MZB}(t) \tag{5.1}$$

Dies ist die zunächst selbstverständliche Kontrolle, ob die zulässigen Grenzwerte für den Einzelimpuls eingehalten sind.

5.1.3.2. Die mittlere Leistungsdichte E_m für eine Impulsfolge der Dauer T darf die zulässige Leistungsdichte entsprechend dem Strahlungsgrenzwert (MZB) für einen einzelnen Impuls der Dauer T nicht überschreiten:

$$E_\mathrm{m} < \text{MZB}(t) \tag{5.2}$$

Dieses Kriterium soll verhindern, daß für lange Zeiten die zulässige mittlere Leistungsdichte überschritten wird.

Berechnung: Betragen die momentane Leistungsdichte E, die Impulsfolgefrequenz N und die Dauer des Einzelimpulses t, so ist die mittlere Leistungsdichte E_m

$$E_m = E \cdot N \cdot t \, . \qquad (5.3)$$

Bei Impulsen ist allerdings meist nicht die momentane Leistungsdichte, sondern die Impulsenergie H bekannt. Dann gilt:

$$E_m = H \cdot N \, . \qquad (5.4)$$

Mit diesem Wert (die Formeln gelten für Bestrahlung, Leistung, Strahldichte, u.s.w. entsprechend) überprüft man jetzt in der zutreffenden Tabelle, ob der zulässige Grenzwert für die mittlere Leistungsdichte unterschritten ist (Gl. (5.2)).

5.1.3.3. (Dieses Kriterium ist nur zwischen 400 und 1400 nm anzuwenden): Wenn die Dauer des einzelnen Impulses kleiner als 10^{-5} s ist, muß für Impulsfolgen, bei denen die momentane Impulsfolgefrequenz N größer als 1 s^{-1} ist, der für jeden Impuls anwendbare Strahlungsgrenzwert (MZB) als MZB eines einzelnen getrennten Impulses reduziert durch einen Korrekturfaktor C_5 entsprechend der Impulswiederholfrequenz angewendet werden. Dieser Faktor hängt von H wie folgt ab:

$$
\begin{array}{lll}
N \leq \ 1 \ \text{s}^{-1} & C_5 = 1 & (5.5) \\
1 \ \text{s}^{-1} < N < 278 \ \text{s}^{-1} & C_5 = N^{-1/2} & (5.6) \\
278 \ \text{s}^{-1} \leq N & C_5 = 0{,}06 & (5.7)
\end{array}
$$

Diesen Zusammenhang zeigt die obere Kurve in Abb. 5.7. Als momentane Impulsfolgefrequenz ist dabei der Kehrwert der kürzesten Periodendauer T einer Impulsfolge zu verwenden (siehe Abb. 3.23). Diese Bedingung ist für schnelle Folgen kurzer Impulse häufig das schärfste Kriterium.

5.1.3.4. (Dieses Kriterium ist nur zwischen 400 und 1400 nm anzuwenden): Wenn die Dauer des einzelnen Impulses größer als 10^{-5} s und die momentane Impulsfolgefrequenz größer als 1 s^{-1} ist, dann muß die folgende Formel zur Ermittlung des Strahlungsgrenzwertes (MZB) verwendet werden:

$$\text{MZB}_{\text{Einzelimpuls}} = \frac{\text{MZB} \ (n \cdot t)}{n} \ ; \qquad (5.8)$$

dabei ist n die Zahl der Impulse in der Impulsfolge und MZB($n \cdot t$) ist der MZB-Wert für einen Impuls der Dauer $n \cdot t$ Sekunden. Dies führt zusammen mit den zwischen $1{,}8 \times 10^{-5}$ und 10 s geltenden Grenzwerten zu einer $n^{-1/4}$-Beziehung (siehe Abschn. 4.8).

5.1.3.5. Daneben gibt es noch einige Zusatzregeln, die teilweise der Vereinfachung der Berechnungen nach Abschn. 5.1.3.1–4 dienen sollen: Hat eine Impulsfolge eine unregelmäßige oder veränderliche Impulswiederholfrequenz, so ist im Sinne einer Analyse des ungünstigsten Falls deren möglicher Höchstwert für die Berechnung zu benutzen.

Besteht eine Impulsfolge aus einer Reihe oder Gruppe von 10 oder weniger einzelnen Impulsen, die sich mit einer Periodendauer T wiederholt (Abb. 3.23), so kann man zur Vereinfachung der Berechnung jede Gruppe zu einem einzelnen Impuls zusammenfassen und für diesen Äquivalentimpuls die Rechnungen nach Abschn. 5.1.3.2–4 durchführen. Bei der Bestimmung dieses Äquivalentimpulses muß man wie folgt vorgehen:

5.1. Ist die Gruppenimpulsdauer t_g kleiner als 10^{-5}, so ist die Dauer des Äquivalentimpulses gleich der kleinsten Impulsdauer t_m der Gruppe und seine Energie gleich der Gesamtenergie der Gruppe.

5.2. Ist die Gruppenimpulsdauer t_g größer als 10^{-5}, so ist die Dauer des Äquivalentimpulses gleich der Summe der einzelnen Impulsdauern und seine Energie gleich der Gesamtenergie der Gruppe.

5.3. Die Impulswiederholfrequenz der Äquivalentimpulse ist gleich dem Reziprokwert der Periodendauer für die Impulsgruppe:

$$N = 1/T_g. \tag{5.9}$$

5.4. Ergibt sich aus diesen vereinfachten Berechnungen ein kleinerer MZB-Wert als bei einer kompletten Berechnung, so darf der höhere Wert verwendet werden.

5.2 Grenzwerte für die Haut

Die Grenzwerte für die Haut unterscheiden sich von denen für das Auge im Sichtbaren und nahen Infrarot im wesentlichen durch den Verstärkungsfaktor in der Bestrahlungsstärke infolge der Fokussierung durch das Auge. Im ultravioletten und ferneren Infraroten, wo diese Fokussierungswirkung entfällt, sind sie daher gleich. Die zulässigen Grenzwerte sind in Tabelle VIII von VDE 0837 [5.1] zusammengefaßt, graphisch dargestellt sind sie in Abb. 5.6. Sie decken sich selbstverständlich außerhalb des Wellenlängenbereiches 400 bis 1400 nm, wo die Fokussierung durch das Auge entfällt, mit denen für das Auge. Die zulässigen Grenzwerte für den sichtbaren und nahen infraroten Spektralbereich sind um den Faktor 2 höher als im Infraroten. Dies ist dadurch begründet, daß in diesem Bereich die Eindringtiefe der Strahlung sehr hoch ist (siehe Abb. 4.3), so daß ein beträchtlicher Teil der Strahlung zurückgestreut wird [5.5] und wieder aus dem Gewebe austritt. Dadurch ist die spezifische Volumenabsorption bei gleicher Bestrahlungsstärke geringer, und die zulässigen Grenzwerte sind höher.

Bei der Benutzung von VDE 0837 [5.1] ist zu beachten, daß sich in die Tabelle VIII ein sinnentstellender Druckfehler eingeschlichen hat. In den Spalten für den Zeitbereich von 10s bis 3×10^4 s muß es im Wellenlängenbereich zwischen 302,5 und 315 nm $C_2 \, \mathrm{Jm}^{-2}$ anstatt $C_2 \, 10^{-3} \, \mathrm{Wm}^{-2}$ heißen.

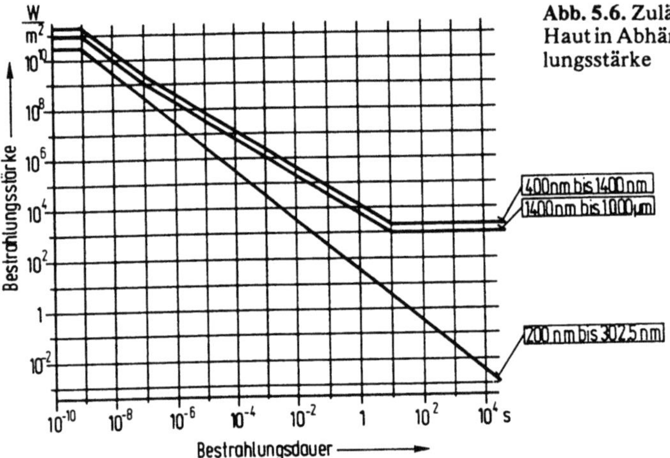

Abb. 5.6. Zulässige Grenzwerte für die Haut in Abhängigkeit von der Bestrahlungsstärke

5.3 Strahlung verschiedener Wellenlängen

Arbeitet man mit einem Laser, der Strahlung verschiedener Wellenlängen aussendet, so muß man an Hand der Tabellen bzw. der Abb. 5.2, 5.5 und 5.6 sowie der jeweiligen Energie- und Leistungsdichten zunächst überprüfen, ob die zulässigen Grenzwerte überschritten sind. Daneben ergibt sich jedoch in manchen Spektralbereichen eine Additivität der Wirkung der Strahlung unterschiedlicher Wellenlänge. Einen Überblick gibt die Tabelle 5.1.

Additivität ist immer dann gegeben, wenn die biologische Wirkung der Strahlung gleich ist. Dies ist innerhalb jedes der vier Spektralbereiche der Fall. Der Spektralbereich bis 315 nm nimmt eine Sonderstellung ein. Er ist wegen der unterschiedlichen biologischen Wirkung mit keinem anderen additiv. Infolge des Verstärkungsfaktors der Augenlinse sind die Grenzwerte im Spektralbereich zwischen 400 und 1400 nm sehr niedrig. Sie beziehen sich auf den Augenhintergrund. Da die Strahlung der übrigen Spektralbereiche nicht bis zum Augenhintergrund vordringt, ist Additivität für die Augenwerte nicht gegeben, jedoch selbstverständlich für die Hautwerte.

5.4 Zeitbasis für die Anwendung der Grenzwerte

Wie man aus den Abbildungen 5.2, 5.5 und 5.6 ersieht, sind zulässige Grenzwerte für Zeiten zwischen < 10⁻⁹ s und 30 000 s festgelegt. Bei einer Sicherheitsanalyse eines Lasergerätes oder einer Laseranwendung sollte man grundsätzlich von 30 000 s ausgehen, d.h. einem vollen Arbeitstag. Nur in Ausnahmefällen, wenn man höchstens zufällig Laserstrahlung ausgesetzt sein kann und, um die Arbeitsaufgabe zu erledigen, nicht gezwungen ist, in Bereiche zu gehen bzw. in Richtungen zu blicken, in die der Laser strahlt, kann man von einer Einwirkungszeit von 1000 s ausgehen.

Tabelle 5.1. Additive Wirkung der Strahlung verschiedener Spektralbereiche für Auge und Haut

Spektralbereich	200 – 315 nm		315 – 400 nm		400 – 1400 nm		1400 – 10^6 nm	
200 – 315 nm	Auge	Haut						
315 – 400 nm			Auge	Haut		Haut	Auge	Haut
400 – 1400 nm				Haut	Auge	Haut		Haut
1400 – 10^6 nm			Auge	Haut		Haut	Auge	Haut

Diese Reduktion der Zeitbasis ist im UV, d.h. für Wellenlängen unter 400 nm, nicht zulässig. Strahlung in diesem Spektralbereich erzeugt photochemische Schäden im biologischen Gewebe, und es ist noch nicht einmal ganz sicher, ob die Zeitbasis von 30 000 s ausreicht, oder ob sich die Schäden über mehrere Tage summieren können (siehe Abschn. 4.1).

Bei der Klassifizierung von Lasern in die Klassen 2 und 3A (siehe Abschn. 7) im sichtbaren Spektralgebiet zwischen 400 und 700 nm unterstellt man eine Einwirkungszeit von nur 0,25 s. Dabei wird angenommen, daß über den Lidschlußreflex (siehe Abschn. 4.6.1) längere Einwirkungszeiten verhindert werden. Diese Einwirkung darf allerdings nicht beliebig oft an einem Tage erfolgen. Dies soll, auch als Beispiel für die Anwendung der Grenzwerte und der Impulskriterien, im folgenden gezeigt werden. Dazu wird berechnet, wie häufig ein Lidschlußreflex ausgelöst werden darf, ohne das Auge zu schädigen:

Kriterium 5.1.3.1. Aus der Tabelle VI in VDE 0837 [5.1] entnimmt man in der Zeile für He-Ne-Laser (632,8 nm) und der Spalte für 0,25 s als MZB-Wert $H = 18\,t^{0,75}$ J m^{-2}; wenn man die Zeit von 0,25 s einsetzt, ergibt sich als zulässige Bestrahlung $H = 6,36$ J m^{-2} bzw. als zulässige Bestrahlungsstärke $E = 25,45$ W m^{-2}. Aus dem angenommenen Pupillendurchmesser des Auges von 7 mm errechnet sich eine Fläche $F_p = 7 \cdot 7\,\pi/4 = 38,48$ mm$^2 = 3,85 \times 10^{-5}$ m^2 und damit eine Energie $Q = 0,245$ mJ und eine Leistung $P = 0,98$ mW, also gerundet 1 mW. Dies wurde als Grenzwert für Klasse 2 und dementsprechend die Leistungsdichte von 25 W m^{-2} als Grenzwert für Klasse 3A festgelegt (siehe Abschn. 7.2).

Kriterium 5.1.3.2. Die mittlere Leistung $P = E\,N\,t = 2,5 \times 10^{-4}\,N$ W. Der letzten Spalte der Tabelle VI in VDE 0837 [5.1] entnimmt man als zulässige mittlere Leistungsdichte für lange Zeiten $E = C_3 \cdot 10^{-2}$ W m^{-2} entsprechend $P = C_3 \cdot 3,85 \times 10^{-7}$ W für 7 mm Durchmesser der Augenpupille. Dabei ist der Wert von C_3 gleich $10^{[0,015(\lambda - 550)]}$. Für die Wellenlänge $\lambda = 632,8$ nm des He-Ne-Lasers erhält man: $C_3 = 17,46$. Die zulässige Impulswiederholfrequenz H ergibt sich also zu $N = 17,46 \cdot 3,85 \times 10^{-7} / 2,5 \times 10^{-4}$, d.h. $N = 0,0269$ s^{-1}. Alle 37 s darf also ein derartiger Lidschlußreflex ausgelöst werden. Die verwendete mittlere Leistung gilt ab 10^4 s. Für diesen Zeitraum (2 Stunden 47 Minuten) sind also 269 Impulse zulässig und für einen vollen Arbeitstag von 30 000 s entsprechend etwa 800 Impulse.

Kriterium 5.1.3.3. Da die Dauer des Einzelimpulses größer als 10^{-5} s ist, trifft dieser Punkt nicht zu.

Kriterium 5.1.3.4. Da die Impulswiederholfrequenz wesentlich kleiner als 1 s^{-1} ist, entfällt auch dieser Punkt.

Die Rechnung wurde für einen He-Ne-Laser mit einer Wellenlänge von 632,8 nm ausgeführt. Für diesen Laser war der Korrekturfaktor C_3 = 17,46. Sowohl beim Argon-Laser als auch bein He-Cd-Laser, um nur zwei Beispiele zu nennen, liegt die Emissionswellenlänge im Spektralbereich von 400 bis 550 nm, wo es diesen Korrekturfaktor nicht gibt, beziehungsweise wo er 1 ist. In diesem Falle würde sich also N = 0,00154 s^{-1} ergeben. Damit dürfte nur noch alle 649 s (d.h. etwa alle 11 min) ein Lidschlußreflex ausgelöst werden, und pro Tag dürften nur noch 46 Impulse ins Auge fallen.

Hat man es durch besondere Maßnahmen in der Hand, daß die maximal mögliche Einwirkungszeit auf Werte unter 1000 s bzw. 30 000 s begrenzt wird, so kann man bei der Sicherheitsanalyse auch von diesen kürzeren Zeiten ausgehen. Dies sollte jedoch der Ausnahmefall bleiben. Bei Geräten bietet sich allerdings an, durch Sicherheitsschaltungen die Emissionsdauer so zu begrenzen, daß über die betrachtete Zeitbasis (siehe auch Abschn. 7.1) die Einwirkungsdauer auf kleinere Werte begrenzt ist.

5.5 Strahlungsmessung zur Kontrolle der Grenzwerte

Bei Laseranwendungen, bei denen der Strahlengang nicht vollständig gekapselt ist, stellt sich die Frage, wie weit sich der Laserbereich erstreckt, d.h. der Bereich, in dem die zulässigen Grenzwerte überschritten sind. Dies kann man letztlich nur durch Messung der Strahlung feststellen. Rechnungen sind dann möglich, wenn man die Strahldaten genau kennt. Sie sind zwar hilfreich, erhält man dabei aber Werte, die in der Nähe der zulässigen Grenzwerte liegen, so muß man durch eine Messung entscheiden, ob Schutzmaßnahmen erforderlich sind oder nicht. Für diese Messungen muß man die Stelle im Raum suchen, an der die Strahlungswerte am höchsten sind. Allerdings sind gerade dann abschätzende Rechnungen nützlich. Bei den Messungen müssen gewisse Randbedingungen eingehalten werden. Es sind dies:

Grenzapertur: Bei der Messung muß eine Meßblende verwendet werden, über die die Strahlungsleistung zu mitteln ist. Der Durchmesser der Blende (siehe Tabelle 5.2), der in VDE 0837 [5.1] Grenzapertur genannt wird, hängt von der Wellenlänge ab. Im Wellenlängenbereich zwischen 400 und 1400 nm ist entsprechend der dort vorherrschenden Augengefährdung der Durchmesser 7 mm. Zwischen 200 und 400 nm sowie zwischen 1400 nm und 10^5 nm ist er 1 mm, darüber bis 10^6 nm ist er 11 mm. Der Wert von 1 mm ist aus praktischen Gründen eine untere Grenze für Strahlungsmessungen; er hat keinen biologischen Hintergrund. Der große Durchmesser von 11 mm wird verwendet, weil in dem Spektralbereich über 10^5 nm die Wellenlänge der Strahlung schon so groß ist, daß infolge der Beugung Messungen mit Blendendurchmessern von 1 mm kaum möglich bzw. mit zu großem Fehler behaftet wären.

Soll richtungsveränderliche Strahlung, die meist eine abgelenkte Dauerstrichlaser-Strahlung ist, gemessen werden, so bringt man die Meßblende ortsfest in das Strahlungsfeld und betrachtet die Strahlung, die dann impulsförmig durch diese Blende fällt, als eine Impulsfolge (siehe Abschn. 5.1.3). Dabei ist im Raum die ungün-

Tabelle 5.2. Für Strahlungsmessungen zu verwendende Blendendurchmesser (Grenzaperturen)

Wellenlängenbereich	$200-400\,\text{nm}$	$400-1400\,\text{nm}$	$1400-10^5\,\text{nm}$	$10^5-10^6\,\text{nm}$
Blendendurchmesser	$1\,\text{mm}$	$7\,\text{mm}$	$1\,\text{mm}$	$11\,\text{mm}$

stigste Stelle zu suchen. Dies ist meist eine Stelle, an die der Strahl während einer Periodendauer mehrfach abgelenkt wird.

Grenzwinkel: Im Wellenlängenbereich zwischen 400 und 1400 nm müssen die Grenzwerte für ausgedehnte Quellen darüber hinaus noch über einen Winkelbereich gemittelt werden, der dem Grenzwinkel α_{min} (siehe Abschn. 5.1.2) entspricht. Der Grund dafür liegt in den Wärmeleitungsverhältnissen in der Netzhaut. Der Grenzwinkel ist gerade so definiert, daß das Auge über Bereiche, die kleiner sind, als es dem Grenzwinkel entspricht, mittelt.

Auf Vor- und Nachteile der verschiedenen Meßgerätetypen wurde bereits in Abschn. 3.2 eingegangen. Die zulässigen Strahlungsgrenzwerte sind zwar nicht so niedrig, daß man schon an die Grenzen der Meßtechnik kommt, sind allerdings auch wieder nicht so hoch, daß eine Messung immer problemlos wäre. Man muß, abhängig von der Art des Meßgerätes und der zu messenden Wellenlänge, Vorsichtsmaßnahmen ergreifen, die Fehlmessungen verhindern. Beispielsweise emittieren viele Laser beträchtliche Anteile von Pumplicht, die zur Bestimmung der Laserleistung entsprechend ausgefiltert werden müssen. Einige Meßgeräte sind auch gegen Druckschwankungen empfindlich, wie sie beispielsweise durch Geräusche in industrieller Umgebung auftreten können. Es sind dies vor allem die Strahlungsthermoelemente und die pyroelektrischen Empfänger. Bei letzteren kann sogar das Geräusch, das vom Lasergerät synchron mit den emittierten Impulsen ausgeht, die Messung besonders stark beeinträchtigen, so daß man auch bei abgedecktem Empfänger ein Meßsignal erhält. Derartige Effekte kann man durch eine Nullpunkts- oder Dunkelstrommessung berücksichtigen, wenn sie nicht zu groß sind oder bei intermittierender Strahlung eine ungünstige Phasenlage haben.

Fernfeld: Bei der Ausbreitung von Laserstrahlung über große Entfernungen kann man sich den Bündeldurchmesser d_a im Abstand a aus dem Durchmesser an der Strahltaille d_t (siehe Abb. 3.17) und der Strahldivergenz berechnen (siehe Abschn. 3.3.3):

$$d_a = d_t + \delta \cdot a. \tag{5.10}$$

Legt man diese Berechnung Lasersicherheitsbetrachtungen zugrunde, so muß man beachten, daß bei der Strahlausbreitung über lange Strecken die Leistungsdichteverteilung im Strahl sehr inhomogen werden kann. Dieser Effekt kommt durch Brechzahl-, Temperatur- und Dichteschwankungen in der zurückgelegten Luftstrecke zustande. Die so entstehenden Stellen hoher Leistungsdichte nennt man auch „hot spots".

Divergente Strahler: Bei sehr divergenten Strahlern wie Laserdioden und Lichtwellenleitern, deren Divergenz man normalerweise mit der numerischen Apertur beschreibt (siehe 3.3.3), errechnet sich der Strahldurchmesser wie folgt:

$$d_a = d_t + 2NA\,a/c\,. \tag{5.11}$$

Dabei ist d_t der Bündeldurchmesser an der engsten Stelle – d.h. meist an der Laserdiode oder am Faserende – und fast stets gegenüber d_a zu vernachlässigen. Der Divisor c ist von der Größenordnung 1 und hängt von der Durchmesserdefinition ab (siehe Abschn. 3.3.1). Es ist $c = 1,73$, wenn man ein Gaußsches Strahlprofil zugrundelegt und den Durchmesser durch die Punkte definiert, an denen die Leistungsdichte auf 5% ihres Maximalwertes abgesunken ist.

Streuende Flächen: Die Berechnung der Strahldichte und der Bestrahlungsstärke in einem bestimmten Abstand von streuenden Flächen, die durch Laserstrahlung beleuchtet werden, ist in Abschn. 3.1.8 erläutert.

5.6 Beabsichtigte Änderungen der Grenzwerte

Innerhalb der Internationalen Elektrotechnischen Komission (IEC), wo international die zulässigen Grenzwerte festgelegt werden, diskutiert man in dem zuständigen Arbeitsausschuß TC 76 „Laser Equipment" mehrere Änderungen, die voraussichtlich in den nächsten Jahren in Kraft treten:

1. Wellenlängenbereich. Wegen des Aufkommens von Excimerlasern unterhalb von 200 nm (siehe Abschn. 4.1) wird der Wellenlängenbereich für die zulässigen Grenzwerte nach unten bis zu 180 nm erweitert. Zwischen 180 und 200 nm werden die zur Zeit bei 200 nm geltenden Grenzwerte angewendet.

2. Impulsfolgen. Die wichtigste Änderung bezieht sich auf die Behandlung von Impulsfolgen, die wesentlich vereinfacht werden soll. Es bleiben die folgenden drei Kriterien:

– a) Das Einzelimpulskriterium (siehe Abschn. 5.1.3.1).
– b) Die Mittelung über den betrachteten Zeitraum bzw. die Zeitbasis bei der Klassifizierung (siehe Abschn. 5.1.3.2).
– c) Bei Impulsfolgen ist der zulässige Grenzwert für Einzelimpulse mit dem Faktor $n^{-1/4}$ zu multiplizieren. Dabei ist n die Gesamtzahl der Impulse in dem betrachteten Zeitraum.

Aufgrund dieser Vereinfachung entfallen die beiden komplizierten Impulsreduktionskriterien. In Abschn. 4.8 wurde gezeigt, daß das neue Kriterium c) in einem eingeschränkten Zeitbereich äquivalent zu dem bisherigen Kriterium 5.1.3.4 ist, das allerdings nur für Impulse über 10^{-5} s Dauer galt. Diese Äquivalenz bedeutet also, daß das Kriterium 5.1.3.4 künftig auch für Impulse unter 10^{-5} s gelten wird.

Diese Vereinfachung wirkt sich für Impulslaser fast immer als eine wesentliche Erniedrigung der Grenzwerte aus. Dieser Effekt ist allerdings auch beabsichtigt, da die

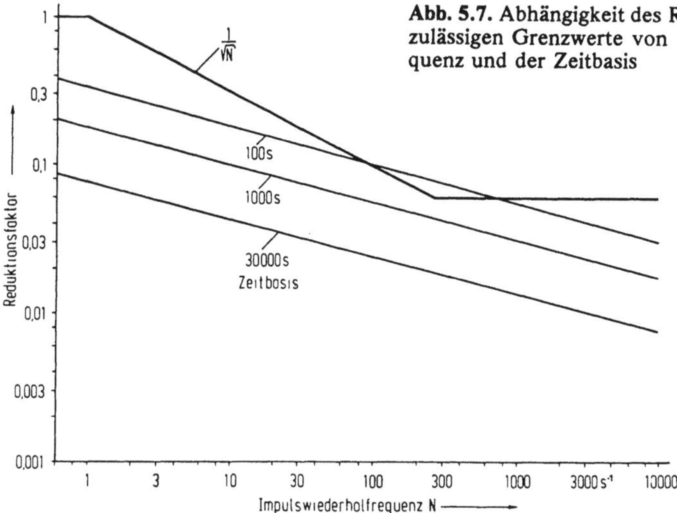

Abb. 5.7. Abhängigkeit des Reduktionsfaktors für die zulässigen Grenzwerte von der Impulswiederholfrequenz und der Zeitbasis

Untersuchungen gezeigt haben, daß die Schädigungsschwelle niedriger liegt. Wie stark die Erniedrigung ist, hängt von der verwendeten Zeitbasis ab. Abbildung 5.7 zeigt diese Zusammenhänge für die anwendbaren Werte der Zeitbasis von 1000 s und 30 000 s im Vergleich zu der bisher geltenden $N^{-1/2}$ Regel. Ferner ist die künftig für Laser der Klasse 3A vorgesehene Zeitbasis von 100 s (siehe Abschn. 7.1.2) mit berücksichtigt. Man erkennt, daß nur für die Zeitbasis 100 s und für Impulswiederholfrequenzen zwischen 100 s^{-1} und 771 s^{-1} die zulässigen Grenzwerte künftig höher sein werden.

Aufgrund der in Abschn. 8.8 diskutierten Meßergebnisse (siehe Abb. 4.18) müßten die Geraden für den Reduktionsfaktor in Abb. 5.7 sogar parallel zu der für $N^{-1/2}$ verlaufen, was eine weitere Erniedrigung der zulässigen Grenzwerte bedeuten würde. Die dort dargestellten Versuche gingen allerdings nur bis zu Impulswiederholfrequenzen von rund 160 Hz.

3. Erbiumlaser. Eine weitere Änderung der zulässigen Grenzwerte soll für Wellenlängen zwischen 1530 und 1550 nm eingeführt werden. Dort sollen für Impulsdauern von 10^{-9} bis 10^{-6} s Dauer künftig 10^4 J m^{-2} als Grenzwert gelten. Dies ist physiologisch durch die größere Eindringtiefe der Strahlung in diesem Wellenlängenbereich (siehe Abschn. 4.6.1) begründet. Allerdings ist der Wellenlängenbereich in Wirklichkeit größer. Die Beschränkung auf diesen Bereich erfolgt, weil dahinein der Erbiumlaser fällt, der im militärischen Bereich für Entfernungsmeßgeräte viel verwendet wird und in dem übrigen Bereich im Augenblick kommerzielle Laser kaum zur Verfügung stehen. Dies kann sich allerdings in Zusammenhang mit dem zunehmenden Einsatz von Lichtwellenleitern in der Nachrichtentechnik bald ändern.

6. Technische Regeln für Laser und Lasereinrichtungen

In diesem Kapitel wird das für einen sicheren Einsatz des Lasers erarbeitete nationale, internationale und ausländische Vorschriftenwerk vorgestellt, letzteres allerdings nur vereinzelt. Soweit dies die Strahlung betrifft, heißt eine wesentliche Aufgabe der technischen Regeln: *Schutz des Auges* vor schädlicher Laserstrahlung. Dabei ist es gleichgültig, ob es sich um den Blick in den direkten Laserstrahl oder in einen mehr oder weniger diffus gestreuten Laserreflex handelt, falls die Grenzwerte erreicht oder überschritten werden.

Praktisch mit der Realisierung des ersten Rubinlasers im Jahre 1960 durch Maiman wurden auch die für den *optischen Wellenlängenbereich* ($100\,\text{nm} \leq \lambda \leq 1000\,\mu\text{m}$) neuen Gefahren – insbesondere für das Augenlicht – erkannt.

Auf Grund biologischer Untersuchungen wurden schon 1968 die ersten Grenzwerte für die maximal zulässige Bestrahlung (MZB-Werte) vorgeschlagen. Dieses Grenzwertesystem wurde weiter ergänzt, der erfaßte Wellenlängenbereich ausgedehnt und – noch wichtiger – die Pulsstrahlung bis zu sehr kurzen Impulsen und auch komplizierten Pulsen mit erfaßt.

Zu längeren Wellenlängen ($\lambda > 1000\,\mu\text{m} = 1\,\text{mm}$) hin schließt der Bereich der *Mikrowellen* an. Bekannte Quellen für diese auch Radarstrahlung genannten elektromagnetischen Wellen sind der Maser für kohärente sowie das Klystron und das Magnetron für inkohärente Strahlung. Die mit Strahlung dieses Wellenlängenbereiches verbundenen biologischen Wirkungen sind bekannt; die Grenzwerte in DIN / VDE 0848 Teil 2 [6.1] festgelegt. Teil 1 dieser Norm beschreibt das anzuwendende Meßverfahren.

Zur anderen Seite des Spektrums schließt die *Röntgenstrahlung* ($\lambda < 100\,\text{nm}$) an. Große Anstrengungen werden bei der Entwicklung des Röntgenlasers unternommen. In der Chipherstellung warten beispielsweise große Aufgaben zur weiteren Miniaturisierung höchstintegrierter Bauelemente auf industriell gefertigte Laser dieser Art. Möglicherweise wird der Röntgenlaser einmal die Anwendung von Röntgenstrahlung ähnlich revolutionieren wie der Laser den optischen Bereich.

Röntgenlaser unterliegen der Röntgenverordnung (RöV) [6.2]. Lasergeräte und -anlagen, deren Nutzstrahlung nicht im Röntgenbereich liegt, die aber Röntgenstrahlung erzeugen, sind als Störstrahler nach RöV zu behandeln.

Einige wenige technische Regeln bilden die Grundlage zum Schutz vor Laserstrahlung und vor anderen Gefahrenen wie beispielsweise vor der Berührung gefährlicher elektrischer Spannungen. Die zentrale Stellung praktisch einer Vorschrift für den

Strahlenschutz ist etwas umkämpft, weil immer neue, auch wirtschaftlich bedeutende Anwendungen erarbeitet werden. Beispiele dafür sind die starke Ausweitung des Lasereinsatzes im medizinischen Bereich oder die Informationsübertragung mit Halbleiterlaser und Lichtwellenleiter.

Andererseits beruhen die Grenzwerte für die maximal zulässige Bestrahlung auf soliden biologischen Untersuchungen, so daß die Grenzwerte und das System der Laserklassen wohl begründet sind und die zentrale Stellung der Hauptnorm für die Strahlensicherheit festigen. Selbstverständlich können bei neuen biologischen Erkenntnissen noch geringe Änderungen notwendig werden, und auch das Laserklassensystem kann weiter verbessert werden.

Den zukünftigen anwendungsbezogenen Vorschriften verbleibt so nur die Lösung von Sonderaufgaben wie z.B. im medizinischen Bereich die Aufgabe des Patientenschutzes. Mit fast jedem neuen größeren Anwendungsgebiet für Laser zeigt sich nach einiger Zeit ein entsprechender Regelungsbedarf.

Die wichtigsten nationalen Regeln sind im Anhang des Gerätesicherheitsgesetzes [6.3] bezeichnet und damit anerkannte Regeln der Technik.

Dieses Buch kann kein Ersatz für die einschlägigen technischen Regeln sein, d.h. diese müssen speziell für Laserart und Einsatzfall zur Verfügung stehen und angewendet werden.

6.1 Deutsche und internationale technische Regeln

Für Lasergeräte und -anlagen gilt, daß sehr früh mit der Erarbeitung internationaler technischer Regeln (im besonderen durch die Internationale Elektrotechnische Kommission, IEC, deren Arbeiten auf einem ANSI-Standard, siehe Abschn. 6.2.1, aufbauten) begonnen wurde, so daß die Entwicklung des nationalen Regelwerks stark davon beeinflußt wurde und wird. Eine Auswahl aus letzterem wurde im DIN-VDE-Taschenbuch 508 „Laser" [6.4] veröffentlicht.

6.1.1 Unfallverhütungsvorschrift „Laserstrahlung" (VBG 93)

Die neue Unfallverhütungsvorschrift (UVV) „Laserstrahlung" [6.5] ist seit April 1988 gültig. Sie gilt für die Erzeugung, Übertragung und Anwendung von Laserstrahlung. In dieser UVV wurden die international gültigen Grenzwerte für die maximal zulässige Bestrahlung des Auges oder der Haut sowie das international gültige Laserklassensystem mit den für die einzelnen Klassen geltenden Grenzwerten der zugänglichen Strahlung übernommen.

Die UVV „Laserstrahlung" enthält Anforderungen über den Betrieb und indirekt über Bau und Ausrüstung von Lasergeräten, -anlagen oder Versuchsaufbauten. Für besondere Anwendungen wie Lasereinrichtungen für Vorführ- und Anzeigezwecke, Leitstrahlverfahren und Vermessungsarbeiten, Unterrichtszwecke, medizinische Anwendungen sowie Informationsverarbeitung und -übertragung gelten zusätzliche Bestimmungen. Die UVV „Laserstrahlung" enthält sehr ausführliche Durchführungsanweisungen.

Eine der wichtigsten Bestimmungen ist die Forderung, daß der Betreiber von leistungsstarken Lasern, d.h. von Lasereinrichtungen der Klassen 3B und 4, schriftlich einen oder mehrere sachkundige Laserschutzbeauftragte zu bestellen hat. Damit ist eine wichtige Anlaufstelle für alle im Zusammenhang mit Lasern stehenden Sicherheitsfragen geschaffen.

Zuständig für Fragen zur UVV „Laserstrahlung" ist der berufsgenossenschaftliche Fachausschuß „Elektrotechnik" [A1].

6.1.2 Strahlungssicherheit von Laser-Einrichtungen (DIN VDE 0837)

Diese Norm [6.6] enthält die Klassifizierung von Laseranlagen, Anforderungen und Benutzerrichtlinien. Sie ist identisch mit der IEC-(International Electrotechnical Commission) Publication 825 [6.7]. Diese technische Regel für Strahlungssicherheit ist die eingangs in Kap. 6 genannte grundlegende Norm [6.23].

Ein Hauptabschnitt wendet sich an die Hersteller von Lasereinrichtungen. Hersteller in diesem Sinne ist auch, wer Laser in andere Geräte einbaut oder Änderungen an Lasereinrichtungen vornimmt, insbesondere wenn dabei die Laserklasse geändert wird oder die sicherheitstechnischen Einrichtungen von den Arbeiten betroffen sind. Solche Einrichtungen sind beispielsweise das Schutzgehäuse, Sicherheitsverriegelungen, Emissionswarneinrichtungen und Strahlfänger oder -abschwächer.

Hervorzuheben ist das Klassifizierungsverfahren für Lasereinrichtungen, d.h. die Darstellung des Laserklassensystems (Klassen 1, 2, 3A, 3B und 4) mit den einzelnen Grenzwerten für die zugängliche Strahlung (GZS; engl.: AEL; siehe Kap. 7).

Bei den Herstellern von Lasereinrichtungen sind im allgemeinen die fachlichen und meßtechnischen Voraussetzungen vorhanden. Dies gilt nicht, wenn z.B. ein Hersteller nur selten Laser in seine Anlagen einbaut oder seitens eines Betreibers Änderungen vorgenommen werden. Die in Abschn. 6.3 genannten Prüfstellen bieten dazu ihre Unterstützung an.

Ein weiterer Hauptabschnitt enthält Richtlinien für den Benutzer. Hervorzuheben ist in diesem Zusammenhang die tabellarische Auflistung der Grenzwerte der maximal zulässigen Bestrahlung (MZB; engl.: MPE) für die direkte Einwirkung von Laserstrahlung auf die Hornhaut des Auges (direktes Blicken in den Strahl, Abschn. 5.1.1) oder für die Betrachtung einer ausgedehnten Laserquelle bzw. eines Laserstrahls nach diffuser Reflexion (Abschn. 5.1.2). Eine ähnliche Tabelle gibt die MZB-Werte für die Einwirkung von Laserstrahlung auf die Haut an (siehe Abschn. 5.2). Die Anhänge dieser Norm enthalten u.a. Berechnungsbeispiele für eine solche analytische Bewertung und Erläuterungen über die Wirkungen von Laserstrahlung auf biologisches Gewebe. Die Weiterentwicklung dieser Norm wird im IEC TC 76 von der WG 1 (working group: radiation safety) durchgeführt. Die CENELEC (European Committee for Electrotechnical Standardization) hat für den Bereich Bürotechnik ebenfalls eine Arbeitsgruppe Strahlensicherheit [CLC/BT (WG IEC 825)] gebildet, die an der Weiterentwicklung der IEC 825 arbeitet. Seit Februar 1988 liegt ein ergänzender erster Änderungsentwurf [A1] zu DIN VDE 0837 vor, in den die bisherigen Ergebnisse eingearbeitet worden sind. Zuständig für diese Normungsarbeiten ist in Deutschland das Komitee 771 in der Deutschen Elektrotechnischen Kommission (DKE) [A2].

Einige Punkte, die die Weiterentwicklung des Regelwerks zur Strahlensicherheit betreffen, um es an die Anforderungen einer in bezug auf Einsatzarten und Anzahl der Laser sich stark ausweitenden Praxis anzupassen, werden in den Abschn. 5.6 und 7.5 behandelt.

6.1.3 Weitere Technische Regeln für die Strahlensicherheit

Die hier angesprochenen Regeln haben entweder einen speziellen Geltungsbereich (Militär oder Schulen) oder behandeln bestimmte Einsatzbereiche (Medizin, Informationstechnik, Theater und Diskotheken). Die in den beiden vorstehenden Abschnitten besprochenen Vorschriften behandeln ebenfalls einzelne Aspekte der hier angesprochenen Themen.

Für den Bereich der Bundeswehr gelten spezielle Lasersicherheitsbestimmungen (LasSBBw) [6.8]. Diese beruhen auf dem Nato-Dokument STANAG 3606 LAS [6.9] und auf der Unfallverhütungsvorschrift VBG 93 (siehe Abschn. 6.1.1). Für die die Sicherheit betreffenden Konstruktionsanforderungen für Laser und Zubehör wurde der Standard MIL-STD-1425 erarbeitet [6.10].

Dem besonderen Sicherheitsbedürfnis bei der Ausbildung Jugendlicher in Schulen trägt die Norm „Sicherheitstechnische Anforderungen für Lehr-, Lern- und Ausbildungsmittel- Laser" (DIN 58126 Teil 6) Rechnung [6.11]. Dem Charakter vieler Normen für den Bildungsbereich entsprechend ist ein Teil des Inhaltes als Arbeitsanleitung zu verstehen. Der Geltungsbereich erstreckt sich nur auf das allgemeine Bildungswesen. Er schließt die Forschung und die individuelle Ausbildung nicht mit ein.

Der Einsatz von Lasern wird auf die Klassen 1 und 2 (siehe Abschn. 7.2) beschränkt. Zudem werden sehr vereinfachte und begrenzende Definitionen für diese Laserklassen verwandt. Die Beschränkung auf Klasse 2 bedeutet bei kontinuierlicher Laserstrahlung die Begrenzung auf 1 mW Ausgangsleistung.

In Erweiterung der Anforderungen nach DIN VDE 0837 wird bei den Lasern der Klasse 2 eine zusätzliche Leistungsbegrenzung auf 0,2 W und ein Schutz vor Inbetriebnahme durch Unbefugte gefordert. In den Schulen ist eine Lehrkraft als verantwortliche Person für den Laserschutz zu benennen.

Die Erfahrungen beim bisherigen Einsatz von Lasern in der Medizin haben gezeigt, daß zum Schutz des Patienten und in Einzelfällen des medizinischen Personals zusätzliche Regelungen erforderlich sind. Dazu wird von dem DKE-Arbeitskreis 752.0.1 „Laser in der Medizin" eine Norm „Medizinische elektrische Geräte – Diagnostische und therapeutische Lasergeräte" (DIN VDE 0750 Teil 226 (Entwurf)) über besondere Festlegungen für die Sicherheit in enger Anlehnung an DIN VDE 0750 Teil 1 (IEC 601 Teil 1) erarbeitet. Dies ist um so wichtiger, als der Einsatz von Lasern in der Medizin in einer schnellen Ausweitung begriffen ist. Einige wenige wesentliche Inhalte bzw. noch weiter zu beratende Themen seien hier angeführt:

- Die Zielgenauigkeit der von der Hand geführten Lasereinrichtung verlangt ein Pilotlicht oder andere Einrichtungen, deren Eigenschaften festzulegen sind.
- Die auf den Patienten einwirkende Leistung muß vom Arzt hinreichend genau eingestellt und gemessen werden können.
- Einstell- und Einschalteinrichtungen müssen absolut sicher betätigt werden können. Versehentliche Schalthandlungen müssen durch entsprechende konstruktive Auslegungen vermieden werden.
- Laserstrahlen können explosible Atmosphären entzünden. In sauerstoffangereicherter Luft (z.B. bei Intubierungen) lassen sich Stoffe leichter entzünden.

Der Einsatz von Lasern in der Medizin ist ein Beispiel dafür, daß größere neue Laseranwendungen zusätzliche ergänzende Vorschriften notwendig machen. Bei der IEC TC 76 wurde eine WG 4 „Medizinische Laser" gegründet, die auf internationaler Ebene, gemeinsam mit dem TC 62, dieses Thema bearbeitet.

Der Einsatz von Lasern bei Theatervorführungen, in Diskotheken oder grundsätzlich bei optischen Demonstrationen ist ein Beispiel für den Fall, daß der Laserstrahl das Gerät verlassen muß, um die gewünschte Wirkung zu entfalten. Es handelt sich dabei häufig um leistungsstarke Laser und um die Überwindung größerer Distanzen. Die Gerätesicherheit trägt dann nur einen kleinen Teil zur Gesamtsicherheit bei [6.12]. Durch Überwachungsmaßnahmen bzgl. der Strahlführung erhält das System Anlagencharakter.

Eine genaue Gefährdungsanalyse, persönliche Schutzeinrichtungen oder organisatorische Maßnahmen müssen dann ergänzend zur Sicherheit beitragen. Die Norm „Sicherheitstechnische Anforderungen für Bühnenlaser und Bühnenlaseranlagen" (DIN 56912) zeigt zusätzlich Maßnahmen zur Strahlführung u.a.m. auf [6.13]. Insbesondere gibt sie eine detaillierte Anleitung zur Durchführung von Sicherheitsanalysen, z.B. im Rahmen der Begutachtung einer Laseranlage bei Showveranstaltungen. In Flußbildern wird die Vorgehensweise zur Ermittlung der maximal erlaubten Bestrahlung erläutert. Beispiele erklären die Beurteilung von richtungsveränderlicher Laserstrahlung. Zum Beispiel wird die Beurteilung eines schweifenden Laserreflexes von einer Spiegelkugel vorgerechnet.

Wirtschaftlich von großer Bedeutung, die sich heute erst in den Anfängen abzeichnet, ist der Einsatz von Lasern in Informations- und Kommunikationssystemen; z.B. die Übertragung von Daten über Lichtwellenleiter (LWL). Mögliche Gefährdungen, z.B. durch gebrochene Glasfasern, müssen verhindert werden.

Mit den zukünftigen verteilten Kommunikationssystemen tritt in der Lasertechnik etwas auf, das wir von der Elektrotechnik her schon lange kennen. Durch die Leitung der Strahlungsenergie über weite Strecken sind die Gefahren bei Erzeugung (z.B. Halbleiterlaser), Weiterleitung (Glasfaser) und Verbraucher (Empfangsgerät) örtlich zukünftig so weit voneinander getrennt, daß sie unabhängig voneinander betrachtet werden müssen und jeweils eigene Maßnahmen erfordern.

Im Technischen Komitee 76 der IEC wurde eine Arbeitsgruppe „Lichtwellenleiter" gebildet. Deutsches Spiegelgremium ist wiederum das DKE-Komitee 771. Als weiteres Komitee befaßt sich das IEC SC (Subkomitee) 46 E mit der Sicherheit beim Einsatz von Fiberoptiken. In der Bundesrepublik wurden Verwendungsbestimmungen für Lichtwellenleiter (DIN VDE 0899 und 0888) vom DKE-Komitee 412.6 erarbeitet. Bezüglich des Einsatzes von Lasern in Fernmeldegeräten (DIN VDE 804) gibt es die Verbindung zum DKE K 711.

Als weitere internationale Organisation ist die IRPA (International Radiation Protection Association) mit einem Komitee für „Nichtionisierende Strahlung" (INIRC) auf dem Gebiet des Schutzes vor Laserstrahlung tätig. Erarbeitet wurde ein Leitfaden zur Begrenzung der Exposition durch Laserstrahlung [6.14].

Und − last not least − ist hier die Weltgesundheitsorganisation zu nennen, die eine Schrift über „Lasers and Optical Radiation" herausgegeben hat. Diese Broschüre ist keine technische Regel, aber sie hat einen gewissen normativen Charakter und zeigt u.a. gut die biologischen Grundlagen auf, auf denen die Grenzwerte beruhen [6.15].

6.1.4 Laserschutzfilter und Laserschutzbrillen

Wenn der Laserstrahl zur Verrichtung seiner Aufgabe das Lasergerät verlassen muß, ist der Einsatz von persönlicher Schutzausrüstung, insbesondere von Laserschutzbrillen, häufig unumgänglich. Das Wort „persönlich" beinhaltet die feste Zuordnung zu einer Person und zeigt zugleich, daß damit maximal nur eine kleine Personenzahl in einem (optisch abgeschlossenen) Raum geschützt werden kann, z.B. einem Raum, in dem eine Autokarosserie dreidimensional mit einem Laser nach einem Computerprogramm beschnitten wird (siehe Abschn. 8.4.2). Ein anderes Beispiel ist der Einsatz von Lasern auf der Bühne. Die Schauspieler werden mit Schutzbrillen ausgerüstet, der Zuschauerraum darf bis zu einer bestimmten Höhe nicht vom Laserstrahl erfaßt werden.

Laserschutzfilter werden auch als Beobachtungseinrichtungen fest in Maschinen und Anlagen eingebaut, damit der Arbeitsprozeß kontrolliert werden kann. Laserschutzfilter zum Einbau in Anlagen sowie Laserschutzbrillen sind in DIN 58215 genormt [6.16]. Seit Februar 1986 liegt ein Entwurf vor als deutsche Fassung des europäischen Normentwurfes pr EN 207. Die Beratungen erfolgen im Komitee CEN TK 85/WG 3 „Laserschutzbrillen". Weltweit erfolgen die Normungsarbeiten im ISO TC 94/SC 6, das aber seit über 10 Jahren inaktiv ist.

Laserschutzbrillen werden eingehend im Kap. 9 behandelt, da deren Einsatz, insbesondere auf dem Gebiet der Forschung und Entwicklung oder bei Instandhaltungsarbeiten, im Aufgabenbereich des Laserschutzbeauftragten breiten Raum einnimmt. Fehler oder Versehen bei der Auswahl und Anwendung können besonders schlimme Folgen haben, weil man sich auf die Schutzwirkung fest verläßt.

Eine weitere Schutzbrillenart sind die Laser-Justierbrillen. Aufgabengemäß – d.h. eingesetzt für das sichere Durchführen von Justierarbeiten am Laserstrahl – sind sie nur für den sichtbaren Wellenlängenbereich (400–700 nm) gedacht. Justierbrillen schwächen Strahlung auf die Werte für Laser der Klasse 2 ($\leq$ 1 mW für Dauerstrichlaser) ab.

Der Einsatz von Justierbrillen ist nicht ganz unproblematisch. Wegen der geringen Spannweite zwischen dem Sichtbarwerden von Laserstrahlung (z.B. ab 0,1 mW bei günstigen Verhältnissen, z.B. Dunkelheit) und der Schädigungsgrenze für die Netzhaut des Auges (unter ungünstigen Verhältnissen ist kein Sicherheitsfaktor mehr vorhanden), muß man die Leistung des zu beobachtenden Strahls auf einen Faktor 10 genau kennen, um die Schutzstufe der Justierbrille passend wählen zu können. Mit Laser-Justierbrillen sollte man nur den Laserstrahl beobachten, aber nicht hineinblikken. Letzteres gilt auch für Laserschutzbrillen.

Laser-Justierbrillen sind in DIN 58219 genormt [6.17]. Diese und die vorstehend genannte Norm enthalten zugleich wichtige Hinweise für Auswahl und Anwendung dieser Brillen. Seit Februar 1986 liegt ein Entwurf vor als deutsche Fassung des europäischen Normentwurfes pr EN 208. Zuständig für diese Normungsarbeit ist der NA Feinmechanik und Optik im DIN [A3].

6.1.5 Elektrische Sicherheit von Lasergeräten und -anlagen (DIN VDE 0836)

Laser existieren heute in großer Vielfalt, ihre elektrische Ausrüstung ist entsprechend unterschiedlich. Einige enthalten Hochspannungsteile, andere funktionieren mit Spannungen von wenigen Volt. Relativ früh wurde die VDE-Bestimmung für die elektrische Sicherheit von Lasergeräten und -anlagen erarbeitet [6.18]. Sie regelt weitgehend alle elektrischen Aspekte im Zusammenhang mit Lasern. Die VDE-Bestimmung 0836 entspricht einer CENELEC-Regel. Die in VDE 0836 festgelegten Anforderungen und Prüfbestimmungen gelten nicht für Lasergeräte, insoweit sie Bestandteil von anderen Einrichtungen (z.B. Büromaschinen, medizinische Geräte) sind und für diese eigene Vorschriften vorliegen. Dies gilt allerdings nicht, wenn das Laserteil nach dem Ausbau selbständig betriebsfähig ist.

Die Weiterentwicklung der Regel zur elektrischen Sicherheit wird in Kürze zu einer Änderungsvorlage (DIN VDE 0836 A1) führen. Zur DIN VDE 0836 gibt es international ferner die IEC-Publication 820 [6.19]. Deren Weiterentwicklung erfolgt im IEC TC 76/WG 2.

Heute stehen allgemeine, grundlegende Normen für elektrische Geräte und Anlagen zur Verfügung, die bezüglich einer Weiterentwicklung der Lasernorm die Tendenzen verstärken, diese auf typisch laserspezifische Fragestellungen zu begrenzen. Die endgültige Richtung der zukünftigen Entwicklung dieser Normen ist noch nicht abzusehen.

Zuständig für Anfragen zu diesem Fragenkomplex „Elektrische Sicherheit bei Lasern" ist das K 771 im DKE [A2].

6.1.6 Leistungs- und Energie-Meßgeräte für Laserstrahlung (DIN VDE 0835)

Strahlenschutzmaßnahmen sind abhängig von der Leistung bzw. Energie der Lasergeräte und -anlagen. Dies gilt z.B. für die Klassifizierung der Laser. Für die Durchführung von Sicherheitsanalysen am freien Strahl – z.B. bei einer Bühnenlaseranlage [6.13] – sind genaue Informationen über Bestrahlung und Bestrahlungsstärke oder über Strahldichte und das zeitliche Integral der Strahldichte von ausschlaggebender Bedeutung. Ungenauigkeiten bei der Leistungs- und Energiemessung müssen um so stärker beachtet werden, je näher eine Gefährdungsanalyse sich in der Nähe der auf Grund biologisch vorgegebener Sachverhalte festgelegten Grenzwerte für die maximal zulässige Bestrahlung bewegt.

Daß das Arbeitsergebnis des Lasers in vielen Fällen eine hinreichend genaue Energie- und Leistungsmessung verlangt, sei dahingestellt. Bei der medizinischen Anwendung von Lasern verlangt der Patientenschutz eine besondere Sorgfalt bei der Bestimmung und Einhaltung dieser Größen. Von daher ist es wichtig zu wissen, was man von einem eingesetzten Meßgerät hinsichtlich Genauigkeit, Überlastbarkeit und Zeitkonstanz erwarten kann (siehe Abschn. 3.2).

Der Normentwurf „Leistungs- und Energie-Meßgeräte für Laserstrahlung" (DIN VDE 0835) [6.20], der die Norm von 1981 ablösen wird, legt die Mindestanforderungen fest sowie die zusätzlichen Anforderungen an bestimmte Geräteklassen. Der Entwurf ist Grundlage für das IEC-Papier der WG 3 des TC 76. Zuständig für die Bundesrepublik ist das Komitee 771 im DKE [A2].

6.2 Ausländische technische Regeln

Laser sind wegen ihres häufig in sich abgeschlossenen Aufbaus hervorragend als Export- und Importgut geeignet. Dies erklärt die Wichtigkeit internationaler technischer Regeln. Je nach Bedeutung des Marktes – und hier ist an erster Stelle der amerikanische zu nennen – empfiehlt es sich, zumindest etwas über die im Ausland geltenden Normen zu wissen. Einige wenige, die insbesondere die Anforderungen bzgl. der Herstellung betreffen, werden hier angeführt. Diese Vorschriften und Normen für den Schutz vor Strahlung sind dem IEC Document 825 [6.7] inhaltlich ähnlich. Anforderungen aus neuen Einsatzgebieten oder die Anpassung an neue Erkenntnisse lassen sich in nationale Regeln leichter und schneller einführen.

Dies ist ein Grund für kleinere Unterschiede. Dies kann unter Umständen dazu führen, daß der Verkauf in ein fremdes Land ohne entsprechende Anpassung der Geräte unmöglich ist.

6.2.1 Amerikanische Regeln

Als staatliche Institution ist hier das CDRH (Center for Devices and Radiological Health; früher BRH, Bureau of Radiological Health) zu nennen [A4]. Das CDRH gehört zur FDA (Food and Drug Administration) und gibt einen „Performance Standard for Laser Products" (CFR 21 Part 1040, 1986) heraus. Ein Unterschied gegenüber dem Inhalt der IEC-Publication 825 sei angeführt. Für Laser bis 5 mW (Klasse 2; 400–700 nm) erlaubt der CDRH-Standard einfachere Sicherheitsanforderungen.

Weit verbreitet – auch international – sind die sogenannten ANSI-Standards (American National Standards Institute, ANSI entspricht in etwa unseren Normungsinstitutionen [A5]). Der Standard ANSI Z 136.1 (1987) „Safe Use of Lasers" entspricht inhaltlich in etwa IEC 825.

Der Standard ANSI Z 136.2 „Safe Use of Optical Fiber Communications Systems Utilizing Laser Diode and LED Sources" behandelt die sichere Anwendung von Lasern in den Kommunikationstechnologie.

Ein weiterer Standard ANSI Z 136.3 „Laser Safety in the Health Care Environment" regelt die Anwendung von Lasern im Medizinbereich. Wie in Abschn. 6.1.3 angesprochen, gibt es hier in Deutschland und international entsprechende Arbeiten. Der Harmonisierungsgrad ist z.Z. aber wegen der stürmischen Entwicklung in den beiden letztgenannten Anwendungsbereichen noch gering. Abschließend seien noch folgende ältere FDA-Publikationen erwähnt: FDA 80-8103 „Analysis of some Laser Light Show Effects for Classification Purposes" (1986) und „Some Considerations of Hazards in the Use of Lasers for Artistic Displays" (1979).

6.2.2 Britische Regeln

In Großbritannien gibt es von der BSI (British Standards Institution) [A6] das Dokument BS 4803 „Radiation Safety of Laser Products and Systems" (1983). Die Weiterentwicklung wird konform mit IEC 825 durchgeführt. Ein weiteres Dokument „Guidance on the safe use of lasers in medical practice" (1984) wurde vom DHSS (Department of Health and Social Security) veröffentlicht [A7].

6.2.3 Französische Regeln

In Frankreich hat das INRS (Institut National de Recherche et de Sécurité) ein Merkblatt „Les lasers; Risques et moyens de protection" (ND 1607-125-86; 1986) herausgegeben [A8]. Es ist zwischen einer technischen Regel und einem Fachartikel anzusiedeln und beschränkt sich nicht nur auf das Risiko durch Strahlung.

Allen diesen Arbeiten ist insgesamt zu entnehmen, daß zumindest in Europa die IEC-Dokumente als Grundlage angenommen werden und darauf weitere Vorschriften und Empfehlungen aufbauen.

6.3 Prüfstellen

Mit dem Durchbruch des industriellen und anderweitigen Einsatzes des Lasers auf breiter Front, wie dies in den letzten Jahren zu beobachten war, steigt auch die Bedeutung der Prüfstellen nach dem Gerätesicherheitsgesetz [6.3] Dies betrifft die wirtschaftliche Bedeutung der Lasertechnik für die Gutachterinstitutionen, und damit verbunden das Vorhandensein von qualifizierter Beratungsleistung in sicherheitstechnischen Fragen für die Laseranwender.

Prüfstellen für „Geräte für nichtionisierende Strahlung" sind (ohne Anspruch auf Vollständigkeit) [6.21]:

- Fachausschuß Elektrotechnik des Hauptverbandes der gewerblichen Berufsgenossenschaften bei der BG Feinmechanik und Elektrotechnik, Köln
- VDE (Verein Deutscher Elektrotechniker) Prüfstelle, Offenbach
- TÜV (Technischer Überwachungsverein) Berlin
- TÜV Norddeutschland, Hamburg
- TÜV Rheinland, Köln
- TÜV Hessen, Eschborn
- TÜV Bayern, München

Laser-Chirurgiegeräte sowie Laser- und Photokoagulatoren unterliegen zusätzlich der MedGV (Medizingeräteverordnung) [6.22]. Diese sind dort in die Gruppe 1 eingestuft. Prüfstellen sind (ohne Anspruch auf Vollständigkeit):

- LGA (Landesgewerbeanstalt) Bayern, Nürnberg
- VDE-Prüfstelle, Offenbach
- TÜV Berlin
- TÜV Norddeutschland, Hamburg
- TÜV Hannover
- Rheinisch-Westfälischer TÜV, Essen
- TÜV Rheinland, Köln
- TÜV Hessen, Eschborn
- TÜV Baden, Mannheim
- TÜV Stuttgart
- TÜV Bayern, München
- DEKRA (Deutscher Kraftfahrzeug-Überwachungsverein), Stuttgart.

Radiometrische Messungen stellen ein Spezialgebiet dar, das sich Routinemessungen gegenüber auch bei den modernen zur Verfügung stehenden Verfahren nur wenig aufgeschlossen zeigt. Hinzu kommt die Parametervielfalt, die Laser hinsichtlich der Wellenlänge, Strahlparameter und dem zeitlichen Verhalten – Dauerstrich, Impulslänge – haben können. Weitere Institutionen, die bezüglich der Strahlensicherheit Messungen durchführen können, sind zum Beispiel:

- PTB (Physikalisch-Technische Bundesanstalt), Laboratorium für Radiometrie, Braunschweig
- BAU (Bundesanstalt für Arbeitsschutz), Gruppe Anlagen und Verfahrenstechnik, Dortmund
- Niedersächsisches Landesverwaltungsamt, Institut für Arbeitsmedizin, Immissions- und Strahlenschutz, Hannover.

7. Laserklassen

Die Zuordnung von Lasergeräten zu verschiedenen Laserklassen soll für den Benutzer die mögliche Gefährdung sofort ersichtlich machen, damit er vereinfacht abschätzen kann, wie er sein Verhalten einrichten muß, und welche Schutzmaßnahmen zu ergreifen sind. Daher ist die Zuordnung so gewählt, daß mit zunehmender Klassennummer auch die Gefährdung, die vom Laser ausgeht, größer wird. Die Einteilung erfolgt dabei je nach Zählung (die Klasse 3 ist zweigeteilt) nach IEC [7.1] bzw. VDE [7.2] in 4 oder 5 Klassen. Die Einteilung geht teilweise von den zulässigen Strahlungsgrenzwerten aus, teilweise ist sie auch ziemlich willkürlich. Die Idee, dem Benutzer die Auseinandersetzung mit den Strahlungsgrenzwerten zu ersparen, die hinter den Laserklassen steht, kommt nur in den Klassen 1, 2 und 3A (siehe Abschn. 7.2) zum Tragen. In den Klassen 3B und 4 bleibt es bei den uneingeschränkten Kontrollmaßnahmen zur Vermeidung von Schäden durch Laserstrahlung. Man sollte daher auch diese Laser am Einsatzort so weit kapseln, daß sie dann als Gesamtanlage doch wieder der Klasse 1 zugeordnet werden können.

Die Grenzwerte für die einzelnen Klasse nennt man *Grenzwerte Zugänglicher Strahlung* (*GZS*), in der englischsprachigen Literatur werden sie *AEL* (*Accessible Emission Limits*) genannt. Ein Schema, wie das Konzept der Laserklassen in den Rahmen der biologischen Wirkung und der zulässigen Grenzwerte einzuordnen ist, gibt die Abb. 7.1.

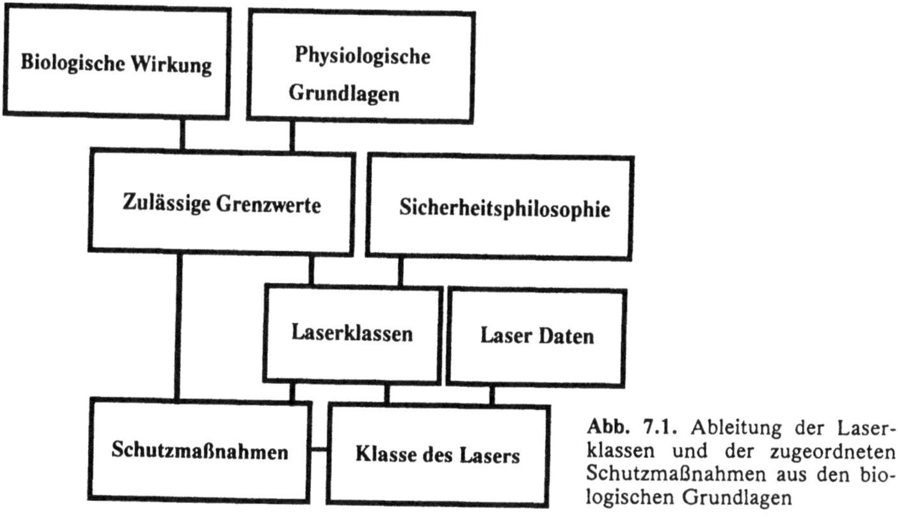

Abb. 7.1. Ableitung der Laserklassen und der zugeordneten Schutzmaßnahmen aus den biologischen Grundlagen

7.1 Klassifizierung

Für die richtige Klassifizierung ist der Hersteller des Lasergerätes verantwortlich. Wird von einem Benutzer ein Lasergerät modifiziert, so hat dieser die Klassifizierung anschließend zu überprüfen und gegebenenfalls die Klassenzuordnung zu ändern. Die Klassifizierung hat auf Grund derjenigen Kombination von möglichen Betriebszuständen des Lasers (Leistung, Wellenlänge, Impulsfolgefrequenz) zu erfolgen, die zur höchsten Klasse führt. Dabei ist auch zu beachten, daß das Lasergerät bei Auslieferung im Neuzustand unter Umständen eine kleinere Ausgangsleistung hat als nach einer gewissen Betriebsdauer. Auch Einschalt- oder Abschaltvorgänge sind zu berücksichtigen. Ein typisches Beispiel für große Leistungsschwankungen während der Einschaltphase sind bestimmte He-Ne-Laser, bei denen infolge der Erwärmung andere Moden angeregt werden.

Die Klassengrenzen werden durch die Grenzwerte zugänglicher Strahlung festgelegt. Es ist dies die Strahlung, die den menschlichen Körper treffen kann, sei es weil sie aus dem Laser austritt, sei es weil man einen Teil des Körpers in das Lasergehäuse einbringen kann. Ist es möglich, durch eine Öffnung einen Spiegel einzuführen, der die Strahlung auslenken kann, so gilt diese Strahlung auch als zugängliche Strahlung.

Sendet ein Laser Strahlung mehrerer Wellenlängen aus, so ist zu überprüfen, ob deren Wirkung entsprechend Tabelle 5.1 additiv wirkt. Ist dies nicht der Fall, so erfolgt die Klassifizierung entsprechend der Strahlung derjenigen Wellenlänge, die zur höchsten Klasse führt. Ist nun die Wirkung der Strahlung der verschiedenen Wellenlängen additiv, so ist die Summe der Quotienten aus der austretenden Laserstrahlung (Leistungsdichte E, Bestrahlung H, oder was immer den GZS-Werten entspricht) und den Strahlungsgrenzwerten (GZS) über alle Wellenlängen λ_i zu bilden:

$$\sum_{\lambda_i} E_i / GZS_i < 1 . \tag{7.1}$$

Die Lasereinrichtung wird der niedrigsten möglichen Klasse zugeordnet, für die diese Summe kleiner als 1 ist. Ein Beispiel, wo derartige Rechnungen durchgeführt werden müssen, sind die Kryptonlaser im Mehrwellenlängenbetrieb. Die Wellenlängen dieser Laser liegen in mehreren Bereichen, in denen unterschiedliche Grenzwerte gelten.

Für wiederholt gepulste und modulierte Laser gilt die Erniedrigung der Grenzwerte im Spektralbereich zwischen 400 und 1400 nm, wie sie in Abschn. 5.1.4 dargestellt ist, sinngemäß. In den Formeln ist lediglich die maximal zulässige Bestrahlung (MZB) durch den Grenzwert zugänglicher Strahlung (GZS) für die jeweilige Klasse zu ersetzen.

Als Zeitbasis für die Klassifizierung werden derzeit 3 unterschiedliche Werte verwendet, der in die folgende Tabelle 7.1 schon mit aufgenommene Wert von 100 s ist erst in der Diskussion (siehe Abschn. 7.5). Die Verwendung einer Zeitbasis von 1000 s anstatt 30 000 s bringt nur für Laser im Spektralbereich zwischen 400 und 1050 nm einen Vorteil, also nicht für industriell so wichtige Laser wie den CO_2-Laser und den Nd-YAG-Laser (siehe Abb. 7.2).

Tabelle 7.1. Für die Klassifizierung zu verwendende Zeitbasen

Zeitbasis	Anwendungsbereich	Laserklassen	Bemerkung
30 000 s	immer anwendbar	1, 3 B, 4	
1 000 s	höchstens zufällige Strahlenexposition	1, 3 B, 4	gilt nicht für UV-Laser
0,25 s	nur von 400 nm – 700 nm	2, 3 A	Sicherheit über Lidschlußreflex
100 s	nur von 700 nm – 1400 nm	3 A	z.Zt. noch nicht anwendbar (s. Abschn. 7.5)

7.2 Klasseneinteilung

Dieses Kapitel beschreibt die Klasseneinteilung hinsichtlich ihrer Sicherheitsphilosophie und ihrer daraus folgenden gegenseitigen Abgrenzung. Bei der Klassenbezeichnung entsteht dadurch ein Problem, daß in den USA ganz ähnlich lautende Klassenbezeichnungen verwendet werden, die dort aber zum Teil eine andere Bedeutung haben. So gehören dort beispielsweise alle sichtbaren Dauerstrichlaser bis 5 mW Leistung zu Klasse 3A [7.3]. Bei Importgeräten muß daher der Benutzer besonders vorsichtig sein, weil die Laser vom Importeur vielfach nicht neu klassifiziert werden. Eine graphische Übersicht über die Klassengrenzen gibt Abb. 7.2.

Klasse 1: Laser der Klasse 1 sind vom Konzept her Laser, die hinsichtlich ihrer Strahlung für 30000 s (d.h. 8 Stunden) vollkommen sicher sind. Besteht auf Grund der Art und des Verwendungszweckes des Lasergerätes keine Notwendigkeit, in den Strahl zu blicken, und ist die Wellenlänge der Laserstrahlung größer als 400 nm (d.h. UV-Laser sind ausgeschlossen), so ist dieser Zeitraum 1000 s.

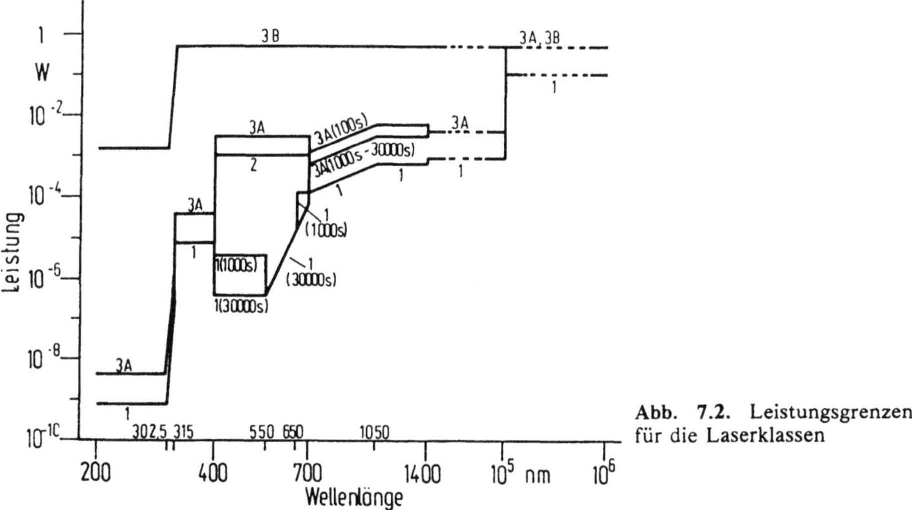

Abb. 7.2. Leistungsgrenzen für die Laserklassen

Im Prinzip beziehen sich also die in Tabelle 1 von VDE 0837 [7.2] zusammenge-stellten Grenzen der Klasse 1 auf die maximal zulässige Bestrahlung (MZB) für Auge und Haut entsprechend den Tabellen für direkten Blick in den Strahl und für Beob-achtung ausgedehnter Quellen. Sie gehen aus ersteren hervor, indem man die Werte, die als Bestrahlungsstärke und Bestrahlung angegeben sind, mit der Fläche der Grenzblende von Tabelle 5.2 multipliziert. Die Grenzwerte für ausgedehnte Quellen sind, da sich die Strahldichte durch optische Abbildungen nicht ändert (siehe Abschn. 5.5), identisch. Will man ein Lasergerat in die Klasse 1 bringen, so muß man es im Prinzip nach beiden Grenzwertsätzen überprüfen. Es zeigt sich jedoch, daß auf Grund der Struktur der Grenzwertsätze und der Meßvorschriften ein Laser nach Klasse 1 kommt, wenn er die Werte für einen der Sätze erfüllt.

Laser der Klasse 1 sind schwache Laser, für Dauerstrichlaser liegt die Grenze im Spektralbereich zwischen 400 und 550 nm bei 0,39 μW (siehe Abb. 7.2.) Abgesehen von bestimmten Laserdioden handelt es sich bei Lasern der Klasse 1 fast immer um gekapselte Laser einer höheren Klasse.

Die Klassifizierungsvorschriften verursachen eine besondere Komplikation, die bei der Laseranwendung einen wesentlichen Unterschied zwischen den Grenzwerten für die Klasse 1 und den MZB-Werten bedingt. Da die Strahlungsgrenzwerte von den Lasern der Klasse 1 auch unter ungünstigen Umständen nicht überschritten werden sollen, müssen Strahlungsleistung und Strahlungsenergie für die Klassifizierung mit einem Meßgerät gemessen werden, das eine Meßblende von 80 mm Durchmesser hat (siehe Abschn. 7.4). Dies soll die Benutzung optischer Instrumente (z.B. Fernrohre) simulieren, die den Bündelquerschnitt der Laserstrahlung verringern und damit die Gefährdung erhöhen können. Dadurch sind für ein Lasergerät, das Strahlung mit einem großen Bündelquerschnitt aussendet, die Grenzwerte (GZS) für Klasse 1 unter Umständen überschritten, obwohl die MZB-Werte eingehalten sind. Typische Bei-spiele sind Entfernungsmeßsysteme mit stark aufgeweitetem Strahl und weit aufgefä-cherte Lichtschranken. Dies gilt nicht für Grenzwerte, die als Strahldichte angegeben werden, da bei ausgedehnten Quellen die Bestrahlungsstärke auf der Netzhaut durch optische Instrumente nicht erhöht werden kann.

Besondere Schutzmaßnahmen sind bei Lasern der Klasse 1 nicht erforderlich. Es ist jedoch zu beachten, daß es sich bei Lasergeräten der Klasse 1 meist um gekapselte Laser einer höheren Klasse handelt, so daß zumindest bei Instandsetzung und War-tung die Schutzmaßnahmen der entsprechenden höheren Klasse einzuhalten sind, falls dabei Strahlung dieser Klasse zugänglich wird.

Klasse 2: Laser der Klasse 2 sind Geräte niedriger Leistung – hauptsächlich Dau-erstrichlaser – im sichtbaren Spektralbereich zwischen 400 und 700 nm, deren Aus-gangsleistung oder -energie auf die Strahlungsgrenzwerte der Klasse 1 für Zeiten bis 0,25 s beschränkt ist. Für Dauerstrichlaser ist dies eine Leistung von 1 mW (siehe Abschn. 5.5). Tabelle 7.2 und Abb. 7.2 zeigen diese Werte.

Diese Laser sind nicht wirklich sicher, aber der Augenschutz ist über Abwendungs-reaktionen, einschließlich des Lidschlußreflexes, gewährleistet, d.h. auf Grund der gro-ßen Helligkeit und der dadurch verursachten Blendung schließt sich das Augenlid

Tabelle 7.2. Grenzwerte Zugänglicher Strahlung (GZS) der Klasse 2

Wellenlängenbereich	Einwirkungsdauer	GZS
400 – 700 nm	< 0,25 s	wie für Klasse 1
	≥ 0,25 s	10^{-3} W

reflektorisch innerhalb von 0,25 s, wenn der Laserstahl in das Auge fällt. Solange dieser Reflex nicht unterdrückt wird oder durch Medikamente verlängert ist, kann das Auge auch nicht geschädigt werden.

Klasse 3A: Laser der Klasse 3A sind − ähnlich wie bei Klasse 2 − Laser im sichtbaren Spektralgebiet zwischen 400 und 700 nm, deren Leistung im Falle der Dauerstrichlaser jedoch bis zu 5 mW betragen kann, falls die Leistungsdichte gleichzeitig kleiner als 25 W m^{-2} ist. Legt man einen Pupillendurchmesser von 7 mm zugrunde, so kann unter den genannten Bedingungen gerade maximal 1 mW durch die Pupille ins Auge fallen.

Im Falle richtungsveränderlicher und wiederholt gepulster Strahlung im gleichen Spektralbereich dürfen diese Laser die fünffachen Werte der Klasse 2 emittieren, falls die oben genannte Begrenzung für die Leistungsdichte eingehalten ist. In den übrigen Spektralbereichen darf die Laserleistung fünfmal so hoch sein wie in Klasse 1, darf jedoch nicht die MZB-Werte für das Auge überschreiten. Die Werte für Klasse 3A sind in Tabelle III von VDE 0837 [7.2] zusammengestellt und in Abb. 7.2 graphisch dargestellt. Zusätzlich zu den Leistungs- und Energiegrenzen für die Klasse 3A, die diese Abb. zeigt, gibt es entsprechend den MZB-Werten noch Grenzen für die Leistungs- und Energiedichte. Diese zeigt Abb. 7.3.

Die MZB-Werte sind also nur im sichtbaren Spektralgebiet überschritten. Dort wird, wie bei Lasern der Klasse 2, der Augenschutz durch den Lidschlußreflex sichergestellt, im Falle der Verwendung optischer Instrumente, wie von Fernrohren, kann jedoch auf Grund der Verringerung des Bündelquerschnittes die gesamte Strahlungs-

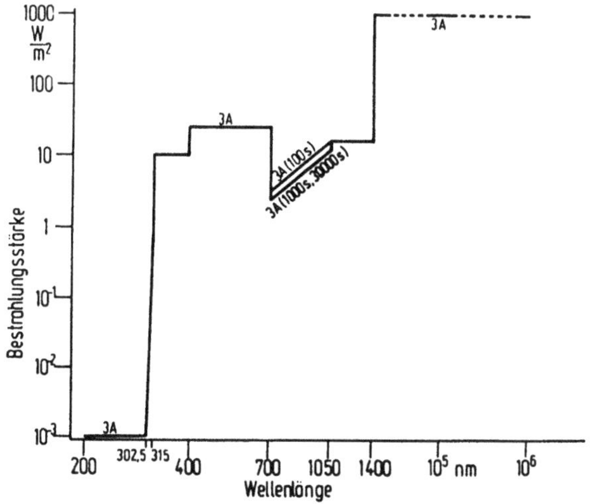

Abb. 7.3. Zulässige Bestrahlungsstärke in Klasse 3A

leistung ins Auge fallen, und dann stellen diese Laser in allen Spektralbereichen eine Gefahr für das Auge dar. Diese Gefahr kommt auch in dem diesen Lasern zugeordneten Warnschild zum Ausdruck (siehe Abschn. 7.3).

Klasse 3B: Laser der Klasse 3B sind typischerweise Dauerstrichlaser bis 500 mW Leistung. Diese Grenze gilt jedoch nicht für alle Wellenlängen- und Zeitbereiche, Einzelheiten können der Tabelle IV von VDE 0837 [7.2] und Abb. 7.2 entnommen werden. Die Grenze zur Klasse 4 ist etwas willkürlich und bedeutet, daß diffuses Streulicht unter gewissen Bedingungen ungefährlich ist – wenn nämlich der Beobachtungsabstand größer als 13 cm und die Beobachtungszeit kleiner als 10 s ist. Ansonsten ist die Strahlung dieser Laser für das Auge immer gefährlich. Laser an der oberen Grenze dieses Leistungsbereiches werden meist auch die MZB-Werte für die Haut überschreiten und zusammen mit leicht entzündlichen Stoffen eine Brandgefahr erzeugen.

Klasse 4: Laser der Klasse 4 sind alle übrigen Laser, deren Leistung bzw. Energie über den Grenzen der Klasse 3B liegt. Diese Hochleistungslaser sind in jedem Falle für das Auge und auch für die Haut gefährlich, sogar nach einer diffusen Reflexion. Brennbare Stoffe sind fernzuhalten und der Laser zumindest hinsichtlich der austretenden Strahlung, möglichst voll zu kapseln. Neben Augenschutz ist meist auch ein Hautschutz erforderlich. Im Bedarfsfall ist daher Schutzkleidung zu tragen.

7.3 Beschilderung der Lasergeräte

Die Beschilderung der Lasergeräte muß einerseits vom Benutzer in ihrer Bedeutung verstanden werden – letztere geht insbesondere bei den Klassen 2, 3A und 3B nicht völlig eindeutig aus dem Text hervor –, andrerseits muß ein Benutzer, der durch Umbauten die Klasse eines Lasergerätes ändert, dieses auch mit den richtigen Schildern versehen. Auch bei Laseraufbauten und bei Kapselung vorhandener Laser höherer Klasse müssen die richtigen Warn- und Hinweisschilder angebracht werden.

Nach der bis März 1988 geltenden VBG 93 [7.4] waren alle Lasergeräte unabhängig von ihrer Klasse – Laserklassen gab es dort ja auch noch nicht explizit – mit dem dreieckigen Laser-Warnschild mit Strahlensymbol wie in Abb. 7.4 und einem Zusatzschild mit der Aufschrift „Laserstrahl" zu kennzeichnen.

Abb. 7.4. Laserwarnschild

Nach der neuen Vorschrift VDE 0837 [7.2] und der Neufassung der VBG 93 [7.5] hängt die Beschilderung von der Laserklasse ab. Für alle Klassen gilt, daß die Schilder dauerhaft angebracht, lesbar und während des Betriebes und der Service- und Wartungsarbeiten deutlich sichtbar sein müssen. Sie müssen so angebracht sein, daß man sie lesen kann, ohne sich Strahlung über dem GZS für Klasse 1 auszusetzen. Text, Umrandung und Symbole sind schwarz auf gelbem Grund. Bei sehr kleinen Lasern, wie Diodenlasern, auf denen das Schild nicht angebracht werden kann, ist es den Benutzerunterlagen beizufügen oder an der Verpackung anzubringen. Grundsätzlich empfiehlt es sich, die Beschriftung nicht nur in Großbuchstaben auszuführen, da normale Schrift besser lesbar ist.

Jede Lasereinrichtung (außer der Klasse 1) muß ferner eines der beiden Hinweisschilder von Abb. 7.6 haben sowie ein Schild, aus dem die maximalen Ausgangswerte der Laserstrahlung, die Impulsdauer (falls zutreffend) und die ausgesandte(n) Wellenlänge(n) hervorgehen. Laser der Klasse 1 sind nur mit einem Hinweisschild entsprechend Abb. 7.5 zu versehen. An Lasern der Klassen 2, 3A, 3B und ist ein Laserwarn-

<table>
<tr><td>

Laser Klasse 1

Laserstrahlung
Nicht in den Strahl blicken
Laser Klasse 2

Laserstrahlung
Nicht in den Strahl blicken
Auch nicht
mit optischen Instrumenten
Laser Klasse 3A

Laserstrahlung
Nicht dem Strahl aussetzen
Laser Klasse 3B

Laserstrahlung
Bestrahlung von Auge und Haut
durch direkte oder
Streustrahlung vermeiden
Laser Klasse 4

</td><td>

Austrittsöffnung für Laserstrahlung

Bestrahlung vermeiden
Austritt von Laserstrahlung

Abb. 7.6. Hinweisschilder für die Austrittsöffnung von Strahlung bei Lasern der Klassen 3B und 4

Vorsicht
Laserstrahlung
wenn Abdeckung geöffnet

Vorsicht
Laserstrahlung
wenn Abdeckung geöffnet und
Sicherheitsverriegelung überbrückt

</td></tr>
</table>

Abb. 7.5. Hinweisschilder für die Laser der Klassen 1, 2, 3A, 3B und 4

Abb. 7.7. Hinweisschilder, die an abnehmbare Abdeckungen von Lasern anzubringen sind

schild anzubringen und zusätzlich ein Hinweisschild mit einer der jeweiligen Klasse entsprechenden Aufschrift. Beispiele für das Aussehen solcher Hinweisschilder und die jeweiligen klassenspezifischen Aufschriften können Abb. 7.5 entnommen werden.

Ferner muß bei allen Lasern der Klassen 3B und 4 an jeder Öffnung, aus der Strahlung über den Grenzwerten der Klassen 1 oder 2 austritt, wahlweise eines der beiden Hinweisschilder von Abb. 7.6 angebracht werden.

Eine besondere Kennzeichnung ist bei gekapselten Lasern erforderlich, wenn innerhalb einer äußeren Abdeckung ein Laser höherer Klasse zugänglich wird. Die Abdeckung muß dann das obere Hinweisschild nach Abb. 7.7 tragen. Zusätzlich sind außerdem die der Klasse entsprechenden Hinweisschilder anzubringen. Dabei wird vom Hersteller nicht gefordert, daß das Laserwarnschild nach Abb. 7.4 angebracht wird. Dies widerspricht den sonst üblichen Prinzipien sicherheitstechnischer Kennzeichnung, das Warnschild dort anzubringen, wo die Gefahr zugänglich wird. Lediglich im Benutzerteil von VDE 0837 [7.1] wird empfohlen, bei Klasse 3B und 4 das Laserwarnschild anzubringen.

Sind Sicherheitsverriegelungen überbrückbar, und wird dadurch Strahlung oberhalb der GZS für Klasse 1 zugänglich, so müssen Schilder in unmittelbarer Nähe der Öffnung, die durch Abnahme des Schutzgehäuses entsteht, angebracht werden, die vor und nach der Überbrückung sichtbar sind und dem unteren Schild nach Abb. 7.7 entsprechen. Zusätzlich muß das der jeweiligen Klasse entsprechende Hinweisschild angebracht sein.

Strahlt ein Laser außerhalb des sichtbaren Spektralgebietes, so muß überall dort, wo auf den Hinweisschildern das Wort „Laserstrahlung" gefordert wird,

Unsichtbare Laserstrahlung

bzw. gegebenenfalls

Sichtbare und unsichtbare Laserstrahlung

stehen.

Falls die für die Klassifizierung verwendete Zeitbasis nur 1000 s anstatt 30 000 s ist, sollte dies zusammen mit dem vorgesehenen Verwendungszweck auf dem Typenschild stehen.

7.4 Strahlungsmessung für die Klassifizierung

Die Messungen der Laserstrahlung sind an den Stellen im Raum und unter den Bedingungen auszuführen, die zu den höchsten Werten führen. Dabei werden Werte, die als Bestrahlungsstärke (in $W\,m^{-2}$) oder als Bestrahlung (in $J\,m^{-2}$) angegeben sind, mit einer kreisförmigen Meßblende von 80 mm Durchmesser bestimmt.

Werte, die als Strahldichte L (in $W\,m^{-2}\,sr^{-1}$) oder als zeitliches Integral der Strahldichte S (in $J\,m^{-2}\,sr^{-1}$) angegeben sind, werden mit einer kreisförmigen Meßblende von 7 mm Durchmesser bestimmt. Das Meßgerät (der Strahlungsempfänger) muß dabei für Wellenlängen zwischen 400 und 1400 nm einen effektiven Aufnahmeraumwinkel Ω_e von 10^{-5} sr haben. Die (Das zeitliche Integral der) Strahldichte ist dann der Quotient aus der gemessenen Leistungsdichte E_b (Bestrahlung H_b) in der Ebene der Meßblende und dem erfaßten Raumwinkel:

$$L = E_b / \Omega_e \quad \text{bzw.} \quad S = H_b / \Omega_e . \tag{7.2}$$

Diese Beziehungen ergeben sich aus der Definition der Strahldichte (siehe Abschn. 3.1.6): Die Leistung, die durch die Meßblende mit der Fläche F_b fällt ist

$$P_b = F_b \cdot L \cdot F_s / a^2 . \tag{7.3}$$

Dabei ist a der Abstand des Strahlers von der Meßblende, F_s seine Fläche. Aus der Definition des Raumwinkels folgt

$$\Omega_e = F_s / a^2 \tag{7.4}$$

und damit

$$P_b = F_b \cdot L \cdot \Omega_e . \tag{7.5}$$

Daraus ergibt sich unmittelbar (7.2). Diese Meßbedingung entspricht etwa dem kleinsten Grenzwinkel für ausgedehnte Quellen. Bei der Messung der übrigen Strahlungsgrößen innerhalb dieses Wellenlängenbereiches muß der effektive Aufnahmewinkel $\Omega_e = 5 \times 10^{-4}$ sr sein. Die Meßbedingung für ausgedehnte Quellen, die Lage der Blende und der Raumwinkel unter dem die Quelle erscheint, ist in Abb. 7.8 dargestellt. Diese Meßbedingung bedeutet, daß die Strahlungswerte über den jeweiligen Raumwinkel gemittelt werden.

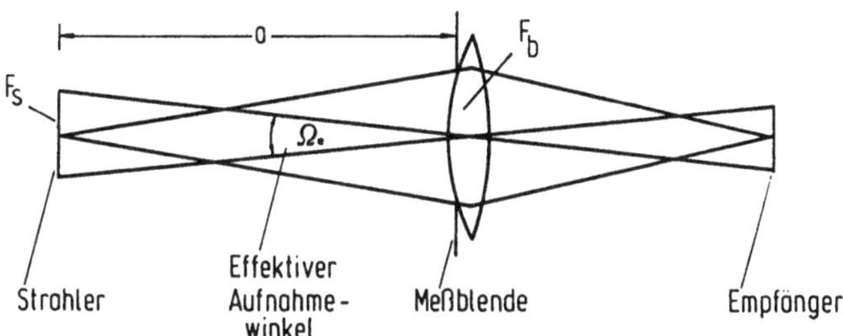

Abb. 7.8. Meßbedingungen für die Laserklassifizierung

Richtungsveränderliche Laserstrahlung wird mit einer stehenden Meßblende von 7 mm Durchmesser gemessen, und es werden dann die einzelnen Impulse betrachtet, die durch diese Meßblende fallen. Auch hier muß man die ungünstigste Stelle suchen. Dies kann recht umständlich und zeitraubend sein, so daß vielfach vorzuziehen ist, die Leistung des Lasers vor oder unmittelbar hinter der Ablenkvorrichtung zu messen und den ungünstigsten Fall durch Rechnung zu bestimmen.

Die Messung der Strahldichte ist ziemlich kompliziert, weil man sehr sorgfältig auf die Einhaltung der Abbildungsbedingungen und der Öffnungswinkel achten muß. Zur Vereinfachung der Klassifizierung ausgedehnter Quellen kann man zunächst überprüfen, ob mit einer 80 mm-Blende die Anforderung für Klasse 1 erfüllt ist. Dann ist bei Klasse 1 immer auch das Kriterium für die Strahldichte erfüllt.

7.5 Künftige Änderungen

Bei der Internationalen Elektrotechnischen Komission (IEC) wurde in dem zuständigen Arbeitsausschuß TC 76 „Laser Equipment" beschlossen, eine Reihe von Änderungen der Vorschriften für die Klassifizierung in das Abstimmungsverfahren zu geben. Diese beziehen sich hauptsächlich auf divergente Strahlungsquellen, wie Diodenlaser oder Systeme mit Lichtwellenleitern. Diese fielen bisher meist in die Klasse 3B, da am Austritt die gesamte Strahlungsleistung mit einem Meßgerät von 80 mm Durchmesser gemessen wurde. Diese Klassenzuordnung entsprach nicht dem wahren Gefährdungspotential, da auf Grund der großen Divergenz der Strahlung die Leistungsdichte mit zunehmendem Abstand vom Strahlenaustritt schnell abnimmt.

Hinzu kommt noch, daß das Auge nur ab einem Mindestabstand eines Objektes von der Hornhaut dieses auf der Netzhaut scharf abbilden kann. Wird dieser Abstand unterschritten, so nimmt trotz zunehmender Leistung, die durch die Pupille ins Auge tritt, die Bestrahlungsstärke auf der Netzhaut und damit die Gefährdung ab. Dieser Mindestabstand beträgt bei Jugendlichen etwa 70 mm und wächst mit zunehmendem Alter an (siehe Abb. 4.9). Bei stark Kurzsichtigen kann der Nahpunktsabstand auch in höherem Alter unter 100 mm betragen. Bei diesen Personen kommt hinzu, daß sie dazu tendieren, ihre Brille abzunehmen, wenn sie ein kleines Objekt sehr genau sehen wollen.

Darüber hinaus war der Meßblendendurchmesser von 80 mm gemessen an üblichen optischen Systemen wie Fernrohren sehr hoch gegriffen und übermäßig restriktiv. Daher sind die folgenden Änderungen vorgesehen:

1. Der Meßblendendurchmesser soll künftig 50 mm betragen.

2. Die Leistung divergenter Strahler wird zwischen 400 und 1400 nm künftig in 100 mm Abstand von der Strahlungsquelle gemessen, ein Nahpunktsabstand, der von Jugendlichen und Kurzsichtigen durchaus unterschritten werden kann.

3. Als Zeitbasis für die Klassifizierung in Klasse 3A werden 100 s im Wellenlängenbereich zwischen 700 und 1400 nm benutzt. Dies bedeutet die Einführung einer neuen, zusätzlichen Zeitbasis (siehe Tabelle 7.1).

4. Das neue Impulsreduktionskriterium wirkt sich auf die Klassifizierung ebenso aus wie auf die Grenzwerte (siehe Abschn. 5.5). Dadurch werden die Klassengrenzen für schnell gepulste Laser wesentlich niedriger, mit Ausnahme der Klasse 3A, wo auf Grund der neuen Zeitbasis von 100 s für Impulsfolgefrequenzen zwischen 100 und 771 Hz, die Klassengrenzen künftig leicht angehoben werden (siehe Abb. 5.7).

5. Die Schutzmaßnahmen für Laser der Klasse 3B bis 5 mW werden weitgehend denen für Laser der Klasse 2 bzw 3A angepaßt.

6. Für Laser der Klasse 3A entfallen künftig für Wellenlängen unter 302,5 nm und über 4000 nm die oberen Grenzen für die Laserenergie und Laserleistung, da übliche optische Instrumente, die zufällig benutzt werden könnten, in diesen Spektralbereichen nicht mehr durchlässig sind.

8. Schutzmaßnahmen an Lasergeräten, -anlagen und -betriebsstätten

Ziel dieses Kapitels ist es, durch Aufzeigen wichtiger Aspekte und von Beispielen aus möglichst vielen Einsatzbereichen des Lasers dem Anwender dieser neuen Technik eine Handhabe für die Durchführung der notwendigen Sicherheitsmaßnahmen zu geben. In vielen Fällen wird es notwendig sein, den Inhalt der anderen, teilweise grundlegenden Kapitel mit diesem hier zu verbinden, um eine zufriedenstellende Lösung zu erreichen. Deshalb wird in diesem Kapitel besonders häufig auf spezielle Abschnitte im Buch verwiesen.

Das Kapitel gliedert sich in vier Teilabschnitte. Nach einer kurzen Einführung für „Neulinge" in der Laseranwendung, die aufzeigt, wie vorzugehen ist, wenn die Beschaffung der ersten Lasereinrichtung ansteht – dies geschieht häufig bei einer so stark expandierenden neuen Technik –, werden einige allgemeine Aspekte z.B. zu den einzelnen Laserklassen oder zur Instandhaltung in Verbindung mit Schutzmaßnahmen angesprochen.

Mit Abschn. 8.2 folgt der zweite Teilabschnitt mit baulichen, apparativen und organisatorischen Maßnahmen sowie weitergehenden Ausführungen zur Instandhaltung; noch losgelöst von irgendwelchen Anwendungszwecken, aber in strikter Anlehnung an die Laserklassenphilosophie. Diese Art der Schutzmaßnahmen sind die Domäne der technischen Regeln (siehe Kap. 6). Es genügt daher eine kurze Abhandlung. Die Vorschriften und Normen müssen beim Einsatz von Lasern entsprechenden Gefährdungsgrades bekannt sein. Dieser Teilabschnitt endet mit dem Thema „Maßnahmen nach einem Unfall", in dem auch augenärztliche Aspekte angesprochen werden.

Der dritte Teilabschnitt beginnt mit Abschn. 8.4 und behandelt anwendungsspezifische Schutzmaßnahmen für einen „energiebezogenen" Lasereinsatz, z.B. die Materialbearbeitung. Weniger gefährlich sind dann die im vierten Teilabschnitt beschriebenen „informationsbezogenen" Laseranwendungen, den Übergang stellen die im Abschn. 8.4.5 beschriebenen Show- und Demonstrationslaser dar. Eine saubere Trennung in energie- und informationsbezogene Anwendungen ist nicht durchgängig möglich. Aber für die Schutzmaßnahmen ist dies trotzdem eine sinnvolle Aufteilung, vor allem auch im Hinblick auf den Einsatz von Lasern in Büro und Verwaltung oder im Bereich von Heim und Freizeit, wobei die Besonderheiten der Laser der Klasse 1 ausdrücklich einbezogen werden.

Im Abschn. 8.4 gibt es eine Auflistung der Themen, wie z.B. Abschirmungen, die in Verbindung mit den Anwendungen besonders behandelt werden.

8.1 Allgemeine Bemerkungen

Die Lasertechnologie ist neu und noch sehr innovativ. Neue Anwendungsgebiete kommen ständig hinzu. Dies bedeutet, daß auch *neue Anwender und Betreiber* sich mit den Problemen des Laserstrahlenschutzes auseinandersetzen müssen. Diesem Personenkreis stellt sich die Frage nach einer adäquaten Vorgehensweise.

Die Lasergeräte und -anlagen sind klassifiziert (siehe Kap. 7). Handelt es sich nur um Lasereinrichtungen nach Klasse 1 und hat man nicht die Absicht, Instandhaltungsarbeiten − zum Beispiel am geöffneten Lasergerät − selbst durchzuführen, dann braucht man für den Strahlenschutz *keine* weiteren Maßnahmen zu ergreifen.

Trifft dies nicht zu, dann sollte man sich als Einstieg, neben der einschlägigen Fachliteratur, die beiden das Problemfeld allgemein beschreibenden (und vorschreibenden) technischen Regeln beschaffen; die Unfallverhütungsvorschrift VBG 93 „Laserstrahlung" [6.5] und die VDE-Vorschrift DIN VDE 0837 [6.6]. Beide enthalten teilweise sehr detailliert beschriebene Schutzmaßnahmen, insbesondere gilt dies für die Durchführungsanweisungen der UVV. Je nach Einsatzgebiet − zum Beispiel Showeffekte auf Bühnen oder in Diskotheken oder Laserchirurgie − sollte man sich auch die entsprechenden speziellen Vorschriften besorgen (siehe Abschn. 6.1.3). Ist der Einsatz von Laserschutzbrillen erforderlich, so sollten auch diese speziellen Normen nicht fehlen (siehe Abschn. 6.1.4 und Kap. 9).

Gehört die Lasereinrichtung zu den *Klassen 1, 2 und 3A*, dann genügt das Studium der genannten Unterlagen. Dieses ist jedoch wichtig, damit man die den Laserklassen innewohnenden Schutzphilosophien und die relativ einfachen Maßnahmen zum Strahlenschutz kennenlernt.

Ist die Lasereinrichtung in die *Klassen 3B oder 4* einzustufen, dann sind weitergehende Maßnahmen erforderlich. An erster Stelle ist die Bestellung eines Laserschutzbeauftragten gemäß UVV zu nennen (siehe Abschn. 6.1.1). Wenn man dann noch für dessen Ausbildung Sorge trägt, sind schon wichtige Voraussetzungen dafür erfüllt, daß der Strahlenschutz mit der notwendigen Fachkunde betrieben wird.

Soweit die Anmerkungen für neue Laseranwender.

Das Verhältnis der Schutzmaßnahmen bezüglich der Laserklassen zueinander sei noch etwas näher ausgeführt.

Lasergeräte und -anlagen der Klassen 3B und 4 stellen im Betrieb eine potentielle Gefahr dar. Dies betrifft nicht nur den direkten Strahl, sondern auch spiegelnde Reflexionen. Für Laser der Klasse 4 gilt dies auch für diffus reflektierte Strahlung. Bei Pulslasern muß man darin die 3B-Laser an der oberen Leistungsgrenze dieser Klasse mit einbeziehen.

Während Lasergeräte und -anlagen der Klasse 1 per definitionem ungefährlich sind, gilt dies für Laser der Klasse 2 und 3A in eingeschränktem Maße (Abschn. 7.2).

Hier schützt der Lidschlußreflex des Auges, und für 3A gilt zusätzlich die Regel: „Nicht mit optischen Geräten in den Strahl blicken", weil diese die Bestrahlungsstärke über den Grenzwert hinaus erhöhen können.

Lasereinrichtungen der Klasse 1 enthalten jedoch häufig Laser der Klassen 3B und 4. Bei *Inspektions-*, *Wartungs* und *Instandsetzungsmaßnahmen* kann Strahlung einer höheren Laserklasse zugänglich werden. Es sind dann die Schutzmaßnahmen für diese hohen Leistungsklassen zu veranlassen bzw. einzuhalten. Nicht selten ist es dabei schwierig, den Laserbereich so einzurichten – zum Beispiel in einer Fertigungshalle –, daß die umliegenden Arbeitsbereiche möglichst wenig gestört werden.

Der Laser sollte so konstruiert sein, daß periodische Arbeiten – in der Regel vom Bedienungspersonal durchgeführt – ohne Gefährdung durch Laserstrahlung ausgeführt werden können. Dies erspart dem Betreiber des Lasergerätes oder der Laseranlage unnötigen wiederkehrenden Aufwand und Kosten. Diese lassen sich berechnen, wenn man die entsprechend stärkeren Auflagen für Laser der Klassen 3B und 4 aus den Vorschriften auflistet und bewertet, und man sollte bei der Beschaffung beim Vergleich verschiedener angebotener Systeme diesem Aspekt bei Lasereinrichtungen der Klasse 1 ein besonderes Augenmerk widmen.

Instandsetzungsarbeiten (Reparaturen) sind etwas anders zu werten. Diese sind seltener und werden von speziell geschultem Personal, z.B. des Herstellers der Laseranlage, durchgeführt, das dann auch für die Schutzmaßnahmen verantwortlich ist.

Bei vielen Arbeitsaufgaben des Lasers läßt sich der Strahl *nicht* über den gesamten Weg in ein *sicherndes Gehäuse* oder in einen schützenden Lichtleiter einsperren. Im Gegenteil, der Strahl muß dabei häufig einen mehr oder weniger weiten Weg im freien Raum zurücklegen und ist dabei u.U. *frei zugänglich*. Die Reichweite, bis zu der eine Gefährdung möglich ist, kann bei Lasern *geringer Divergenz* (siehe Abschn. 3.3.3) sehr groß sein. Diese Reichweite nimmt mit zunehmender Strahldivergenz (z.B. Laserdioden) sehr schnell ab. Zum Glück wird bei vielen Anwendungen, bei denen die Energie auf einen Punkt konzentriert werden muß, zum Beispiel beim Laserskalpell, der Strahl mit Linsen fokussiert und damit hinter dem Bildpunkt *stark divergent*. Diese Divergenz behält er auch bei, wenn er sein Ziel verfehlt und in den freien Raum gelangt.

Für die Art der zu ergreifenden Schutzmaßnahmen ist diese Reichweite des Strahls und die Art der Arbeitsaufgabe von großer Bedeutung. Bei einer Operation mit einem Laserskalpell, frei geführt von der Hand des Chirurgen, haben wir es in der Regel mit einem *begrenzten Personenkreis* zu tun, der sich beispielsweise mit Laserschutzbrillen schützen kann. Beim Einsatz eines starken Lasers für Showeffekte auf einer Theaterbühne ist ein solcher Schutz nur für wenige Schauspieler möglich. Das *Publikum* muß durch entsprechende apparative Maßnahmen geschützt werden, die eine sichere Strahlbegrenzung auf außerhalb des von Menschen erreichbaren Bereiches garantieren.

Häufig bieten sich für die Durchführung einer Schutzmaßnahme mehrere Lösungen an. In diesem Fall sollten die Grundsätze für *sicherheitstechnische Vorgehensweisen* nach der Norm DIN 31000 [8.1] beachtet werden. Diese Grundsätze geben eine Reihenfolge für die zu ergreifenden sicherheitstechnischen Maßnahmen vor: Technische Erzeugnisse sollen so gestaltet werden, daß keine Gefahren vorhanden sind (*Unmittelbare Sicherheitstechnik*). Ist die unmittelbare Sicherheitstechnik nicht oder nicht vollständig anwendbar, sollen besondere sicherheitstechnische Mittel – Schutzeinrichtungen – eingesetzt werden (*Mittelbare Sicherheitstechnik*). Führen die beiden vorstehenden Lösungsarten nicht oder nicht vollständig zum Ziel, muß angegeben werden, unter welchen Bedingungen eine gefahrlose Verwendung möglich ist (*Hinweisende Sicherheitstechnik*).

Hinsichtlich des Einsatzes von Lasern wäre diese Reihenfolge: Laser der Klasse 1 einsetzen, Strahlführung durch zusätzliche Schutzmaßnahmen absichern, Benutzung von persönlicher Schutzausrüstung, d.h. Laserschutzbrillen, und weitere organisatorische Maßnahmen vorschreiben.

Wenn zur Lösung der Aufgabe käufliche Lasersysteme herangezogen werden können, fallen die mit dem Lasersystem verbundenen Sicherheitseinrichtungen in den Verantwortungsbereich des *Herstellers*. Werden Laseranlagen auf Wunsch des Kunden vom Hersteller oder in Zusammenarbeit mit dem Kunden modifiziert, ist eine genaue Absprache mit dem Hersteller erforderlich, damit keine „Sicherheitslücken" entstehen.

Die Hauptaufgaben des *Betreibers* sind folgende:

– Durchführung der baulichen und installatorischen Maßnahmen
– Überwachung der Funktionsfähigkeit der apparativen Schutzeinrichtungen
– Vorgabe und Überwachung der organisatorischen Maßnahmen.

Dies zu regeln und zu überwachen wird häufig dem Laserschutzbeauftragten übertragen.

Wenn auch der Laserschutzbeauftragte des Betreibers eine Klassifizierung von Lasern im Normalfall nicht vornehmen muß, es sei denn ein bereits klassifiziertes Lasergerät wird eigenverantwortlich modifiziert, so kann doch der Fall auftreten, einen Arbeitsplatz und seine Umgebung in der Fertigung, im Labor oder bei Wartungsarbeiten mittels einer *Sicherheitsanalyse* beurteilen zu müssen.

Grundsätzlich sollte jeder Laser oder jedes Lasergerät vor Inbetriebnahme bei Neuinstallation oder bei Änderung wesentlicher Parameter durch den Laserschutzbeauftragten mittels einer einfachen oder je nach Sachverhalt auch etwas umfangreicheren Sicherheitsanalyse abgenommen werden. Im Zweifelsfall stehen die Prüfstellen für Laser und Lasergeräte zur Verfügung (siehe Abschn. 6.3)

In der Regel genügt aber eine Abschätzung um festzustellen, daß z.B. in einer bestimmten Entfernung die maximal auftretenden Bestrahlungswerte sicher unter den Schädigungsgrenzwerten liegen (siehe Abschn. 8.4.2). Gelangt man mit der Abschätzung nicht zum Ziel, so muß man entweder messen oder genau rechnen (siehe Kap. 5). Das Rechnen hat den großen Vorteil, wirklich den ungünstigsten Fall berücksichtigen zu können, man muß jedoch sehr aufpassen, ob alle Fälle abgedeckt sind. Beim Messen lassen sich auch schwierige Fälle behandeln, man kann jedoch meist den ungünstigsten Fall nicht erfassen, weil er sich z.B. nur unter extremen Bedingungen ergibt.

Beides, ob messen oder berechnen, ist für den Ungeübten und Unerfahrenen sehr schwierig und birgt das Risiko einer Falschmessung oder falschen Berechnung in sich. Für den Benutzer ergibt sich daraus die Konsequenz, bei fehlender eigener tiefgehender Fachkunde nur Laser der Klassen 1, 2 und 3A einzusetzen, die eine Messung oder Berechnung überflüssig machen.

8.2 Anwendungsunabhängige Schutzmaßnahmen

Maßnahmen zum Schutz vor Laserstrahlung lassen sich nicht gänzlich ohne Bezug zur jeweiligen Anwendung beschreiben, hier soll jedoch der Schwerpunkt auf der Art der Maßnahmen, z.B. technische oder organisatorische, liegen. Die Tabelle 8.1 zeigt beispielhaft eine Übersicht über die anzuwendenden Sicherheitsmaßnahmen in Abhängigkeit von den einzelnen Laserklassen [1.4].

8.2.1 Bauliche und installatorische Schutzmaßnahmen

Schutzmaßnahmen dieser Art sind ausschließlich bei Lasern der Klassen 3B und 4 erforderlich. Bei Klasse 3B-Lasern muß man jedoch differenzieren. Bauliche Maßnahmen sind eher nur für Laser an der oberen Leistungsgrenze (z.B. Pulslaser) erforderlich, während installatorische Maßnahmen – die Rauminstallation oder die Installation der Lasereinrichtung selbst betreffend – auch schon an der unteren Leistungsgrenze einsetzen müssen, da der direkte Strahl oder der gerichtete Reflex gefährlich, eine Brandgefahr jedoch noch nicht zu befürchten ist.

Bei den baulichen Schutzmaßnahmen muß man realistischerweise davon ausgehen, daß in der Regel das Gebäude schon vorhanden ist. Dann müssen Nachrüstungen notwendigenfalls das Schutzziel sicherstellen. Dies gilt analog für Installationen.

Das *Gebäude* sollte in Massivbauweise ausgeführt und das Material der *Wände* der Leistung der Laseranlage angepaßt sein. Bei einem Versagen von Schutzeinrichtungen sollte auf die Wand treffende, direkte Laserstrahlung solange nicht zu einem Austritt von Strahlung durch die Gebäudewand führen, bis – auch unter sehr ungünstigen Bedingungen, d.h. Zeiten konservativ abschätzen – die Störung entdeckt und die Laseranlage abgeschaltet werden kann. Auf *Brandgefahr* ist zu achten. Dies bezieht sich auch auf die Lagerung von brennbaren Stoffen im Laserraum selbst oder in benachbarten Räumen. Bei Einwirkung des direkten Strahls mit laserüblichem Durchmesser ist bei Dauerstrichlasern über 5 W und Pulslasern über 1 J auf eine erhöhte Brandgefahr zu achten.

Der Laserstrahl sollte grundsätzlich mit technischen Mitteln auf den vorgesehenen Laserbereich beschränkt werden. Dazu kann auch gehören, daß z.B. die *Fensteröffnungen* mit abnehmbaren Platten zu verschließen sind. Notwendigenfalls ist die richtige Lage dieser Platten während der Betriebsphase mit Grenztaster sicherzustellen. Dies erlaubt es, die Anforderungen der Arbeitsstättenverordnung zu erfüllen, die den

Tabelle 8.1. Sicherheitsmaßnahmen in Abhängigkeit von den Laserklassen

Sicherheitsmaßnahmen		Lasereinrichtung Klasse			
		2	3A	3B	4
baulich, installatorisch	Wände			matt, hell, diffus reflektierend	
	durchsichtige			hohe Absorption an Laserwellenlänge	
	Abschirmungen			schwer entflammbar	
	Laserbereich			Grenzen kennzeichnen	
	Betriebsanzeige			optisch; an den Zugängen	
	Elektroinstallation			hinreichende Anzahl Not-Aus-Schalter	
	Lichtinstallation			großzügig, regelbar	
apparativ	Schutzgehäuse			Klasse 1 anstreben	
	Sicherheitsverriegelung			zuverlässig ausführen	
	Schlüsselschalter			berechtigter Personenkreis	
	Emissionsanzeige			optische bevorzugen (Dauerbetrieb)	
	Strahlfänger, -abschwächer			Absenkung auf Klasse 1 oder 2	
	Bedienelemente	möglichst weit vom Strahl entfernt, Einstellhilfen benutzen			
	Beobachtungsoptiken		Laserschutzfilter einbauen		
	Überwachungseinrich-		falls bei Funktionsverlust Klassengrenzen		
	tungen (z.B. bei Scannern)		überschritten werden		
	feste optische		Strahlung (Streustrahlung) auf eng begrenzte		
	Schutzeinrichtungen		Zielregion beschränken		
organisatorisch	Laserschutzbeauftragter			schriftlich bestellen	
	Laserbereich			Grenzen festlegen, u.U. zeitlich	
				begrenzen (Wartung)	
	Laserschutzbrillen	bei Beobachtung des direkten Strahls		immer erforderlich, Raumhelligkeit anpassen	
	Laser-Justierbrillen	bei Beobachtung des direkten Strahls		Einschränkungen beachten, Raumhelligkeit anpassen	
	Sensorkarten u.ä.			Einrichten, an exponierten Stellen	
	Schutzkleidung			bei Gefährdung	
	Zugangsbeschränkung			Warnschilder beleuchten, zeitlich begrenzen	
	Unterweisung	erforderlich			
	Gefährdungsanalyse		erforderlich		
	Systemanalyse		bei komplexen Systemen		

Blickkontakt aus dem Gebäude nach draußen vorschreiben. Die Notwendigkeit solcher Maßnahmen kann vor allem bei einer Installation der Laseranlage auf Erdgeschoßhöhe gegeben sein. Insbesondere ist auf den Augenhöhenbereich über Gehwegen u.ä. oder in umliegenden Gebäuden zu achten.

Der *Laserbereich* (engl.: NOHA, *N*ominal *O*cular *H*azard *A*rea) ist der gesamte Bereich, in welchem die Werte für die maximal zulässige Bestrahlung (MZB-Werte; siehe Kap. 5) im Normalbetrieb oder im Störungsfall überschritten werden können. Dieser Bereich kann sich bei bestimmten Betriebszuständen der Lasereinrichtung – z.B. bei Inspektion, Wartung und Instandsetzung – vergrößern. Zweckmäßigerweise wird man den umbauten Raum, in dem die Laseranlage steht, als Laserbereich einrichten, insbesondere bei Lasern höherer Leistung mit geringer Strahlungsdivergenz. Dies gilt vor allem für die Einsatzbereiche „Forschung und Entwicklung", wenn mit nicht serienmäßig durchentwickelten Lasereinrichtungen, sondern eher mit Experimentalaufbauten gearbeitet wird.

Der Laserbereich kann durch für die Laserstrahlung hinreichend undurchlässige *Abschirmungen* verkleinert (begrenzt) werden. Weitere Ausführungen zu Abschirmungen siehe Abschn. 8.4.2 und 9.2.7.

Die *Zugänge* zu solchen Räumen sind zu kennzeichnen und bei Lasern der Klasse 4 auch mit Warnleuchten zu versehen; zum Beispiel mit einem roten Dauerlicht während der Betriebszeiten des Lasers. Laseranlage und Zugang sollten ferner zueinander so angeordnet sein, daß letzterer nicht direkt bestrahlt werden kann. Mit geeigneten Mitteln ist die Zugangskontrolle sicherzustellen. Hier und beim Notausgang ist zu beachten, daß Notfallmaßnahmen von außen möglich sind. Je nach Strahlverlauf kann eine Zugangsschleuse zweckmäßig sein.

Die *Farben* von Decke und Wänden sollten hell sein und diffus reflektieren (siehe Abschn. 3.1.8). Metallische Untergründe (Decken, Platten; gerichtete Reflexion) sollten mit Keramik- oder Kunststoffplatten mit rauher Oberfläche belegt werden, weil einfache Farbe u.U. dem Strahl nicht lange Widerstand bieten kann. Helle Räume sind wichtig, weil beispielsweise die Laserschutzbrillen einen eingeschränkten Lichttransmissionsgrad haben und dies dadurch kompensiert werden kann. Diffus reflektierende Farben bedeuten eine gewisse Rauhigkeit der Oberfläche. Bei medizinischen Anwendungen steht dies im Interessenkonflikt zur aseptischen, leicht zu pflegenden Raumgestaltung.

Im Zusammenhang mit der Gestaltung der *Wände* stehen die physikalischen (hier die optischen und eventuell auch brandtechnischen) Eigenschaften von Materialien im Mittelpunkt des Interesses, die überwiegend großflächig im Sinne des Schutzziels eingesetzt werden können. Weil die optischen Stoffeigenschaften von Massenqualitäten (Glas, Kunst- und Baustoffen) meist nur hinsichtlich des sichtbaren Spektralbereiches von Interesse und auch optimiert sind und geringe Verunreinigungen große Änderungen (insbesondere des Transmissionsgrades) bewirken, empfiehlt es sich, die Hersteller um genaue Informationen bezüglich des vorliegenden Wellenlängenbereiches zu bitten.

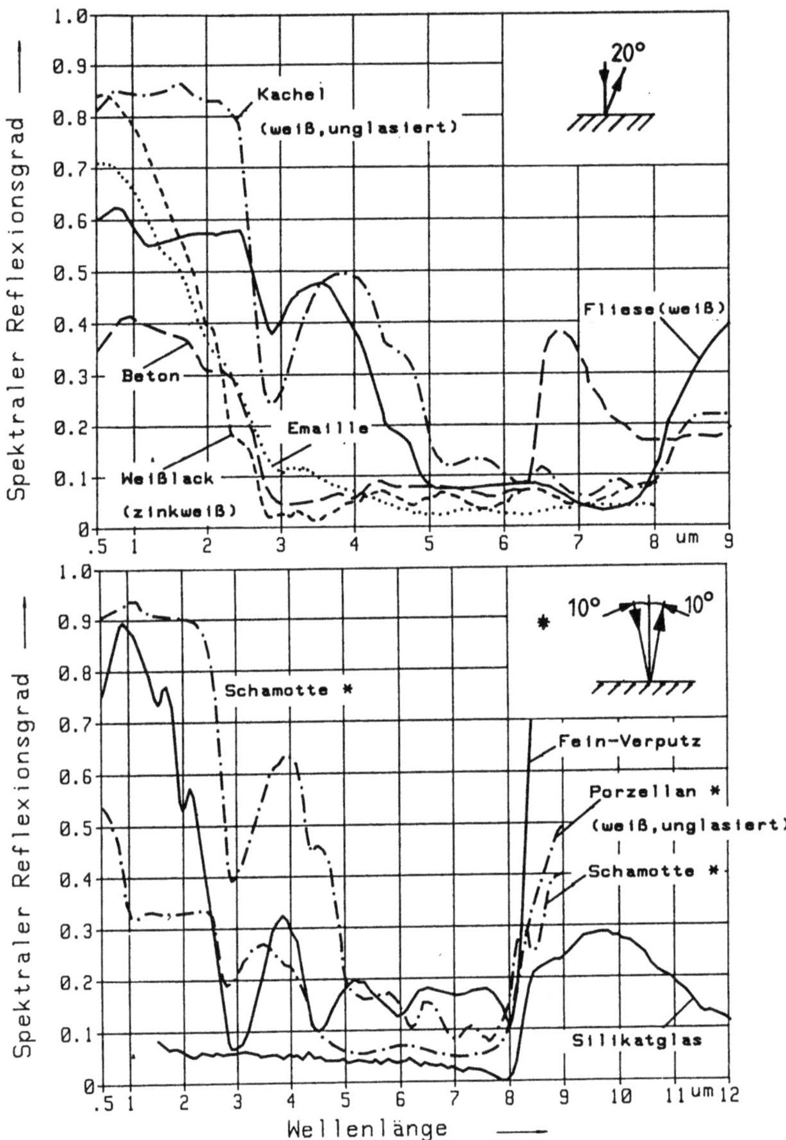

Abb. 8.1. Spektrale Reflexionsgrade $\rho(\lambda)$ einiger Nichtmetalle [8.17]

Die wichtigsten Stoffkennwerte sind der *spektrale Reflexionsgrad* $\rho(\lambda)$ und für lichtdurchlässige Abschirmungen der *spektrale Transmissionsgrad* $\tau(\lambda)$ (siehe Abschn. 3.1.8, 3.1.9 und 8.4.2). Diese Größen sind zusätzlich vom Einfallswinkel der Strahlung abhängig (siehe auch DIN 5036 [8.25]). Abbildung 8.1 zeigt die spektralen Reflexionsgrade $\rho(\lambda)$ einiger nichtmetallischer Stoffe (Metalle siehe Abb. 3.3). In allen SiO_2-haltigen Stoffen tritt bei der Wellenlänge um 9 μm eine Reflexionsbande auf, z.B. bei Verputz, Fliesen und Porzellan. Übliche Glasoberflächen reflektieren ca. 8 % (siehe Abschn. 3.1.8 und 8.4.2). Ab 60° Einfallswinkel steigt der Reflexionsgrad an und erreicht bei streifendem Einfall nahezu 100%. Da es sich um *gerichtete Reflexion* handelt, ist bei Glas besondere Vorsicht geboten. Bezogen auf Laserstrahlung im ultravioletten Bereich siehe [8.3].

Erwünscht ist in jedem Fall eine möglichst geringe und *diffuse Reflexion* von Wänden, Abdeckungen, Abschirmungen u.a.m. (zu Instrumenten, Werkzeugen und Gerätearmaturen siehe Abschn. 8.4.4). Dazu benötigt man matte und dunkle Oberflächen. Dunkle Flächen schlucken jedoch zu viel Licht. Besser ist es daher, auf matte und mit der notwendigen Rauhtiefe versehene Oberflächen zu achten. Je nach Wellenlänge sollte diese Rauhtiefe für den CO_2-Laser mehr als 40 µm und für den Nd-YAG-Laser mehr als 4 µm betragen. Den Einfluß der *Oberflächen* im *Laserbereich* sollte man nicht unterschätzen, aber auch nicht überschätzen. Bei spiegelnder Reflexion kann es etwa einen Faktor 10 ausmachen (z.B. 8 oder 80% Reflexion). Im Kap. 9 kann man nachlesen, wieviel Zehnerpotenzen man bei den Laserschutzfiltern jeweils benötigt. Matte Oberflächen dagegen erzeugen stark divergente Streustrahlung mit rasch abnehmender Leistungsdichte.

Bei den *Installationen* innerhalb des Laserbereiches interessieren besonders die metallischen, wie Leitungen, Armaturen, Plattenkonvektoren u.a.m. Schutzmaßnahmen bestehen darin, diese Installationen in den Wänden zu verlegen oder mit Platten geeigneter Baustoffe abzudecken.

Eine wichtige Aufgabe des Laserschutzbeauftragten ist es, den Laserbereich nach möglichen *spiegelnden Flächen* abzusuchen. Ein Beispiel dafür sind flächige Metallrosetten an Decken in einem Theaterraum, wenn ein Bühnenlaser eingesetzt wird. Ähnliches gilt für Diskotheken. Dabei ist zu beachten, daß mattglänzende Metalloberflächen bei längeren Wellenlängen ebenfalls gute Spiegeleigenschaften haben können. In Messehallen u.ä. findet man häufig bei Lasershows Rohrkonstruktionen. Wenn der Krümmungsradius dieser oder ähnlicher Bauelemente und Gerätschaften oder Werkzeuge (z.B. chirurgische Instrumente) klein ist, wird der Laserreflex stark divergent (siehe Abb. 3.5 und 3.6). Er wird dann schon nach kurzer Entfernung relativ ungefährlich. Besonders zu beachten sind deshalb geradflächige Metallteile oder solche mit großen Krümmungsradien.

Wie die Installationen sind auch *andere Geräte* und *technische Einrichtungen* zu behandeln. Bei ortsbeweglichen Geräten ist mit der Plazierung an einem günstigeren Ort eine weitere Lösungsmöglichkeit gegeben.

In Verbindung mit gefährlichen, gerichteten Reflexen findet man manchmal die Forderung nach entsprechender Auslegung von Bauteilen, Frontpartien und Bedienungselementen der im Laserbereich befindlichen Geräte. Dies ist kaum zu realisieren, aber eine entsprechende Anordnung oder Abdeckung mit Keramik- (Rückseite von Fliesen) oder Kunststoffplatten mit rauher Oberfläche ist leicht durchzuführen.

Die *Anordnung* der *Lasereinrichtung* sollte möglichst so geschehen, daß der Strahl nicht im *Augenhöhenbereich* über den Boden verläuft. Dies ist eine nur schwer zu erfüllende Bedingung, weil dies den Höhenbereich von 110 cm (5. Perzentil, weiblich, 42 cm Sitzhöhe) bis 172 cm (95. Perzentil, männlich) über dem Boden betrifft [8.2]. Will man extreme Werte miterfassen, dann muß man mit dem Laserstrahl noch etwas darunter bzw. darüber gehen. Zwischen sitzend und stehend gibt es ein schmales freies Band von 134,5 bis 140 cm Höhe, aber eine niedergebeugte stehende Person kommt in diesen Bereich, und dies kommt nicht selten vor. Diese Probleme werden umgangen, wenn man den Laserstrahl annähernd senkrecht führen kann.

Zum Abschluß dieses Abschnittes noch einige Bemerkungen zur *Elektro-* und *Lichtinstallation*. Die elektrische Versorgung starker Laser soll separat abschaltbar sein. Bei größeren Anlagen sind an den häufigst genutzten Aufenthaltsorten „Not-Aus"-Schalter zu installieren. Grundsätzlich gilt, daß Beobachtungsinstrumente, Schalter, Ventile und andere Steuerelemente so anzuordnen sind, daß das Bedienungspersonal der Laserstrahlung nicht ausgesetzt ist.

Wenn die Lasereinrichtung in eine Fertigungsanlage, z.B. in Verbindung mit einem Industrieroboter, eingebaut oder im Zusammenhang damit betrieben wird, müssen mit Hilfe einer ausgeklügelten MSR-(messen, steuern, regeln)Technik bestimmte Funktionen aufeinander abgestimmt bzw. gegeneinander abgesichert sein. Das heißt, der *Systemcharakter* einer solchen Anlage muß hinreichend berücksichtigt sein, wenn Gefahren aus an sich allein sicheren Anlagenkomponenten bei deren Zusammenspiel erwachsen können. Im Abschn. 8.4.3 wird dies beispielhaft und stellvertretend für andere Systeme näher ausgeführt.

Die Raumbeleuchtung sollte großzügig dimensioniert sein. Eine große Helligkeit führt zu engen Augenpupillen. Es kann gegebenenfalls weniger Strahlung eindringen. Beim Tragen von Laserschutzbrillen soll eine gute Beleuchtung die Verluste durch den eingeschränkten Transmissionsgrad ausgleichen (siehe Abschn. 9.6). Werden in dem Raum Laser-Justierbrillen eingesetzt oder wird mit speziellen Pilotlasern gearbeitet, ist mit einer regelbaren Beleuchtung die Möglichkeit der Einstellung von optimalen Arbeitsmöglichkeiten gegeben.

Wird häufig in abgedunkelter Umgebung gearbeitet, so sollten wichtige Anzeigen über *Warnlichter* und *Leuchttafeln* erfolgen. Not-Aus-Schalter sollten durch Fluoreszenzstreifen o.ä. kenntlich gemacht sein.

8.2.2 Apparative Schutzmaßnahmen

Unter allen apparativen Schutzmaßnahmen ist die Realisierung einer Lasereinrichtung der *Klasse 1* vorzuziehen, das bedeutet in der Regel eine Einrichtung, in der ein Laser höherer Klasse strahlungssicher gekapselt ist. Dies entspricht dem Schutzziel „unmittelbare Sicherheitstechnik" nach DIN 31000. Die anderen apparativen Schutzmaßnahmen gehören zur Kategorie der „mittelbaren Sicherheitstechnik". Diese Art von Maßnahmen sind in den technischen Regeln, z.B. [6.5, 6.6 und 6.18], eingehend beschrieben, so daß hier mehr im Sinne einer Aufzählung und der Anmerkung von Besonderheiten darauf eingegangen wird.

Beim Kauf einer Lasereinrichtung ist darauf zu achten, daß die der *Laserklasse entsprechenden apparativen Schutzmaßnahmen* vorhanden sind. Dies kann man selbst prüfen; am einfachsten ist es, wenn das Produkt das GS-(Geprüfte Sicherheit-)Zeichen von einer Prüfstelle besitzt (Abschn. 6.3).

Beauftragt man eine andere Firma mit dem Umbau einer Lasereinrichtung für den gewünschten Anwendungszweck, so sollten die vertraglichen Vereinbarungen die Klassifizierung der neuen Lasereinrichtung und die Einhaltung der allgemeinen Schutzmaßnahmen nach den technischen Regeln beinhalten. In den Bereichen „Forschung und Entwicklung", in denen überwiegend vom Betreiber selbst die Lasersysteme für den Anwendungszweck modifiziert werden, fällt die Aufgabe für den sicheren Aufbau auch dem Betreiber zu. Entsprechend der vorstehenden Reihenfolge wächst die Schwierigkeit der Aufgabe des Laserschutzbeauftragten.

Der *Laser* wird immer häufiger *Bestandteil einer komplexen Anlage* (siehe Abschn. 8.4.3). Das Lasergerät muß dann die notwendigen logischen Funktionen inklusive Schnittstellen etc. besitzen, um in das System integriert werden zu können. Haben diese Funktionen eine gewisse Bedeutung für die Sicherheit des Lasereinsatzes oder der anderen Anlagenkomponenten, dann müssen sie mit dem notwendigen *sicherheitstechnischen Standard* ausgeführt werden; zum Beispiel Einsatz von sicherheitstechnisch erprobten Bauelementen, redundante Auslegung der Signalwege mit Vergleicher, antivalente Signalwerte u.a.m.

Besondere Sorgfalt für die Ausführung der Schaltelemente der Laser der Klassen 2 bis 4 wird durch die Vorschrift gefordert, daß ein *unbeabsichtigtes Strahlen* jederzeit verhindert werden muß. Dies schließt die versehentliche Betätigung von Stellteilen ein. Handstücke mit Strahlaustritt sollen – falls keine andere Lösung vorgesehen ist – mit einem Zustimmungsschalter versehen sein. Die Anforderung gegen unbeabsichtigtes Strahlen zielt insbesondere gegen Störimpulse u.ä. als auslösende Ereignisse. Vor allem Kondensatoren sind entsprechend abzusichern und die gefahrlose Entladung nach Abschaltung der Lasereinrichtung ist sicherzustellen.

Ebenfalls zu dieser Kategorie von Schutzeinrichtungen kann man die *Verriegelungen* – z.B. von Bedienungs- oder Wartungsklappen oder -türen – zählen, soweit man diese elektrisch löst, ferner den Anschluß für fernbediente Sicherheitsverriegelungen, den Schlüsselschalter und die Emissions-Warneinrichtung. Dazu gehört auch die Überwachungseinrichtung, die bei richtungsveränderlicher Strahlung (z.B. einem Scanner) den Ausfall der Ablenkeinheit anzeigt, insofern sich durch den Ausfall die Klasse der Lasereinrichtung erhöht.

Bei hohem Gefährdungspotential sollten die Überwachungseinrichtungen, Grenztaster u.ä. redundant ausgelegt sein und der Ausfall der *Redundanz* angezeigt werden. Schalter und Relais mit mehreren Kontaktebenen (Steuerung, Überwachung) sollten in einer Ausführung mit zwangsgeführten Kontakten eingesetzt werden.

Eine weitere konstruktive Schutzmaßnahme besteht darin, die Strahlung zurückzuhalten bzw. definiert weiterzuleiten. Dazu gehört das *Schutzgehäuse* inklusive mechanischer Verriegelungen, Strahlfänger und -abschwächer sowie *Strahlführungselemente* wie Rohrleitungen mit Gelenkoptiken oder Strahlungsleiter aus Fiberglas (siehe Abschn. 8.4.3 und 8.4.7).

Auch hier ist in Abhängigkeit vom Gefährdungspotential eine entsprechende sicherheitstechnische Auslegung erforderlich, z.B. solide Bauausführung oder zu sichernde Einstellungen, Endlagen von Klappen u.ä. mit Grenztastern detektieren.

Grundsätzlich gilt, daß vorhersehbare Störungsmöglichkeiten wie Federbruch oder Lockerung von Befestigungsteilen nicht zu einem gefährlichen Versagen führen dürfen. Anderenfalls sind diese Ereignisse mit entsprechenden Mitteln zu verhindern. Die Zuordnung der einzelnen Schutzmaßnahmen zu den Laserklassen, z.B. zu 3A, 3B und 4 ist den technischen Regeln zu entnehmen. Die Tendenz der Beratungen geht dahin, die Klasse 3A-Laser bezüglich der apparativen Maßnahmen wie Klasse 2-Laser zu behandeln.

Bei Laserstrahlung entsprechender Leistung und geringer Strahldivergenz sollte – soweit möglich – sich am Ende des Strahlweges ein *Strahlfänger* befinden, zum Beispiel ein Hohlraumabsorber mit entsprechender Standzeit. Wassergekühlte Metallkonstruktionen mit z.B. kegeliger Hohlraumgestaltung haben sich gut bewährt. Je nach Energiedichte des Strahls empfiehlt es sich, diesen vorab aufzuweiten. Werden an ebenen Strahlfängern schmelzende Oberflächen erzeugt, z.B. an Schamottesteinen oder Natursteinblöcken, dann ist damit eine gerichtete Rückstreuung der Laserstrahlung verbunden. Bei der Materialwahl ist auf gefährliche Stoffeigenschaften zu achten (siehe Abschn. 10.4).

Optische Einrichtungen zur Beobachtung des Laserstrahls oder zur Beurteilung des Arbeitsergebnisses während des Laserbetriebs (z.B. Mikroskope, ophthalmologische Chirurgie) müssen so ausgelegt sein, daß die maximal zulässigen Bestrahlungsstärken (MZB-Werte) für das Auge nicht überschritten werden (siehe Kap. 5). Das heißt, die Laserschutzfilter müssen entsprechend ausgelegt sein (Abschn. 9.7).

Handelt es sich bei *optischen Hilfsmitteln* um nicht fest eingebaute Vorsatzgeräte, so sollen diese alle Angaben enthalten (z.B. durch Eingravur), die die Änderung von Strahldaten und -zeiten (z.B. Impulsdauer, -perioden) betreffen.

Strahljustierungen an leistungsstarken Lasereinrichtungen sollten möglichst nur mit (separaten) Lasern der Klasse 2 oder 3A durchgeführt werden.

Strahlaufweiter verringern die Bestrahlungsstärke (W/cm^2). Schwache Laser der Klasse 3B können dadurch zu ungefährlicheren der Klasse 3A werden. Dies wird z.B. in der Meßtechnik ausgenutzt. Am Zielort kann die Strahlung wieder durch eine entsprechend große Optik gebündelt werden. Wird die Strahlung leistungsstarker Laser aufgeweitet, so kann die damit verbundene Divergenzverringerung der Strahlung die Gefahr für große Entfernungen erhöhen (siehe Abschn. 8.4.6).

Scanner wurden schon angesprochen. Bei leistungsstärkeren Lasern sollten die Scanner grundsätzlich mit einer Schwingfrequenz- oder Drehzahlüberwachung ausgestattet sein, die bei einer Störung den Laser abschaltet.

Als letztes sei der *Frequenzverdoppler* angeführt. Beim Nd-YAG-Laser wird er beispielsweise eingesetzt, um leistungsstarke Strahlung bei 532 nm zu erzeugen. Häufig wird mit Frequenzvervielfachern Strahlung im fernen UV-Bereich erzeugt. Wichtig ist, daß man bei den Schutzmaßnahmen immer beide Wellenlängen berücksichtigt; bezüglich der benötigten Kombinations-Schutzbrillen sei auf Abschnitt 9.6 verwiesen.

8.2.3 Organisatorische Schutzmaßnahmen

Bei den organisatorischen Maßnahmen zum Schutz vor Laserstrahlen kann man zwei Arten unterscheiden. Die eine besteht – bei Lasern der Klassen 3B und 4 – aus vorgeschriebenen obligatorischen Handlungen. Dazu gehört die schriftliche Bestellung eines Sachkundigen als Laserschutzbeauftragter, die Unterweisung der Mitarbeiter oder die Einrichtung eines Laserbereiches. Die zweite Art sind überwiegend Maßnahmen der hinweisenden Sicherheitstechnik nach DIN 31 000 (siehe Abschn. 8.1), die als organisatorische Schutzmaßnahmen an die Stelle der zwangsweise wirkenden und in der Regel vorzuziehenden technischen treten, falls diese nicht durchführbar oder zu teuer sind oder diese ergänzen müssen. Was die *Kosten* betrifft, so schlagen die für technische Maßnahmen meist anfangs einmal zu Buche. Die Kosten von alternativen organisatorischen Maßnahmen sollten jedoch keineswegs unterschätzt werden. Ihre Höhe ergibt sich daraus, daß sie nicht einmalig sind, denn bestimmte organisatorische Maßnahmen müssen immer wieder durchgeführt werden. Das kostet Arbeitszeit, wiederholten Belehrungsaufwand durch den Laserschutzbeauftragten und eine regelmäßige Kontrolle durch den Vorgesetzten.

Der *Laserschutzbeauftragte* und seine Aufgaben wurden an anderer Stelle schon mehrfach angesprochen, zum Beispiel seine Bestellung oder Aufgaben betreffend (siehe Abschn. 6.1.1, 8.1, 8.2.1 und 8.2.2). Die Bestellung eines Laserschutzbeauftragten ist nach der Unfallverhütungsvorschrift „Laserstrahlung" beim Einsatz von Lasereinrichtungen der Klassen 3B und 4 erforderlich [6.5]. Dies gilt auch für Laser der Klasse 1, wenn diese in eigener Regie gewartet werden und dabei Strahlung von gekapselten Lasern der Klassen 3B oder 4 zugänglich wird.

Diese Aufgabe wird unterschiedlich gelöst. Bei sehr komplexen Lasereinrichtungen mit häufigen Umbauten – wie z.B. in der Forschung üblich – empfiehlt es sich, einen Laserfachmann als Laserschutzbeauftragten auszuwählen. Sind fast ausschließlich sicherheitstechnisch durchentwickelte, erprobte Seriengeräte im Einsatz, wird nicht selten die Fachkraft für Arbeitssicherheit mit dieser Zusatzaufgabe betraut.

Die Aufgaben des Laserschutzbeauftragten sind vielfältig. Diese, wie überhaupt die oganisatorischen Schutzmaßnahmen, sind sehr ausführlich in der Unfallverhütungsvorschrift (UVV) „Laserstrahlung" festgelegt und beschrieben. Nur zwei Aufgaben seien hier herausgehoben. Als erste die *Unterweisung* der Beschäftigten an Lasereinrichtungen und in Laserbereichen. Bewährt hat sich die in gewissen Zeitabschnitten zu wiederholende „Sicherheitsbelehrung zum Schutz vor Laserstrahlen" (siehe Anhang). Die Gefahren der Laserstrahlung, insbesondere für das Auge, sind etwas Spezielles und verlangen diesen Aufwand.

Die zweite, nicht immer leicht zu lösende Aufgabe ist die der Festlegung, Abgrenzung und Zugangsregelung des *Laserbereiches*, z.B. während der Durchführung von Wartungsaufgaben, aber auch auf Bühnen und in Diskotheken, bei der Führung des Lasers von Hand, sei es die des Chirurgen oder die eines Industrieroboters, und insbesondere beim Einsatz von Lasern im Freien (siehe Abschn. 8.2.1 und 8.4). Dazu ist ein flexibles Konzept erforderlich, wie es in der UVV mit §7(3) angeboten wird.

Grundsätzlich gilt, Laserbereiche möglichst räumlich (in allen Richtungen) zu beschränken und die Anzahl der Personen darin zu begrenzen. Dazu gehört, daß temporäre Laserbereiche, z.B. während der Durchführung von Wartungsaufgaben, nicht unnötig zeitlich ausgedehnt werden. Verbunden mit diesen Grundsätzen können auch bestimmte Maßnahmen am Strahl hilfreich sein, z.B. Aufweitung oder den Strahl bewußt divergent gestalten. Das heißt, überall dort, wo er für die Durchführung der Aufgabe nicht erforderlich ist, auf den beugungsbegrenzten Laserstrahl mit geringer Divergenz verzichten.

Kurse zur Ausbildung von Laserschutzbeauftragten werden regelmäßig

– von der Berufsgenossenschaft für Feinmechanik und Elektrotechnik, Köln

– vom Haus der Technik, Essen

– von der Technischen Akademie, Esslingen und

– von der Technischen Universität Braunschweig, Zentralstelle für Weiterbildung

durchgeführt[1].

Werden nur Lasereinrichtungen der Klassen 2 und 3A betrieben, ist ein Laserschutzbeauftragter nicht erforderlich, dennoch sollte auch in diesem Falle sich jemand mit den relativ einfachen Fragen der Strahlensicherheit für diese Klassen befassen und die anderen Mitarbeiter unterweisen.

Ein Laserbereich wird auch bei diesen Lasern für den Fall gefordert, daß sich die Bestrahlung von Personen nicht nur rein zufällig ergibt. Für Laser der Klasse 3A gilt als zusätzliche Bedingung für den Wegfall des Laserbereiches, daß keine optischen Instrumente verwendet werden dürfen, die die Bestrahlungsstärke des Laserstrahls erhöhen können.

Zum Abschluß sei auf einige Beispiele der eingangs erwähnten hinweisenden Sicherheitstechnik u.a.m. zusätzlich eingegangen. Dazu zählen alle Arten der Kennzeichnung oder die provisorische Abgrenzung des Laserbereichs – soweit gestattet.

Wichtig ist in diesem Zusammenhang alles, was mit *Laserschutzbrillen* und *Laser-Justierbrillen* zusammenhängt. Sind sie leicht zugänglich und insbesondere vertauschungssicher dem jeweiligen Laser zugeordnet? Ein Irrtum kann böse Folgen haben. Man verläßt sich auf die Schutzwirkung und hat daher wenig Anlaß, übervorsichtig zu sein. Diese Probleme sind besonders dann vorhanden, wenn in einem Raum Laser unterschiedlicher Wellenlänge oder Leistung betrieben werden.

Eine weitere Bemerkung gilt Hilfsmitteln, die unsichtbare Laserstrahlung sichtbar machen. Bei UV-Strahlung ist dies mit einfachen fluoreszierenden Mitteln möglich, für Infrarotstrahlung (Nd-YAG-, CO_2-Laser) gibt es leistungsfähige *Sensorkarten*, die bei Bestrahlung blaugrün oder orange leuchten, oder großflächige *Phosphorschirme*.

Diese Sensorkarten und Schirme eignen sich zum Justieren (bei nicht zu hoher Leistung < 60 W CW) und, mit Einschränkung, zur Auffindung von vagabundierender Streustrahlung. Für die letzte Aufgabe werden jedoch sehr empfindliche Sensoren benötigt, da sie schon auf eine Bestrahlung in der Höhe der MZB-Werte ansprechen müssen.

---

[1]Ohne Anspruch auf Vollständigkeit

8.2.4 Instandhaltung von Lasereinrichtungen

Die Instandhaltung von Lasereinrichtungen wird mehrfach angesprochen, weil damit besondere Gefahren verbunden sein können. Manche Konstrukteure und Anlageneinrichter widmen den bei Inspektion, Wartung und Instandsetzung (Reparatur) anfallenden Tätigkeiten hinsichtlich der Kontrolle der dabei möglichen Gefährdungen zu wenig Augenmerk bei der Konzeption, Ausführung oder Einbindung in andere Anlagenkomponenten.

Nachstehend werden beispielhaft einige bewährte Empfehlungen gegeben. Auf die Maßnahmen in den Abschn. 8.2.1–8.2.3 und 8.4 sei verwiesen.

Die wiederkehrenden Inspektions- und Wartungsmaßnahmen während des Betriebs von Lasereinrichtungen – insbesondere mit Lasern höherer Leistung, von Pulslasern und von Lasern im Wellenlängenbereich von 400 bis 1400 nm – können auch zusätzliche *bauliche* und *installatorische* Maßnahmen erforderlich machen. Dazu zählen u.a. die Einrichtung temporärer Laserbereiche (Zugangsbeschränkungen, Falttüren, Vorhänge, sonstige Abschirmungen), die Installation entsprechender externer Verriegelungen (Grenztaster) und die Installation von optischen Kennzeichnungs-, Warn- und Schutzhinweisen. Mit „optisch" ist die Realisierung mit Leuchtelementen gemeint. Nur so ist eine Aufhebung nach Beendigung der Arbeiten möglich. Dauernde Warnhinweise erfüllen nicht den erforderlichen Zweck!

Die wichtigsten *apparativen* Maßnahmen sind die, die dazu führen, daß bei häufig vorkommenden Inspektions- und Wartungsaufgaben die Klasse der Lasereinrichtung möglichst nicht erhöht wird (bezüglich Klasse 1-Laser siehe Abschn. 8.1). Dies bedeutet eine entsprechende *konstruktive* Ausbildung hinsichtlich der Messung und Inspektion (z.B. Leistung, Modenbild und andere Strahlparameter) und der Justierung, Reinigung, Auswechslung und sonstigen Wartungsmaßnahmen (z.B. an Resonatoren, Modulatoren, Strahlschaltern, Fenstern, Optiken, Düsen u.a.m.). Instandsetzungsarbeiten (Reparaturen) sind – wie schon in Abschn. 8.1 angesprochen – anders zu bewerten, da es sich um vergleichsweise seltene und meist ungeplante Ereignisse handelt.

Erhöht sich bei Inspektion oder Wartung die Klasse der Lasereinrichtung auf Klasse 3B oder 4, dann ist es empfehlenswert, als apparative Schutzmaßnahme dem Schlüsselschalter (abziehbar nur in Position „Aus") eine weitere Position „Wartung" zu geben. Die Beschaltung ist beispielsweise so vorzunehmen, daß damit ein leuchtender Warnhinweis über den Wartungszustand, die Aufhebung der elektrischen und mechanischen Verriegelungen an der Lasereinrichtung für den Normalbetrieb und die Aktivierung externer Sicherheitskreise, z.B. für die Zugangsbeschränkung zum Laserbereich (Türen, Faltvorhänge oder andere Abschirmungen) oder für leuchtende Hinweise auf bestimmte Schutzmaßnahmen (z.B.: Schutzbrille tragen), gegeben ist.

Zu den *organisatorischen* Maßnahmen muß hier nicht viel wiederholt werden.

Eine Hauptaufgabe des Laserschutzbeauftragten – häufig nicht beim Betreiber der Lasereinrichtung, sondern bei der Wartungsfirma bzw. beim Hersteller angestellt – ist die Schulung der Wartungstechniker hinsichtlich der notwendigen Schutzmaßnahmen. Er muß vor allem den Blick schärfen für unerwartete gerichtete Reflexionen und die Techniker für die Benutzung von Laserschutzbrillen motivieren. Werkzeuge, in der Nähe des Strahlenganges eingesetzt oder abgelegt, können zu gefährlichen Reflektoren werden. Insgesamt ähnelt die Aufgabe stark dem Einsatz von Lasern in Forschung und Entwicklung. Auch die anderen Gefahrenquellen (Pumplicht, HF-Strahlung, Hochspannung) sind zu beachten.

Vor Ort sind meistens vom *Wartungstechniker* selbst die Fragen des temporären Laserbereiches zu lösen und eine (kleine) Sicherheitsanalyse durchzuführen, ob die vorgesehenen apparativen Schutzmaßnahmen (Schlüsselstellung „Wartung", interne Verriegelungen, externe Sicherheitsstromkreise) vollständig sind und auch Störungen berücksichtigen, insoweit diese vorhersehbar sind.

Bei ungünstigen Verhältnissen hinsichtlich der Abgrenzung des Laserbereichs, kann es erforderlich sein, Wartungsaufgaben außerhalb üblicher Betriebszeiten durchzuführen.

8.3 Maßnahmen nach einem Unfall

Laserstrahlenschutz bedeutet vor allem Schutz des Auges. Schäden am Auge – insbesondere an der Netzhaut – sind nicht reversibel; das heißt, es sind Dauerschäden. Dies gilt auch für schwere Schädigungen der *Haut*, zum Beispiel durch Verbrennungen dritten Grades. Aber das Hautorgan muß als ganzes gesehen werden. Bei einem Laserunfall würden vermutlich nur relativ kleine Flächen davon betroffen werden. Sie sind wie normale Verbrennungen zu behandeln. Bei geringeren Bestrahlungsstärken sind am Hautorgan nach heutigen Erkenntnissen im Falle eines Laserunfalls, d.h. Bestrahlung wenig oberhalb der maximal zulässigen Grenzwerte (MZB-Werte) für die Haut, keine irreversiblen Schäden zu erwarten, wie der Einsatz von Soft- und Mid-Lasern in der physikalischen Hauttherapie zeigt. Diese positiven Erfahrungen beziehen sich aber hauptsächlich auf den längerwelligen Bereich im sichtbaren (z.B. mit He-Ne-Lasern) und im nahen infraroten Wellenlängenbereich (z.B. mit Laser-Dioden). Bei kurzwelliger Strahlung ist wegen der hohen Energie dieser Strahlung und daraus folgenden besonderen photobiologischen Wirkungen Vorsicht geboten (siehe Abschn. 4.3, 4.5 und [8.3]).

Irreparable Schäden an einem *Auge* durch die Einwirkung von Laserstrahlung sind dann besonders schwerwiegend, wenn die betreffende Person schon vorab einen Augenschaden hatte. Dies ist der Grund für die bis 1983 nach der Unfallverhütungsvorschrift VBG 93 vorgeschriebenen Vorsorgeuntersuchungen. Die Hauptursache für den Wegfall der Fundusinspektion war die Erkenntnis, daß die vorliegenden Augenschädigungen durch Laserstrahlung – vorwiegend in Forschungs- und Entwicklungseinrichtungen geschehen – in keinem Fall durch die aufwendigen und sehr unangenehmen Vorsorgeuntersuchungen hätten verhindert werden können.

Einen möglichen Laserunfall am Auge wird der Betroffene durch starke Blendung, Leuchterscheinungen und Gesichtsfeldausfälle sofort merken. In diesem Fall ist unverzüglich eine Untersuchung durch einen Augenarzt notwendig. Zur Schadenfeststellung sollte eine Fluoreszenzangiographie durchgeführt werden (Augenklinik, Universitätsklinik). Die Vorschrift [6.5] verlangt die „unverzügliche" Vorstellung, weil, je nach Art der Schädigung, nach Tagen eine einwandfreie Zuordnung des Schadens zum Laserunfall für den Arzt schwierig bzw. unmöglich ist.

Kleine Schädigungen der Netzhaut können vom Betroffenen nur festgestellt werden, wenn der gelbe Fleck im Auge getroffen wurde. In der Mitte des Gesichtsfeldes sieht man z.B. einen verschwommenen weißen Fleck, der sich nach einigen Wochen schwarz verfärbt. Die durch den Laserstrahl erzeugte Koagulationsspur wird für den Geschädigten beim Anblick einer matten weißen Fläche vielfach als dunkles „Fadenknäuel" sichtbar. Durch die schnellen Mikrobewegungen des Auges während der Strahlungseinwirkung wandert der Brennfleck nämlich über einen kleinen Bereich der Retina und erzeugt einen von der Fläche her größeren Schaden, als der Brennfleck selbst groß ist.

Die schlechte Erkennbarkeit kleiner Schäden – durch die Fähigkeit unseres Gehirns unterstützt, kleinere Ausfälle in der Retina zu kompensieren – verleitet dazu, zum Beispiel einen schwachen He-Ne-Laser für völlig ungefährlich zu halten. Die schlechte subjektive Erkennbarkeit soll also keinesfalls darüber hinwegtäuschen, daß nicht doch objektiv ein Schaden eingetreten sein kann.

8.4 Anwendungsspezifische Schutzmaßnahmen

In diesem Abschnitt werden einige Gesichtspunkte zum Laserstrahlenschutz vorgestellt, die sich trotz der noch relativ kurzen Erfahrung in einzelnen Anwendungsgebieten schon ergeben haben. Die folgenden Abschnitte enthalten die Beschreibung anwendungsbezogener Schutzmaßnahmen und sind insoweit eine Ergänzung der allgemeinen Empfehlungen im Abschn. 8.1 und der baulich-installatorischen, apparativen und organisatorischen Schutzmaßnahmen im Abschn. 8.2 für einige spezielle Gebiete, in denen Laseranwendungen schon sehr verbreitet sind.

8.4.1 Forschung und Entwicklung

Der Lasereinsatz in Forschung und Entwicklung ist als Bereich nicht eindeutig zu charakterisieren. Es kann sich dabei um Arbeiten in der Laserentwicklung selbst, an Bauelementen dazu oder um Untersuchungen zu neuen Einsatzmöglichkeiten handeln. Tatsache ist, daß die schwersten bisher bekannten Laserunfälle fast ausschließlich in diesen Einsatzbereich fallen. Dessen Vielschichtigkeit macht es schwer, allgemein gültige Schutzmaßnahmen anzugeben. Andererseits kann man dem gut ausgebildeten Personal in Forschungs- und Entwicklungslaboratorien eine gründlichere Beschäftigung auch mit den allgemeinen Fragen der Strahlensicherheit zumuten. Je nach Art der Forschungsarbeiten muß es sich zusätzlich vielleicht mit Schutzmaßnahmen bei der Materialbearbeitung oder in der Meßtechnik sowie bei frei scannendem Strahl auch mit solchen bei „Showeffekten und Demonstrationen" befassen. Dazu gehört auch die Frage nach gefährlichen Stoffen, die z.B. bei der Materialbearbeitung anfallen (siehe folgender Abschnitt und Kap. 10).

Der Hinweis auf das gut ausgebildete Personal sollte allerdings dahingehend ergänzt werden, daß in Laboratorien mit einem hohen Fluktuationsgrad, wie er beispielsweise bei Studenten an den Hochschulen zu verzeichnen ist, an die Verantwortlichen hohe Anforderungen bezüglich Ausbildung, Aufklärung über die Gefahren und Überwachung der Neulinge gestellt werden.

Forschung und Entwicklung sind eng verbunden mit Spontaneität, ausprobieren, ändern und Wiederholung. Dabei ist dann wenig Zeit für eine sorgfältige Geräteentwicklung. Der Prototyp ist zugleich das Enderzeugnis, mit dem u.U. über längere Zeiträume gearbeitet wird. Dieser ist dann mehr *Experimentalaufbau* als Lasergerät oder Laseranlage im Sinne der technischen Regeln. Ein solcher Experimentalaufbau kann im allgemeinen auch nicht so streng auf eine Aufgabe spezialisiert sein wie in der Produktion. Diese Vielseitigkeit erschwert die Sicherheitsmaßnahmen zusätzlich.

Die nachstehend angesprochenen Schutzmaßnahmen beziehen sich auf diese Besonderheiten. Die Leistung ist dabei nicht die allein entscheidende Größe für das Gefährdungspotential. Ein Laser der Klasse 3B kann gefährlicher sein als ein Klasse 4-Laser. Neben den baulichen und apparativen Gegebenheiten – freier oder abgedeckter Strahl, Möglichkeiten der Begrenzung von Streulicht – oder den Strahlparametern – z.B. äußerst geringe oder große Strahldivergenz – ist vor allem Strahlung im Wellenlängenbereich von 400 bis 1400 nm sowie Pulsstrahlung besonders zu beachten. Ein Nd-YAG-Laser ist deshalb bezüglich des Streulichtes meist gefährlicher als ein CO_2-Laser mit zehnfach höherer Leistung.

Die Umstände im Bereich „Forschung und Entwicklung" führen dazu, daß besonders häufig Laserschutzbrillen und Laser-Justierbrillen getragen werden müssen (siehe Kap. 9). Daher sollte die Beleuchtung großzügig ausgelegt sein, um die eingeschränkte Lichttransmission der Brillen auszugleichen. Beim Einsatz von Justierbrillen empfiehlt es sich, die Beleuchtung über einen Dimmer zu schalten, damit optimale Beobachtungsverhältnisse – möglichst vom zentralen Schaltpult aus – eingestellt werden können.

Die eingeschränkten Sehverhältnisse, aber auch das häufige Arbeiten mit *Abdunkelung*, bedingen dann weitere Vorkehrungen im Sinne einer besonderen „Aufgeräumtheit" des Arbeitsplatzes. Die Energie- und Datenleitungen sollen möglichst vom Aufbau weg senkrecht nach oben zu einem „Drahthimmel" geführt werden. Wege sollten frei von *Stolperfallen* sein.

Die Anzahl der *Not-Aus-Schalter* sollte großzügiger bemessen sein, als in anderen Einsatzbereichen. Wird bei Dunkelheit gearbeitet, dann sollte der Anbringungsort mit Leuchten oder selbstleuchtenden Folien zusätzlich kenntlich gemacht werden. Es ist überlegenswert, einen Not-Aus-Schalter jeweils in unmittelbarer Nähe der Türen zu installieren. Die Not-Aus-Schalter sollten sich nur auf die gefahrbringende Einrichtung beziehen und z.B. im Betätigungsfall nicht Wasserpumpen, Beleuchtung u.a.m. mit abschalten. Auch der *externe Schaltkreis* (Ruhestromkreis) für Türen, Falttüren,

Fensterblenden usw. sowie für die Beschaltung der Warnlichter und Leuchttafeln sollte dem jeweiligen Gefahrenpotential angemessen und großzügig ausgelegt sein. Es sollten nur hochwertige, zuverlässige Schaltelemente ausgewählt werden, denn sie sollen als stumme Diener sichern und nicht die Arbeit durch Ausfälle behindern.

Das Problem von einzeln arbeitenden Personen in gefährlicher Umgebung oder bei gefährlicher Tätigkeit ist zu beachten. Gegebenenfalls sind Vorkehrungen zu treffen, damit im Notfall Hilfe herbeigerufen werden kann. Zu solchen *Einzelarbeitsplätzen* gibt es Vorschriften (Arbeitsstättenverordnung [8.26] und UVV (VBG 1) [8.27]) und einschlägige Literatur [8.4].

Daß die Strahlführung nicht in Augenhöhe verlaufen soll, wurde schon gesagt. Günstig ist es, wenn für den zugänglichen Strahl eine vertikale Position gewählt werden kann. Was für den Jäger beim Schießen gilt — möglichst die Schußrichtung so zu planen, daß die Kugel bei einem Fehlschuß in überschaubarer Entfernung eine natürliche Begrenzung (z.B. im Erdreich) findet —, gilt auch für den Laserstrahl. Soweit möglich, sollte immer ein *Strahlfänger* in möglichst kurzer Entfernung installiert werden.

Optische oder andere *Bauelemente* im Strahlengang oder in dessen Nähe sollten solide befestigt und nur definiert — z.B. mittels Justierschraube — verstellbar sein. Ihre Lage darf durch einen leichten Stoß nicht verändert werden können. Werden *Werkzeuge* oder andere Gegenstände in der Nähe des Strahlengangs benutzt, so müssen, außer bei Lasern der Klassen 1, 2 oder 3A, alle Personen im Laserbereich (Raum) Schutzbrillen tragen. Mit organisatorischen Mitteln sollte sichergestellt werden, daß das Werkzeug unmittelbar nach dem Gebrauch an einen geeigneten Ort zurückgelegt wird.

Die eingangs in Kap. 8 angeführte Notwendigkeit, Bedienungselemente, Ableseskalen u.ä. so einzurichten, daß die maximal zulässigen Bestrahlungswerte (MZB-Werte) nicht überschritten werden, ist besonders wichtig für den Bereich der Forschung und Entwicklung, da man es hier kaum mit sicherheitstechnisch durchentwikkelten Einzweckgeräten zu tun hat, sondern mit einzelnen Komponenten mit Skalen und Bedienelementen. Zur Not müssen (möglichst nichtmetallische) Einstellhilfen entwickelt werden.

Ein Großteil der vorstehenden Schutzmaßnahmen entfällt, wenn es gelingt den Strahlweg zu umschließen. Bei Lasern über 5 Watt Leistung und Pulslasern mit 1 Joule Energie und mehr ist allein wegen der Brandgefahr, wo immer es möglich ist, für eine solide, brandhemmende bzw. feuerfeste *Abschirmung* zu sorgen. Für die Zielregion ist dies häufig schwieriger oder gar nicht zu realisieren. Die Umkleidung ist dann so zu gestalten, daß möglichst wenig Streulicht den engeren Bereich der Zielregion verlassen kann. Hier sei insbesondere auf die Ausführungen zu Reflexionen in den Abschn. 3.1.8, 8.2.1 und 8.4.2 hingewiesen.

Experimente im Labor sollen vom Schutz vor Laserstrahlung her besonders sorgfältig geplant und aufgebaut werden. Bei Versuchen mit stärkeren Lasern sollte daher der Laserschutzbeauftragte (siehe Abschn. 8.2.3) — falls er nicht selbst anwesend ist — eine entsprechend ausgebildete verantwortliche Person „vor Ort" bestimmen.

Wichtig wird dies vor allem bei Änderungen. So kann man die Auswirkungen und mögliche Gefahren frühzeitig erkennen und ihnen begegnen.

8.4.2 Materialbearbeitung

Schwerpunkte der in diesem Abschnitt besprochenen speziellen Schutzmaßnahmen sind mögliche Abschirmmaßnahmen, z.B. mit großflächigen durchsichtigen Schutzschirmen, und Fragen der Streustrahlung. Die genannten klassischen Arten der Materialbearbeitung mit Lasern – Schneiden, Schweißen und Oberflächenbearbeitung – erfahren zur Zeit im Bereich des Maschinenbaus, Automobilbaus u.a.m. einen raschen Aufschwung. Diese drei Begriffe sollen hier stellvertretend auch für Bohren, Trimmen, Löten etc. stehen sowie für thermische (nicht reaktive) und chemische Bearbeitungstechniken.

Die in diesem Bereich eingesetzten Lasereinrichtungen sind in der Regel auch unter sicherheitstechnischen Gesichtspunkten gut an ihre Aufgabe angepaßt. Ferner verlangen Inspektions-, Wartungs- und Instandsetzungsmaßnahmen in der laufenden Produktion andere konstruktive Vorkehrungen, als man sie in der Forschung und Entwicklung antrifft. Auch dies ist im allgemeinen verbunden mit einer ausgefeilteren Sicherheitstechnik.

Die üblichen Laser sind CO_2- (0,5 bis 10 kW CW-Leistung), Nd-YAG- (bis 400 W) und z.B. für Glasmarkierungen, organische Materialien oder die Härtung von Photolacken Excimer-Laser. Für diese Laserarten hat sich das europäische Eureka-Programm in Anbetracht dieses Anwendungsgebietes große Ziele gesetzt, nämlich 100 kW Leistung für den CO_2-Laser und 10 kW für die beiden anderen.

Bei geringen Leistungen (ca. 20 W beim Nd-YAG- und 1000 W beim CO_2-Laser) können diese Laser im Grundmode (siehe Kap. 2), bei höheren Leistungen nur im Multimodebetrieb arbeiten. Letzteres bedeutet generell eine schlechtere Strahlqualität. Beim Festkörperlaser führt dies z.B. zu einer größeren Strahldivergenz; von 1 bis 2 mrad (1 mrad entspricht einer Strahlaufweitung von 1 mm auf 1 m Strahlweg) auf 15 bis 20 mrad bei maximaler Leistung. Das Ergebnis ist eine schlechtere Fokussierbarkeit, die allerdings wesentlich auch von der Wellenlänge abhängt. Für die einzelnen Anwendungen wird die Strahlung mit Brennweiten von 50 bis 200 mm fokussiert. Die Durchmesser des Strahls im Fokus betragen ca. 100 bis 1000 μm beim CO_2-, 20 bis 200 μm beim Nd-YAG- und 2 bis 20 μm beim Excimer-Laser [8.5].

Für die Strahlensicherheit bedeutet dies, daß man es mit einer entsprechend divergenten Strahlung zu tun hat, wenn die Zielregion vom Strahl verfehlt wird. Dies gilt folglich auch für die in der Zielregion durch gerichtete Reflexion abgelenkte Strahlung. Strahlung geringer Divergenz (z.B. 2 mrad) kann im allgemeinen nur während der Durchführung von Instandhaltungsaufgaben auftreten. Auswechselbare oder verstellbare *Bauelemente*, die zu einer korrekten Strahlführung (bei CO_2-Lasern von 1000 W ca. 14 mm ∅ vor der Sammellinse) erforderlich sind, sollten in ihrer richtigen Position mit einem zuverlässigen Grenztaster abgesichert sein.

Die Stärke der *Streustrahlung* hängt u.a. von dem wellenlängenabhängigen Absorptionsgrad des Materials (Metalle mit technischen Oberflächen) ab. Diese Absorption ist bei Excimer-Lasern (λ: 0,19 bis 0,35 μm)und Nd-YAG-Lasern (λ: 1,06 μm; Absorptionsgrad 70 bis 80 %) besser als beim CO_2-Laser (λ: 10,6 μm; Absorptionsgrad 5 bis 20 %, Edelmetalle < 2 %). Dies gilt nicht für Schweißprozesse, bei denen auch die CO_2-Strahlung fast vollständig vom Werkstück in einem laserinduzierten Plasma absorbiert wird. Bei der Oberflächenbearbeitung muß bei CO_2-Lasern also mit einer wesentlich stärkeren Streustrahlung gerechnet werden, wenn nicht mit Deckschichten auf der Werkstückoberfläche eine bessere Einkopplung der Strahlung erreicht wird. Von Glas und Keramik wird hingegen die CO_2-Strahlung besser absorbiert.

Dieser Abschnitt erlaubt die Konzentration auf wenige Laserarten, wobei wegen der Durchlässigkeit des Auges für Strahlung der Wellenlänge von 400 bis 1400 nm, die Strahlung des *Nd-YAG-Lasers* mit einem mehrstelligen Malusfaktor belegt werden muß. Dies ergibt sich – wie schon mehrfach angesprochen – aus der Fokussierfähigkeit unseres Auges für diese Strahlung und der damit gegebenen Gefährdungsmöglichkeit der Netzhaut (Retina) mit relativ geringen Bestrahlungsstärken auf der Augenvorderfläche (Hornhaut).

Bei der Materialbearbeitung mit Lasern werden immer *Gase* und *Dämpfe* frei (siehe dazu Abschn. 10.6). Damit ergibt sich mit den laserspezifischen Untersuchungen zu einer neuen Applikation die Verpflichtung, die dabei erzeugten flüchtigen Stoffe (z.B. organische Molekülgruppen) nach Art und Konzentration zu ermitteln und (zumindest überschlägig) *toxikologisch* zu bewerten. Dies spätestens dann, wenn die Applikationsuntersuchungen positiv verlaufen sind und ein neues Einsatzgebiet für den Laser öffnen. Während der Voruntersuchungen sollte eine sorgfältige Absaugung der freiwerdenden Stoffe erfolgen. Dies ist nicht sehr teuer, denn Fragen der Energieeinsparung durch Umluftsysteme und Filterung haben in diesem Versuchsstadium in der Regel noch keine große Bedeutung.

Grundsätzlich gelten die Ausführungen in den vorangegangenen Abschnitten dieses Kapitels zu den Schutzmaßnahmen auch in diesem Einsatzbereich. In der Regel liegen gegenüber dem Bereich Forschung und Entwicklung einfachere Bedingungen vor. Davon ausgenommen werden muß sicherlich der Anwendungsfall, bei dem man, z.B. beim Schneiden, die ebene Fläche verläßt und eine dreidimensionale Kontur – *3D-Bearbeitung* mit x, y, z-Bearbeitungssystemen oder mit Industrierobotern – beschritten wird. In diesem Fall ist die *Streustrahlung* schwieriger zu beherrschen. Der Schneidkopf steht immer senkrecht zur Werkstückoberfläche und nimmt im Raum fast beliebige Strahlrichtungen ein.

Im allgemeinen ist eine aufwendige *Prozeßregelung* vorhanden, die, soweit es die Strahldaten und Schneidkopfführung betrifft, auch Aufgaben der sicherheitstechnischen Überwachung übernehmen kann, mit entsprechenden Abschaltfunktionen bei Unregelmäßigkeiten.

Die Abb. 8.2 und 8.3 zeigen das Laser-Bearbeitungssystem Lasercontur Quinta® der Firma Messer Griesheim GmbH zum Schweißen und Schneiden von räumlich geformten Werkstücken. Abbildung 8.2 zeigt die hinter verschiebbaren Schutzwän-

Abb. 8.2. Laser-Bearbeitungssystem (Werkfoto: Volkswagenwerk AG, Wolfsburg)

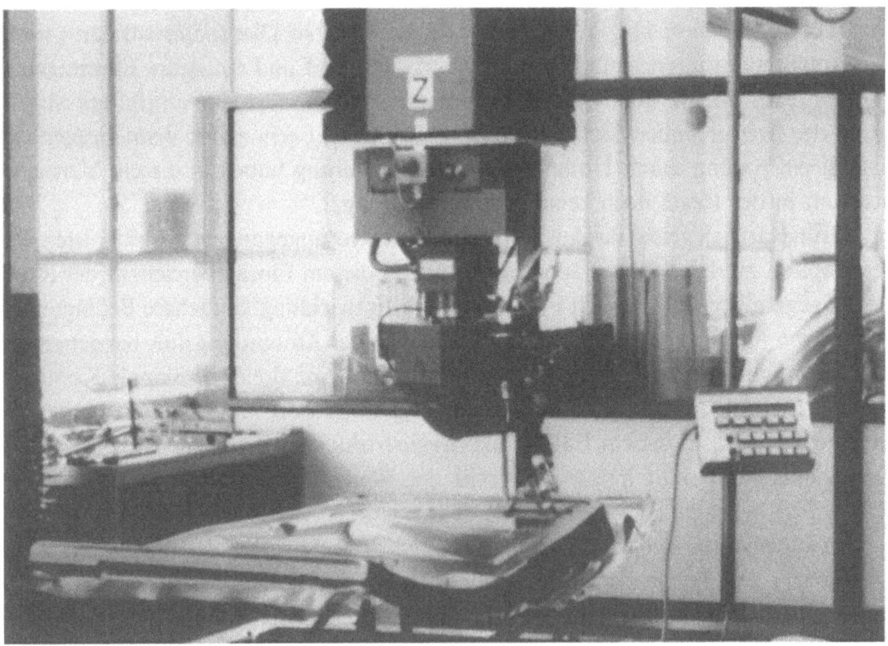

Abb. 8.3. Laser-Bearbeitungssystem: Laserkopf (Werkfoto: Volkswagenwerk AG, Wolfsburg)

den (sichere Position mit Grenztaster überwachen) angebrachte Rechnerstation mit Not-Aus-Schalter. Abbildung 8.3 zeigt den Laserkopf im Detail. Auch dieser ist mit einem Not-Aus-Schalter versehen.

Das Schutzziel wäre weitgehend erreicht, wenn es gelingen würde, zumindest den weit überwiegenden Teil der Strahlung auf die *engere Arbeitsregion* des Lasers einzugrenzen. Durch die unmittelbare Nähe zur Zielregion der Strahlung ist eine solche optische Schutzeinrichtung dauernd hohen thermischen und anderen Belastungen ausgesetzt. Andererseits erlaubt die Sicherheitsphilosophie in bezug auf vollkommene Strahlensicherheit einige Abstriche gegenüber der bei einer Laserschutzbrille. Letztere erlaubt die unmittelbare Nähe einer Person zum direkten Laserstrahl, wenn auch direkte Bestrahlung peinlichst zu vermeiden ist. Würde sich bei einer solchen lasernahen Schutzeinrichtung durch die restliche Streustrahlung ein Laserbereich ergeben, der noch so groß ist, daß Personen in diesen eindringen können, dann reicht vielfach eine niedrigere Schutzstufe, als wenn diese Schutzeinrichtung nicht vorhanden wäre.

Dies sind die Gründe, warum man immer prüfen sollte, ob solche *festen optischen Schutzeinrichtungen*, die keineswegs aus einem Schweißsystem ein Lasergerät der Klasse 1 machen können, einsetzbar sind.

Bei einem großflächigen Laserbearbeitungssystem, das nur ebene Werkstücke bearbeitet (d.h. ohne z-Achse), ist es eher als z.B. bei einem Laser-Industrierobotersystem möglich, die *Streustrahlung* unmittelbar auf den örtlichen Bereich des Schneidkopfes zu beschränken. Schon 1977 stellte Messer Griesheim auf der Schweißfachmesse speziell für die CO_2-Strahlung einen kurzen Quarzglaszylinder aus Suprasil® (Heraeus) vor, der den Schneidkopf umschließt und ca. 3 mm oberhalb der Werkstückoberfläche bleibt. Zur Begrenzung der restlichen sehr flach wegstreuenden Strahlung war am Tischrand nach oben eine schmale Schürze angebracht. Das Quarzglas vereinigt den Vorteil hoher Wärmeresistenz mit guter Durchlässigkeit für sichtbare Strahlung. Leider erwies sich diese Schutzvorrichtung durch die starre Anbringung des Suprasilzylinders als mechanisch anfällig, z.B. gegenüber hochstehenden Materialkanten. Die Lösung könnte eine flexible Aufhängung des Suprasilzylinders sein, die bei seitlichem Anstoßen ein Nachgeben erlaubt, möglicherweise verbunden mit einem kurzzeitigen Ausweichen des Zylinders nach oben. Abbildung 8.4 zeigt schematisch ein Ausführungsbeispiel mit einem Faltenbalg. Der Zylinder kann pendeln und nach oben ausweichen. Die Unterkante ist durch einen Metallring zusätzlich geschützt. Eine entsprechende strahlengerechte Ausführung der Materialauflage (Tischstruktur) wird vorausgesetzt.

Bei geringerer thermischer Belastung (400 bis 500 °C) und mittleren Bestrahlungsstärken durch die Streustrahlung könnte man auch hitzebeständiges Tafelglas (Standardprodukte, z.B. Tempax® von Schott) mit geeigneten Oberflächenschichten wählen. Für Excimer-Laser bieten sich solche Lösungen (z.B. Tempax 111 oder 121 ebenfalls an. Unter den gleichen Nebenbedingungen kann man auch beim Nd-YAG-Laser (z.B. Tempax 116) mehr als 90 % der schädlichen Streustrahlung unmittelbar auf den Bereich der Quelle begrenzen.

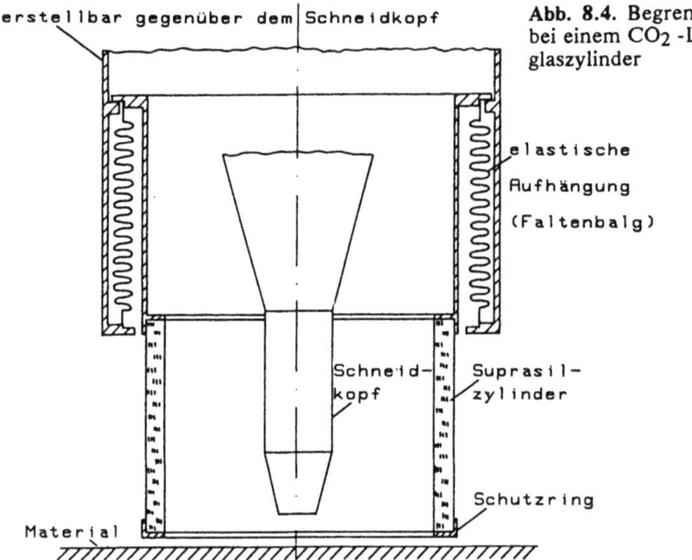

Abb. 8.4. Begrenzung der Streustrahlung bei einem CO_2-Laser durch einen Quarzglaszylinder

Bezüglich dieser Art von Schutzeinrichtungen ist noch einiges Entwicklungspotential vorhanden. Möglicherweise auch auf der Grundlage entsprechend geformter Laserschutzfilter nach DIN. Eine andere Lösung könnte aus zwei ineinandergesteckten Zylindern mit Luftspalt dazwischen bestehen. Innen das thermisch widerstandsfähige Quarzglas und außen ein Rohr, z.B. aus Zerodur, das die UV-Strahlung des Schmelzplasmas zurückhält.

Abgesehen von der Lösung mit speziellen Laserschutzfiltern muß man beachten, daß es sich bei den Beispielen um 10 %- bis bestenfalls 1 %-Lösungen (90 bis 99 % der Strahlung wird zurückgehalten) handelt. Damit kann also bei diffuser Streuung der Radius bis zur Erreichung der MZB-Werte um einen Faktor 3 bis 10 verkleinert werden. Besteht die Gefahr, daß gerichtete Streustrahlung entsprechender Stärke die Schutzwirkung der Filter zerstört, muß auf Laserschutzfilter in Form von Sichtfenstern (siehe Abschn. 9.2.6) oder auf Laserschutzbrillen für alle Anwesenden zurückgegriffen werden.

Um eine Vorstellung für die Reichweite von schädlichem Streulicht zu erhalten, wird nachstehend eine kurze Abschätzung durchgeführt [1.4]. In einer Laserschweißanlage wird angenommen, daß, wegen des sehr guten Reflexionsvermögens die gesamte Leistung (P) gleichmäßig (d.h. keine gerichtete Reflexion) in die obere Halbkugel des Raumes gestreut wird.

Auf der Oberfläche dieser Halbkugel vom Radius r hat man dann eine konstante Leistungs- oder Energiedichte (E), die in Gleichung (3.12) angegeben ist und den Grenzwert (MZB), d.h. die maximal zulässige Bestrahlungsstärke nicht übersteigen darf. Daraus berechnet sich der minimal zulässige Radius bis zu dem sich eine Person nähern darf, als Wurzel von ($P/(2\pi\,\text{MZB})$). Dieser minimal zulässige Radius wurde für verschiedene Laser ausgerechnet, um einen ungefähren Richtwert zu erhalten. Tabelle 8.2 enthält diese Radien. Die relativ großen Unterschiede — hier ragt vor allem der

Tabelle 8.2. Minimal zulässiger Radius für einige Laserarten bei vollkommen diffuser Streuung der Laserstrahlung

Laser	Leistung oder Energie	MZB-Wert	Radius
CO_2	5000 W	1000 Wm^{-2}	0,89 m
CO_2	500 W	1000 Wm^{-2}	0,28 m
CO_2	5 W	1000 Wm^{-2}	0,03 m
Nd-YAG	400 W	16 Wm^{-2}	1,60 m
Nd-YAG	50 W	16 Wm^{-2}	0,70 m
Argon	5 W	0,01 Wm^{-2}	8,92 m
Helium-Neon	1 mW	0,18 Wm^{-2}	0,03 m
Nd-YAG	5 J	0,50 Jm^{-2}[a]	1,26 m
Rubin	5 J	0,10 Jm^{-2}[a]	2,80 m

[a] Einzelimpuls, Impulsdauer 1 ms

Argon-Laser heraus – lassen sich mit den Aussagen in den Kap. 4 und 5 leicht begründen.

Bei gerichteter Reflexion oder starken Anteilen gerichteter Reflexion sieht dies dann schon wesentlich ungünstiger aus, insbesondere, wenn man mit Optiken großer Brennweite arbeitet, das heißt mit einem Strahl geringer Divergenz. Allerdings gehen die Werte in der Tabelle vom ungünstigsten Fall einer 100 %igen Rückstreuung der Laserleistung aus.

Insgesamt zeigen diese Abschätzungen und die Ergebnisse, wie wichtig für die industrielle Fertigung eine quellennahe Verringerung der Streustrahlung ist.

Wie sieht nun bezüglich der Streustrahlung die *experimentelle Wirklichkeit* in Abhängigkeit vom Werkstoff und Raumwinkel – ausgehend von der Auftreffstelle des Strahls aus? Rockwell und Moss haben entsprechende Messungen mit einem Nd-YAG-Laser (bis 10 kW, 20 Hz Pulsbetrieb, gemittelt bis 400 W) durchgeführt [8.6]. Abbildung 8.5 zeigt die Anordnung. Untersucht wurde die Streustrahlung bei den Materialien Platin, Aluminium, Stahl und Edelstahl.

Das Ergebnis zeigt die erwartete starke Abhängigkeit der Streustrahlung von der Materialart. Bezogen auf 1 m Entfernung war die Bestrahlungsstärke bei Platin mehr als dreimal höher als bei Edelstahl, gefolgt von Stahl und mit Abstand von Aluminium. Der zweite bedeutende Einflußparameter war der Streuwinkel Θ. Je größer der Winkel Θ, je kleiner wurde die Bestrahlungsstärke. Dies bestätigt den Sicherheitsgewinn durch die in Abb. 8.4 gezeigte Schutzeinrichtung. Die Werte folgten in etwa einer cosinus-Funktion. Der dritte Parameter war die Richtung der Streustrahlung, bezogen auf die Richtung des Werkstückvorschubs. In dieser Richtung wurden ca. 25 % höhere Werte gemessen. Der höchste Wert (Platin) für die Bestrahlungsstärke betrug in 0,55 m Entfernung 10,6 mW/cm^2. Mit folgender Beziehung lassen sich die Ergebnisse beschreiben:

$$E \sim \rho \cdot \Phi \cdot \cos \Theta / (\pi \cdot r^2). \tag{8.1}$$

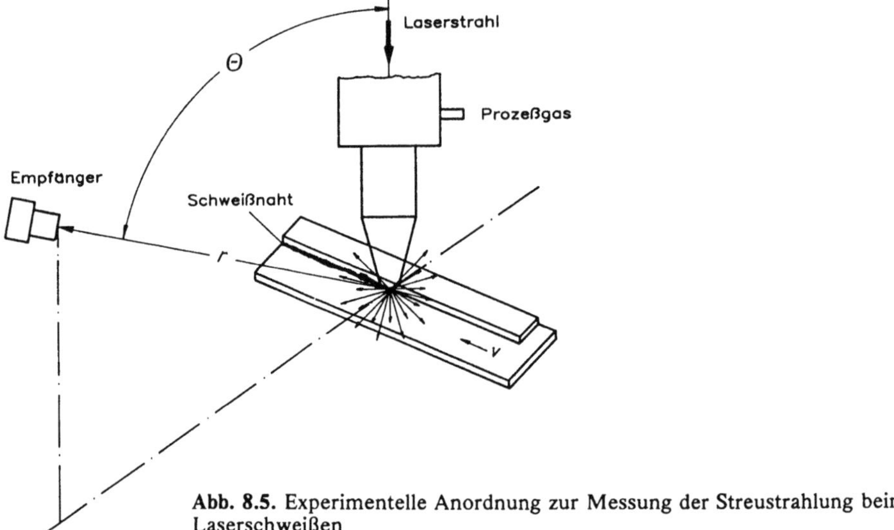

Abb. 8.5. Experimentelle Anordnung zur Messung der Streustrahlung beim Laserschweißen

Typische Werte für das Schweißen mit Nd-YAG-Lasern sind: $\rho = 0,8$, $\Theta = 60°$, $\Phi = 300\,W$. Dies ergibt eine Bestrahlungsstärke von $3,2\,mW/cm^2$ in 1 m Entfernung, was von der Größenordnung her gut mit den gemessenen Werten für Platin übereinstimmt. Eine Bewertung (gemäß ANSI 1980; siehe Abschn. 6.2.1) für Langzeiteinwirkung ($30\,000\,s \cong 8\,h$) ergab einen minimalen Radius von 5,7 cm von der Quelle für die Einhaltung der Grenzwerte für die „Haut" ($10^3\,mW/cm^2$). Der übliche Abstand des Bedienungspersonals liegt jedoch bei etwa 1 m und mehr. Die Einhaltung des Grenzwertes ($0,22\,mW/cm^2$) für das „Auge" unter den vorliegenden Pulsbedingungen ergab einen minimal erlaubten Abstand von 3,8 m. Das heißt, im Umkreis von 4 m müssen alle Personen mit Laserschutzbrillen geschützt werden, wenn keine anderen Maßnahmen getroffen werden. Die Ergebnisse zur Strahlung der Schmelzflüssigkeit selbst zeigten, daß die Werte im Bereich 400 bis 500 nm (Blaulicht-Bereich) den Grenzwert (MPE nach ANSI) für den Acht-Stunden-Tag überschritten.

In dem Maße, in dem der Laser bei der Materialbearbeitung die dritte Dimension erobert – dreidimensionale Laserbearbeitungssysteme oder Laserroboter –, gewinnen großflächige durchsichtige Abschirmungen für die Laserstrahlung an Bedeutung. Die Divergenz des Laserstrahls ist hier besonders wichtig. Sie ist ein wichtiger Parameter in der Sicherheitsanalyse, wenn z.B. bei einer Fehlfunktion des schwenkbaren Laserkopfes die Bestrahlungsstärke in 1 m oder 1,5 m Entfernung abgeschätzt werden muß.

Hier werden nicht die Anwendungsfälle angesprochen, bei denen ein Lasersichtfenster nach DIN auf Grund der Art des Laserprozesses bzw. der Entfernung davon erforderlich ist (siehe Abschn. 9.2.6). Es ist einleuchtend, daß man für größere durchsichtige Abschirmungsflächen nach preiswerten Massenprodukten sucht, deren optische Daten allerdings manchmal nicht hinreichend spezifiziert sind bzw. größeren Toleranzen unterliegen.

Schutzwände bzw. Schutzschirme wird man überall dort aus nichtdurchsichtigem, diffus reflektierendem und brandhemmendem Material (siehe Abschn. 8.2.1) fertigen, wo eine Durchsicht nicht notwendig ist. Andererseits sind optisch absolut isolierte Arbeitsplätze auch nicht erwünscht. Diese optisch dichten Schutzwände sind so auszulegen, daß sie auch unter ungünstigen Bedingungen der Strahlung beliebig lange standhalten bzw. hinreichend lange, nachdem unübersehbare Warnzeichen (starke Rauchentwicklung u.a.m.) auftreten. Ist eine Störung möglich, bei der Strahlung geringerer Divergenz (z.B. ohne Bündelungsoptik) austreten kann, und ist dies nicht technisch abgesichert (Grenztaster), dann muß dies in der Abschätzung berücksichtigt werden.

Diese Art von optisch und brandtechnisch dichter Abschirmung sollte immer gewählt werden, wenn sich dahinter andere, nicht zur Laseranlage gehörende Arbeitsplätze oder Verkehrsflächen befinden. Dabei sind auch solche zu berücksichtigen, die nicht ebenerdig sind, z.B. Krankabinen.

Häufig sind zur Prozeßbeobachtung, zur allgemeinen Lichtführung, zur Sicherheit der Mitarbeiter im Laserbereich durch möglichst wenig eingegrenzte Beobachtbarkeit von außen (Einzelarbeitsplatzproblem; siehe Abschn. 8.4.1) oder auch aus ästhetischen Gründen *großflächige, durchsichtige Schutzschirme, Stellwände* u.ä. erforderlich oder erwünscht. Soweit diese beweglich sind – z.B. Schiebetüren oder Schutzvorhänge –, sind sie mit Grenztaster, Gabellichtschranke o.ä. abzusichern. Diese Art der Abschirmungen kann nur dort eingesetzt werden, wo unter allen möglichen Betriebsfällen und Störungen entsprechend geringe Bestrahlungsstärken zu erwarten sind, die die (kleinflächige) thermische Belastbarkeit nicht überschreiten.

Folgende Eigenschaften werden von solchen Abschirmungen gefordert: Gute Transparenz, ausreichende Abschirmwirkung für die jeweilige Laserwellenlänge, ausreichend hohe (kleinflächige) thermische Belastbarkeit, mindestens schwere Entflammbarkeit und hinreichend lange Warnzeiten (z.B. Rauchentwicklung) vor dem Verlieren der Schutzwirkung.

Für die Wellenlänge der Laserstrahlung soll eine so starke Absorption vorhanden sein, daß hinter der Abschirmung die maximal zulässigen Bestrahlungsstärken (MZB-Werte; siehe Kap. 5) in jedem Fall eingehalten werden. Für CO_2-Laser ($10,6\,\mu m$) kann man von Transmissionsgraden $\tau(\lambda) = 0,001$ und weniger ausgehen. Beim Excimerlaser muß die Schutzwirkung im Einzelfall geprüft werden. Für den Nd-YAG-Laser ($1,06\,\mu m$) wird es schwierig, weil mit gut durchsichtigen Massenprodukten eine starke Absorption im UV-Bereich in der Regel einfacher zu realisieren ist als im nahen IR-Bereich. Aber die Grenze für den Einsatz ist häufig eher die *thermische Belastbarkeit*.

Die Absorption von Strahlung, und damit auch die Transmission, folgt einem exponentiellen Gesetz. Daher ist eine entsprechend große Sorgfalt bei Berechnungen und Abschätzungen erforderlich, weil ein Fehler gleich um Größenordnungen falsche Werte liefern kann (siehe Abschn. 3.1.9 und 9.2.3). Dies gilt analog und vom Gefahrenpotential noch stärker für die Auswahl von Laserschutzbrillen.

Wegen der guten Durchsichtigkeit wurde in der Vergangenheit für nicht zu starke CO_2-Laser (bis 500 W, Schutzwandabstand 1 m und mehr) gerne *Acrylglas* (z.B. Plexiglas®; Röhm GmbH, Darmstadt) zur Abschirmung eingesetzt (Dicke 6–8 mm). Wegen der geringen thermischen Widerstandsfähigkeit sollte der Einsatz sich jedoch nur auf Laser kleinerer Leistung beschränken. Mit Plexiglas 215 wird eine Sondersorte mit flammhemmenden Zusätzen (schwer entflammbar B1 nach DIN 4102) angeboten. Spezielle Sorten von farblosem Acrylglas, und dazu gehört auch Plexiglas 215, gestatten den Einsatz bei Excimer-Lasern. Dieser Plexiglastyp hat unterhalb von 370 nm nur noch einen Transmissionsgrad von weniger als 0,01 %. Aber Vorsicht! Es gibt Plexiglastypen, die bis 250 nm durchlässig sind. Die Transmissionskurven der hier besprochenen Materialien werden überschlägig im Abb. 8.6 gezeigt. Diese Produkte sind nur beispielhaft genannt. Es empfiehlt sich bei mehreren Herstellern anzufragen. Weitere Anmerkungen zum spektralen Transmissionsgrad im UV-Bereich siehe [8.3]. Aus den Transmissionskurven ist zu ersehen, daß Acrylglas für Nd-YAG-Laser keine Schutzwirkung hat. Das gilt auch für die ersten beiden nachstehend beschriebenen Materialien.

Für etwas höhere Bestrahlungsstärken bzw. Laserleistungen von CO_2-Lasern wird hochmolekulares *Polycarbonat* empfohlen. Es ist transparent, bis ca. 135°C temperaturbeständig und hat eine bessere Warnfunktion als Plexiglas. Polycarbonat ist schwer entflammbar. Die Flamme erlischt nach Beendigung der Bestrahlung. Bekannte Handelsnamen sind Makrolon (Bayer AG) und Lexan (General Electric). Makrolon 3103 FBL ist beispielsweise einsetzbar für CO_2- und für Excimer-Laser.

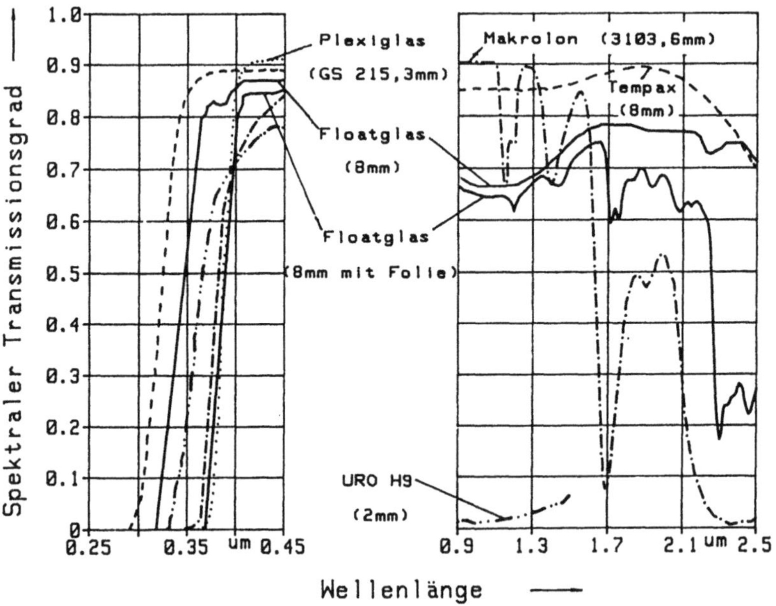

Abb. 8.6. Transmissionskurven einiger Materialien

Für Laser noch höherer Leistung reichen Kunststoffe nicht mehr aus. Einfache normale Glasscheiben sind bei Lasern untauglich, weil sie bei punktueller, hoher thermischer Belastung in Sekundenschnelle zerspringen und damit schlagartig ihre Schutzfunktion verlieren. Für diesen Fall sind *Verbundglasscheiben* (Dicke 6,5–8 mm) zu empfehlen, z.B. Kinon-Kristall® von Kinon Sicherheitsglas GmbH, Aachen. Die Folie besteht aus Polyvinyl-Butyral (PVB). Die Temperatur kann kurzzeitig auf 80°C ansteigen. Der Temperaturunterschied in der Scheibenfläche darf 40 K nicht übersteigen. Tritt eine thermische Überbelastung ein, platzt im allgemeinen nur eine Scheibe, der Raumabschluß bleibt erhalten. Es bleibt genügend Zeit zur Einleitung von Rettungs- und Schutzmaßnahmen. Verbundglasscheiben sind für den Einsatz bei CO_2-Lasern und bei Excimer-Lasern unter 300 nm geeignet. Der Vergleich der Transmissionskurven für reines Floatglas und Floatglas mit Folie in Abb. 8.6 zeigt, daß die starke Absorption des Verbundglases zwischen 300 und 350 nm von der Folie herrührt.

Seitens der Hersteller sind die Angaben zur Tauglichkeit der Gläser für den hier angesprochenen Einsatzfall insgesamt noch dürftig. Die Hersteller geben grundsätzlich keinerlei Garantie für eine Schutzwirkung der hier empfohlenen Maßnahmen. Der Mangel liegt in dem Fehlen von praxisnahen Standardsituationen für die Belastung dieser großflächigen Abschirmungen durch Laserstrahlung. Dies müßte von einem Ausschuß in Form einer Prüfvorschrift erarbeitet werden. Zur Zeit bleibt nur die Möglichkeit, die Schutzwirkung und die Laserbeständigkeit in Anlehnung an DIN 58215 [9.1] für den jeweiligen Einsatzfall selbst herauszufinden. Hier können keine erprobten Lösungen vorgestellt werden, sondern nur Richtungen auf den Weg dahin.

Zwei weitere Gläser mit besonderen thermischen Eigenschaften sind das schon weiter vorne erwähnte hitzebeständige Tempax®-Tafelglas und das Pyran®-Brandschutzglas (G-Verglasung gemäß DIN 4102) von Schott Glaswerke, Mainz. Pyran ist auch als mehrscheibige Isolierverglasung erhältlich.

Für den Wellenlängenbereich des Nd-YAG-Lasers (1060 nm) bietet sich (mit Einschränkungen) als Massenprodukt nur sogenanntes *Wärmeabsorptionsglas* an. Es handelt sich um ein bläulich schimmerndes Glas, das überall dort eingesetzt wird, wo die von einer Lichtquelle ausgehende Wärmestrahlung zurückgehalten werden muß, zum Beispiel bei Operations- oder auch bestimmten Schaufensterleuchten. Das Wärmeabsorptionsglas URO H9 von der Deutschen Spezialglas AG (DESAG), Delligsen, hat beispielsweise eine maximale Absorption von ca. 98 % ziemlich genau bei der Frequenz des Nd-YAG. Die Glasdicke beträgt 2 mm bis 3 mm und die maximale Größe $60 \times 80\,cm^2$. Zu Verbundglas müßten diese Scheiben dann allerdings noch weiter verarbeitet und der Absorptionsgrad noch erheblich vergrößert werden.

8.4.3 Laserroboter

Die Verbindung von Laser und Industrieroboter gewinnt zunehmend an Bedeutung. Etwas enthusiastisch wird manchmal von einer idealen Partnerschaft gesprochen, weil beide einen hohen Flexibilitätsgrad besitzen und wichtige Parameter schnell geändert werden können. Hier interessieren besonders die zusätzlichen Sicherheitsaspekte und Schutzmaßnahmen, die sich aus dieser Verbindung zum sogenannten Laserroboter ergeben. Dazu wird auch kurz auf die sicherheitstechnischen Anforderungen an Industrieroboter eingegangen. Ferner werden zum Schluß Schutzmaßnahmen an optischen Fasersystemen für energiebezogene Anwendungen angesprochen.

Das Haupteinsatzgebiet der Laserroboter ist z.Z. noch die Automobilindustrie für die Bearbeitung von dreidimensionalen Karosserieteilen. Der erste Fünf-Achsen-Laserroboter wurde schon 1979 vorgestellt [8.7]. Wirtschaftliche Vorteile gegenüber anderen Verfahren ergeben sich besonders in der Prototypen- und Vorserienfertigung. Diese Vorteile gelten generell für das Fertigen kleiner Serien.

Laserroboter müssen hinsichtlich der Konstanz der Bahngeschwindigkeit, Genauigkeit und Nachschwingfreiheit hohen Ansprüchen genügen. Stahlbleche von 0,8 mm Dicke werden z.B. mit einer Bahngeschwindigkeit von ca. 6 m/min geschnitten, bei Textilien und Kunststoffen mit ca. 30 m/min. Um Gratfreiheit zu erhalten wird dabei die Lage des Laserkopfes so programmiert, daß der Strahl möglichst senkrecht auf die Materialoberfläche trifft, d.h. eine praktisch beliebige Richtung im Raum einnimmt; vorwiegend jedoch in Richtung auf die untere Raumhalbkugel.

Ähnlich sieht es bei den anderen Verarbeitungsarten aus, z.B. bei der Oberflächenveredelung. Möglicherweise werden im Karosseriebau die Schweißpunkte mittelfristig durch eine kontinuierliche Lasernaht abgelöst.

Den bei diesen Anwendungen eingesetzten *Knickarmrobotern* gelten die nachstehenden Anmerkungen (siehe Abb. 8.7). Etwas einfacher sind die Arbeitsschutzprobleme beim *Schwenkarmroboter*, wie er beispielsweise zum Beschriften von Schildern mit dem Laser eingesetzt wird. Alle Achsen sind senkrecht angeordnet, der Laserstrahl ebenfalls. Um diese Achsen werden horizontale Schwingbewegungen ausgeführt, die es erlauben, sehr schnell jede Position über einer ebenen Fläche zu erreichen. Je nach Bearbeitungsgang lassen sich um den Laserkopf Schutzeinrichtungen analog zu Abb. 8.4 einsetzen, weil die gleichen Bedingungen gelten, wie sie im Absch. 8.4.2 für Bearbeitungsmaschinen für ebene Materialien beschrieben wurden.

Der Laserroboter ist zugleich die Verbindung von zwei mit ganz spezifischen Gefährdungsmöglichkeiten versehenen neuen Technologien. Der Zusammenschluß zu einem *System*, zu dem üblicherweise noch weitere Komponenten gehören wie z.B. Beschickungseinrichtungen, kann zu zusätzlichen Gefahren führen (verkettete Anlagen). Zur Erzielung eines guten Arbeitsergebnisses wird dieser Systemcharakter auch positiv genutzt, wenn z.B. Verfahrgeschwindigkeit (Roboter) und Strahlleistung (Laser) so aufeinander abgestimmt werden, daß das Verhältnis konstant bleibt.

Im Vergleich zu anderen Systemen in der Technik haben wir es hier jedoch mit nicht allzu schwierigen Sicherheitsproblemen zu tun, weil der Laser einen unter allen Umständen eindeutigen *sicheren Zustand* hat, und zwar den Zustand „kein Strahlen". Dies setzt jedoch voraus, daß die technischen Regeln eingehalten werden; das heißt, daß beispielsweise ein unbeabsichtigtes Strahlen nicht eintreten kann (siehe Abschn. 8.2.2).

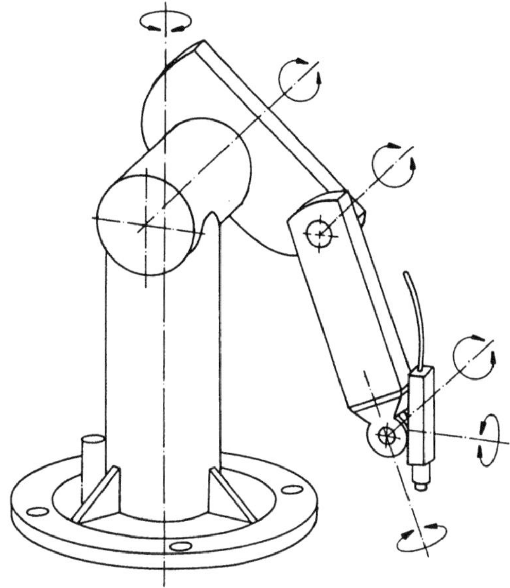
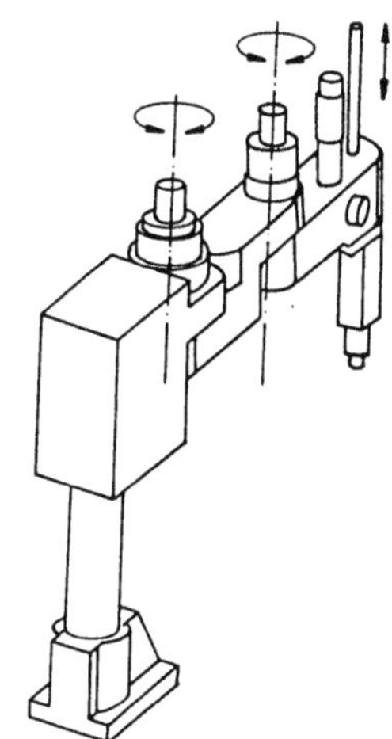

Abb. 8.7. Prinzip des Knickarmroboters und des Schwenkarmroboters (*rechts*)

Anders sieht dies beim Industrieroboter aus. Der eingenommene Ruhezustand nach einem „Not-Aus" ist nicht unbedingt die sichere Position, wenn unglücklicherweise eine Person erfaßt worden sein sollte. Deshalb müssen z.B. von Hand lösbare kraftbetätigte Bremsen bei entsprechendem Gewichtsausgleich der Roboterarme vorhanden sein oder aber eindeutige, unverwechselbare Befehlseinrichtungen zum Einleiten der Gegenbewegung, damit diese nicht in einer solchen Situation erst über ein Programm initiiert werden muß.

Einige Punkte sollten im Rahmen einer *Systemanalyse* besonders beachtet werden.

Der Zustand „Not-Aus" gilt für das Gesamtsystem (Ausnahmen sind möglich). In der Regel sollte aber der oder die Rechner sowie andere wichtige logische Funktionen des MSR-(Messen, Steuern, Regeln)Systems nicht mit stromlos gemacht werden, damit die Anlage wieder „definiert" angefahren werden kann. Definiert heißt z.B. für einen Roboter nicht, daß er schnellstens in eine bestimmte Grundposition fährt, Zangen öffnet u.a.m.

Die einzelnen Komponenten eines Systems sind gegenseitig „zu verriegeln". Ist dies in der Betriebsphase selbstverständlich, so werden manchmal für die Phasen Inspektion und Wartung oder Einrichten und Test wichtige Zusammenhänge übersehen. Über Plausibilitätskontrollen (im Programm) sollte der *Laserstart* und auch ein *automatischer „Not-Aus"* des Lasers an bestimmte Betriebszustände des Roboters gebunden werden. Mit Grenztastern ist ferner z.B. die richtige Lage des Werkstücks in der Aufnahmeeinrichtung zu kontrollieren.

Dies und weitere hier nicht angesprochene sind wichtige Aspekte für eine richtige Funktion des Arbeitsprozesses oder auch für den Laserstrahlenschutz. Es kann z.B. sein, daß die vorgesehene Größe des Laserbereiches von der einwandfreien betriebsgemäßen Funktion u.U. aller Systemkomponenten abhängt oder daß Absorptionsgrad bzw. Strahlenbeständigkeit der eingesetzten großflächigen und durchsichtigen Schutzschirme (siehe Abschn. 8.4.2) nur unter diesen Voraussetzungen angemessen sind. Die einwandfreie betriebsgemäße Funktion muß dann mit technischen Mitteln sichergestellt bzw. überwacht werden.

Hier wurden die Sicherheitsanalysen im Zusammenhang mit dem System „Laserroboter" angesprochen. Sie sollten jedoch grundsätzlich bei jeder Laseranlage in Verbindung mit anderen Komponenten, wie z.B. CNC-Maschinen, durchgeführt werden, wenn Gefahren aus für sich allein sicheren Anlagenkomponenten bei deren Zusammenspiel erwachsen können.

Zur Sicherheit von Industrierobotern gibt es eine spezielle Literatur (zum Beispiel [8.8–8.13]). Sicherheitstechnische Anforderungen an Bau, Ausrüstung und Betrieb von Industrierobotern sind in der VDI-Richtlinie 2853 (Juli 1987) festgelegt.

Ein sehr wichtiger Aspekt ist das sichere *Einrichten* von Roboter und Laser. Auch hier sei bzgl. des Roboters auf die Literatur verwiesen [8.14, 8.15 u. 8.12]. Beim Einrichten wird unterschieden in Einrichten mit und ohne *Programmierhandgerät* (PHG) Beim Einrichten *mit* dem PHG gibt es drei Betriebsarten. Bei der Betriebsart „Programmieren" (P nach VDI 2853) und „Testen mit reduzierter Geschwindigkeit" (T1) empfiehlt es sich, beim Laserroboter mit einem zum Arbeitslaser koaxialen Pilotlaser der Klasse 2 oder 3A zu arbeiten. Die Schutzmaßnahmen beschränken sich dann bei diesen Betriebsarten auf die robotertypischen.

Wird bei der Betriebsart „Testen mit Arbeitsgeschwindigkeit" (T2) der Arbeitslaser eingeschaltet, dann muß bei dieser Tätigkeit am PHG die Laserschutzbrille und gegebenenfalls auch Hautschutz getragen werden. Die eingeschränkten Sicht- und Helligkeitsverhältnisse beim Tragen der Brille wirken sich beim Arbeiten in unmittelbarer Nähe des Roboters besonders gefahrenträchtig aus und sollten durch eine entsprechend helle Beleuchtung kompensiert werden. Trotzdem sollte nach Möglichkeit diese Art der Tätigkeit auf das unbedingt notwendige Maß eingeschränkt werden.

Beim Einrichten *ohne* PHG kann man mindestens zwei Fälle unterscheiden. Erstens die sogenannte *Teach in*-Programmierung (Führen des Industrieroboterarms von Hand). Hierbei wird tunlicherweise wieder mit dem Pilotlaser oder z.B. einer mechanischen Zieleinrichtung gearbeitet. Im zweiten Fall könnte das Einrichten vom weiter entfernt stehenden Bedienungspult (Rechner) erfolgen. Dieses sollte in jedem Fall hinter einem Schutzschild stehen (siehe Abb. 8.2).

Der Gefahrenbereich beschränkt sich üblicherweise bei Industrierobotern auf die Hüllfläche des Roboters bzw. auf den Greifraum plus einem Sicherheitszuschlag. Eine ausgesprochene Fernwirkung - wie sie beim Laser auftritt - ist bei den bisherigen Anwendungen kaum bekannt, abgesehen von einem möglichen Verlust von Werkstück oder Werkzeug bei hoher Bahngeschwindigkeit. Beim Laserroboter kommt es darauf an, den direkten Laserstrahl auf das Werkstück gerichtet zu halten bzw. Roboterbewegungen so einzugrenzen, daß der Laserkopf den schützenden Wänden oder Schutzschirmen nicht näher kommt, als nach der Auslegung zulässig ist.

Wegen der möglichen Fernwirkung der Laserstrahlung können bei laufendem Arbeitslaser beim Einrichten Verwechslungen der Bahnkoordinaten (z.B. + für −)

ernste Folgen haben. Die Bedienelemente sind entsprechend ergonomisch und irrtums-
frei zu gestalten.

Will man das Programmierhandgerät im Sinne eines tragbaren, mobilen Bedien-
feldes mit Steuerknüppel nutzen, ist das Problem zu lösen, daß das PHG keinen festen
Bezug mehr zum Koordinatensystem des Roboters hat. Verwechslungen sind dann
besonders leicht möglich. In [8.16] wird eine Lösung mit einem großräumigen durch
Leiterschleifen erzeugten magnetischen Wechselfeld vorgestellt, das die Lage des Be-
dienfeldes zum Roboter immer automatisch zu messen gestattet und eine Koordina-
tentransformation veranlaßt, so daß der Steuerknüppel orientierungsneutral bedient
werden kann.

Soweit zu den Sicherheitsmaßnahmen bei der Programmierung bzw. Einrichtung
von Laserrobotern. Wegen der möglichen Fernwirkung von Gefahren sollte die Steuerung des Roboters ebenfalls gehobenen sicherheitstechnischen Ansprüchen genügen,
z.B. gegen elektromagnetische Störungen von außen oder gegen das Eintreten eines
(einzelnen) Fehlers in der Steuerung.

Diese für den Laserroboter empfohlenen Schutzmaßnahmen gelten - wenn auch
manchmal in etwas abgeschwächter Form auch für 3-D-Laser-Bearbeitungssysteme
(siehe Abb. 8.2).

Zwei wichtige Schutzmaßnahmen programmtechnischer bzw. apparativer Natur
sollen noch angesprochen werden.

Unfälle mit Robotern kommen nicht selten dadurch zustande, daß eine Störung
eintritt, der Roboter diese aber nicht als Störung erkennt, weil nicht alle Störungsmöglichkeiten vorausgesehen bzw. hardwaremäßig abgesichert werden können (z.B. das
Klemmen eines Gelenkes der Greifzange). Vergißt der Operateur vor dem manuellen
Eingriff den Roboter stillzusetzen, dann geht dieser nach Beseitigung der Störung und
Aktivierung des nächsten Sensorsignals unvermittelt in die nächste Arbeitsposition
und bringt den Operateur u.U. in Gefahr. Als Lösung empfiehlt es sich, im Programm
eine *automatische Zeitüberwachung* einzubauen [8.12]. Jeder Programm-(Arbeits-)
Schritt erhält ein zusätzliches Zeitfenster, in das eingetragen wird, nach welcher maximalen, großzügig bemessenen Zeit dieser Schritt abgearbeitet sein müßte. Läuft der
Zeitzähler ab, geht der Roboter automatisch in Störung und muß erst wieder initiiert
werden. Beim Laserroboter bedeutet dies, daß er die Strahlung abschaltet. Wird diese
sicherheitstechnische Maßnahme von der Robotersteuerung unterstützt (d.h. eine Zeit-
eintragung bei der Programmierung gefordert), dann wird dieser Unfalltyp nur noch
selten eintreten.

Gegen das Strahlen in den freien Raum bei 3-D-Anwendungen empfiehlt es sich,
eine *Streulichtüberwachungseinrichtung* einzusetzen. Abbildung 8.8 zeigt ein solches
von der Fa. Messerschmitt-Bölkow-Blohm GmbH, Ottobrunn, für den medizinischen
Bereich (handgeführtes Laserskalpell; siehe Abschn. 8.4.4) entwickeltes Gerät. Koaxial
zum Arbeitslaser strahlt ein linear polarisierter Pilotlaser (z.B. He-Ne-Laser, Klasse 1).
Das Streulicht dieses Lasers wird herausgefiltert und der Polarisierungszustand gemessen. Fehlt das Streulicht (Strahl in den freien Raum), wird der Arbeitslaser ausge-
schaltet. Die Messung der Polarisation ist nur wichtig für die Fälle, in denen gemäß

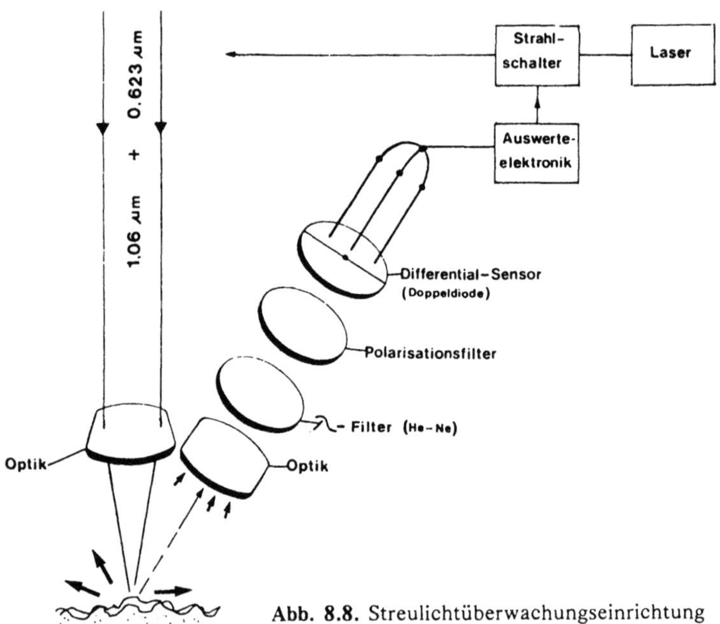

Abb. 8.8. Streulichtüberwachungseinrichtung

Sicherheitsanalyse bzw. der Art der Schutzvorkehrungen eine gerichtete (metallische) Reflexion nicht auftreten darf, zum Beispiel beim Schneiden von Textilien, Kunststoffen u.ä. Dieser Streulichtsensor ist hier sicher leichter zu installieren als im Handstück eines Laserskalpells.

Laserroboter gibt es in verschiedenen Ausführungen. Die einfachsten Probleme bezüglich der Strahlung ergeben sich, wenn der Laserstrahl starr und meistens senkrecht angeordnet ist und der Roboter das Werkstück führt (Werkstückhandhabung). Wegen der beliebig gekrümmten Flächen des Werkstückes kann mehr Streustrahlung unter flachen Winkeln in den Raum abgestrahlt werden als bei Laserbearbeitungsmaschinen für ebene Flächen. Obwohl der Laserstrahl immer senkrecht auf die Werkstückoberfläche geführt wird, hängt es von der Geometrie derselben ab, ob eine Schutzeinrichtung analog zu Abb. 8.4 eingesetzt werden kann.

Der eigentliche Laserroboter führt den Laserstrahl selbst. Das Werkstück wird konventionell gehalten oder von einem zweiten Roboter manipuliert. Die Führung des Laserstrahls erfolgt zur Zeit noch überwiegend mit sogenannten optischen Gelenken und einem separaten Teleskoparm oder einem Spiegelsystem im Inneren der Roboterarme. Ein gewisser Verschleiß an den „optischen Gelenken" ist ein mit dieser Lösung verbundener Nachteil. Für die Führung des Laserstrahls im Roboterarm werden beispielsweise bis zu zwölf Umlenkspiegel benötigt. Auf ausreichende Dimensionierung für den Störungsfall ist zu achten.

Die Entwicklung geht dahin, die Laserleistung über *flexible Strahlleitfasern* an den Laserkopf heranzuführen. Für den Nd-YAG-Laser liegt die Grenze zur Zeit bei etwa 1 kW. Bei der Wellenlänge des CO_2-Lasers gibt es noch Probleme mit der hohen Absorption der Leitfasern. Dies ist vom Schutz vor Laserstrahlung her um so mehr zu bedauern, als der Nd-YAG-Laser gegenüber dem CO_2-Laser um einen mehrstelligen Faktor geringere Grenzwerte hat (siehe Abschn. 8.4.2).

Bruchgefährdet sind besonders die Einführungsstellen an Laser und Roboterhand. Wegen der Schwierigkeit, den Bereich der Augenhöhe zu meiden (siehe Abschn. 8.2.1), wird ein senkrechter oder schräg nach oben oder unten führender Anschluß empfohlen. Die Austrittsöffnungen sollten durch automatisch wirkende Verschlüsse gesichert sein (siehe auch Absch. 8.4.4). Bei einem glatten Bruch der Glasfaser tritt ein Strahl aus mit einer Divergenz von 10°–14° (Halbwertsbreite). Dies ist bei einer Sicherheitsanalyse in beliebige Richtungen zugrunde zu legen, wenn nicht eine der nachfolgenden Maßnahmen getroffen wird, die auch für andere Anwendungen von energiebezogenem Strahlungstransport in optischen Fasersystemen wichtig sind.

Will man diese optischen Fasersysteme nach der Laserklasse 1 einstufen und wird eine Strahlungsleistung entsprechend einem Laser der Klasse 3B von diesem Fasersystem geführt, dann sollte – falls nicht die nachstehende Maßnahme durchgeführt wird – der Strahlungsleiter eine flexible Hülle besitzen, die bei einem Faserbruch hinreichend lange ohne Brandgefahr die gesamte Leistung aufnehmen kann.

Für ein Fasersystem der Klasse 1, das im Inneren eine Leistung entsprechend der Klasse 4 führt, sollte eine Schutzeinrichtung vorhanden sein, die den Laser bei einem Faserdefekt automatisch möglichst rasch abschaltet. Das kann beispielsweise mit Hilfe einer Leistungsüberwachung am Faserende oder einer Streulichtüberwachungseinrichtung analog zu Abb. 8.8 geschehen. Eine weitere Methode für die Leistungsüberwachung wäre die Einkopplung eines geringen Anteils der Laserstrahlung vom Ende der Leistungsfaser in einen damit verbundenen, parallel verlaufenden Lichtwellenleiter und Messung der „rückkehrenden" Strahlung am Lasergerät. Dabei sollte beachtet werden, daß z.B. 1 ms Abschaltzeit für Laserstrahlung entsprechender Leistung eine lange Zeit ist. Jedoch kann man durch weitere Maßnahmen (siehe oben) die Wahrscheinlichkeit verringern, daß jemand im Störungsfall sofort vom Strahl getroffen wird.

Besitzt der Laserroboter von der apparativen Sicherheitstechnik her einen hohen Standard, dann kann man sich von der Sicherheitsanalyse her auf den Laserkopf konzentrieren. Zur besseren Beobachtung des Arbeitsergebnisses empfiehlt es sich, bei leistungsstarken Lasern eine Videokamera mit motorisch verfahrbarer Optik zu installieren. Bei der Programmierung des Laserkopfes sollte, soweit möglich, ein *Winkelbereich* um ± 15° von der *Waagerechten* aus ausgeklammert werden. Der Laserstrahl kann dann nicht waagerecht abstrahlen. Noch besser sind an der entsprechenden Achse angebrachte Schaltstücke mit Grenztaster, wenn nur diese eine Achse für die Schwenkbewegung verantwortlich ist.

Die *Divergenz* des Laserstrahls sollte, soweit es der Arbeitsprozeß erlaubt, möglichst groß sein, damit die Bestrahlungsstärke rasch mit der Entfernung abnimmt. Das ist eine Grundvoraussetzung für die sichere Funktion der großflächigen durchsichtigen Schutzschirme in einiger Entfernung vom Laserroboter (siehe Abschn. 8.4.2).

Beim Härten z.B. wünscht man sich möglichst breite Härtespuren (10–25 mm), um wenig angelassene Randzonen zu erhalten. Wählt man zur Erreichung dieser breiten Spur einen oszillierenden Spiegel oder einen Facettenspiegel, dann hat der Einzelstrahl wieder die gewünschte große Divergenz. Bei manchen Anwendungen bzw. bei einigen Lasertypen – z.B. Excimer-Lasern – arbeitet man ohne zusätzliche Strahlfokussierung. Die entsprechend geringe Divergenz des Strahls ist bei der Sicherheitsanalyse zu berücksichtigen.

Kann beim Laserroboter die Einwirkung durch den direkten Strahl durch entsprechende sicherheitstechnische Maßnahmen ausgeschlossen werden, dann braucht nur die reflektierte und die Streustrahlung zugrunde gelegt werden (siehe Beispiel zu Abb. 8.5).

Bei den Überlegungen zu den Schutzmaßnahmen im Laserbereich ist zu differenzieren zwischen dem Wellenlängenbereich von $400\,\text{nm} \leq \lambda \leq 1400\,\text{nm}$ und dem Rest. Im zuletzt genannten Wellenlängenbereich sind die Grenzwerte für Auge und Haut gleich. Bei Überschreitung derselben müssen Schutzbrille und auch ein Hautschutz, z.B. analog zum Elektroschweißen, getragen werden; letzteren insbesondere bei Lasern im ultravioletten Spektrumbereich (Erythembildung; siehe [8.3]). Liegt die Wellenlänge innerhalb von 400 nm und 1400 nm, dann sind die Grenzwerte für das Auge sehr viel niedriger, und man muß in der Regel schon eine Schutzbrille tragen, während man den Hautschutz noch nicht benötigt (siehe Kap. 5 und 9).

8.4.4 Schutzmaßnahmen in der Medizin

Laser fanden in der Medizin im Laufe der letzten Jahre ein breit gefächertes Anwendungsgebiet und haben hinsichtlich ihres Einsatzes meist den Status des Experimentellen hinter sich gelassen; ihre Verwendung ist vielfach zur Standardmethode geworden. Beim medizinischen Einsatz der Laser ergeben sich viele sicherheitstechnische Probleme, die sich in dieser Form in anderen Gebieten nicht stellen, wo man die Geräte meist so kapseln oder abschirmen kann, daß keine Laserstrahlung nach außen dringt. Dieser Abschnitt behandelt die für die Medizin spezifischen Probleme, die allgemeinen Hinweise vom Beginn dieses Kapitels gelten selbstverständlich auch hier.

8.4.4.1 Laserarten in der Medizin

Weitaus die meisten Laser in der Medizin dienen der Therapie, daneben werden Laser aber auch in der Diagnose und als Justierhilfen für andere Geräte benutzt. Anfangs wurden hauptsächlich drei Laserarten eingesetzt, nämlich der CO_2-Laser (Wellenlänge 10600 nm) und der Nd-YAG-Laser (1060 nm) in der Chirurgie sowie der Argonlaser (488 und 515 nm) in der Ophthalmologie. Unterscheiden sich diese Laser schon um mehr als einen Faktor zehn in ihrer Wellenlänge, so kamen mit den Excimer-Lasern (ArF bei 193 nm, KrF bei 248 nm, XeCl bei 308 nm und XeF bei 351 nm) Laser hinzu, die bis ins kurzwellige ultraviolette Spektralgebiet (UV) strahlen. Daneben fanden durchstimmbare Farbstofflaser, die sehr wellenlängenselektive Einwirkungen gestatten, beispielsweise in der Tumortherapie vielversprechende Anwendungen. Der He-Ne-Laser (633 nm) wurde für Wundbehandlungen, Akupunktur und Biostimulation eingesetzt, ebenso wie die heute viel diskutierten Soft- oder MID-Laser, bei denen es sich meist um Laserdioden handelt, die im Wellenlängenbereich zwischen 600 und etwa 900 nm strahlen. Neben diesen mehr oder minder klassischen Lasern für medizinische Anwendungen wird derzeit mit vielen anderen Lasern experimentiert, um die Therapiemöglichkeiten zu verbessern und Behandlungsziel und Laserwellenlänge sowie -leistung optimal aufeinander abzustimmen. Ganz allgemein gilt, daß Laser und Lasergeräte für medizinische Anwendungen nach der MedGV [6.30] eine Bauartzulassung haben müssen. Die entsprechenden Anforderungen an medizinische Laser werden in VDE 0750 Teil 226 [8.18] geregelt.

8.4.4.2 Apparative Maßnahmen

Kann, wie in der Chirurgie, Laserstrahlung hoher Leistung offen austreten, so sollte durch konstruktive Maßnahmen die Sicherheit erhöht werden. Ein Sicherheitshandstück, das mit einem schwachen Pilotlaser die Stelle markiert, an der der Laserstrahl auftrifft, ist eine große Hilfe. Es gibt auch Vorschläge, durch Überwachung des reflektierten Pilotlichtes auszuschließen, daß der Leistungslaser strahlt, wenn das Handstück in den Raum zeigt oder metallisch reflektierende Gegenstände trifft. Ist vorgesehen, daß das Handstück in unmittelbarem Kontakt mit dem Gewebe eingesetzt wird, so ist ein Pilotlicht natürlich nicht erforderlich.

Beim Pilotlicht für die Markierung von Zielpunkten bei frei strahlenden Lasern darf es sich höchstens um einen Laser der Klasse 2 handeln, für Anwendungen im Auge muß die Leistung noch wesentlich geringer sein, da dann der Lidschlußreflex nicht wirken kann. Normalerweise darf der Grenzwert für Klasse 1 nicht überschritten werden; in einigen ausländischen Vorschriften wird, falls es die Sichtbarkeit erfordert, pauschal eine Überschreitung bis zu beispielsweise 400 μW [8.19] erlaubt. Die Klassenzuordnungen beziehen sich bei den Lasern meist auf die Grenzwerte für kollimierte Strahlung, bei ophthalmologischen Anwendungen ist der Fleck des Pilotlichtes auf der Netzhaut jedoch meist so groß, daß eigentlich die Grenzwerte für ausgedehnte Quellen angewendet werden müßten. Hier ist also eine Rechnung für die Klasse 1 notwendig, die berücksichtigt, daß die Leistung im Auge über eine größere Fläche verteilt ist und nachweist, daß die Grenzwerte für ausgedehnte Quellen eingehalten sind. Dabei kann selbstverständlich die zu erwartende Einwirkzeit berücksichtigt werden (siehe Kap. 5).

Die Erkennbarkeit des Pilotlichtes ist vielfach durch die helle Ausleuchtung des Operationsfeldes beeinträchtigt. Das Pilotlicht muß außerdem durch die Laserschutzbrillen für den jeweiligen Laser sichtbar sein. Es ist natürlich auch denkbar, daß das Lasergerät so konstruiert ist, daß als Pilotlicht der abgeschwächte Strahl eines benutzten sichtbaren Lasers verwendet wird. Dann ist natürlich eine Sichtbarkeit mit Schutzbrille nicht mehr gegeben. In diesem Fall muß daher das rückgestreute Pilotlicht so schwach sein, daß am Auge des Operateurs die zulässigen Grenzwerte unterschritten sind. Die Abweichung des vom Pilotlicht markierten Zielpunktes von dem Einwirkpunkt des Hauptstrahles sollte in regelmäßigen Abständen kontrolliert werden. Nach VDE 0750 Teil 226 [8.18] ist Pilotlicht bis 5 mW zulässig.

Die Austrittsöffnung an einem Lasergerät der Klassen 3B oder 4, bei der die Strahlung, beispielsweise durch Einführen von Lichtwellenleitern ausgekoppelt wird, ist oberhalb oder unterhalb der Augenhöhe anzuordnen (siehe dazu auch Abschn. 8.2.1), da infolge mechanischer Belastungen die Wellenleiter an dieser Stelle leicht brechen. Günstig sind hier vertikal verlaufende Auskoppelstellen. Ferner sind diese Öffnungen, z.B. durch automatisch wirkende mechanische Klappen, so zu sichern, daß nach Entfernen des Lichtwellenleiters keine Strahlung austreten kann.

Die Lichtwellenleiter selbst müssen ausreichend lang sein, damit keine mechanischen Spannungen bei der Benutzung auftreten, die zu einem Bruch führen könnten. An der Bruchstelle austretende Strahlung würde die im Raum befindlichen Personen gefährden. Eine Streulichtüberwachung im Operationsfeld (siehe Abschn. 8.4.3) würde einen derartigen Lichtwellenleiterbruch ebenfalls detektieren.

Ophthalmologische Geräte, Endoskope, Mikroskope und andere optische Geräte, mit denen Bereiche beobachtet werden, die der Laserstrahlung ausgesetzt sind, müssen in ihren Optiken Schutzfilter enthalten, die die Laserstrahlung absorbieren oder reflektieren. Der durchgelassene Anteil muß so klein sein, daß eine Gefährdung des Benutzers ausgeschlossen und die Benutzung von Schutzbrillen überflüssig ist.

Da das Übergangsgebiet zwischen Therapieerfolg und Schädigung meist ziemlich schmal ist, dürfen Laser für Anwendungen in der Medizin in ihrer Leistung um nicht mehr als 20 % schwanken. Außerdem müssen sie ein Meßgerät enthalten, das die abgegebene Leistung mit einer Meßunsicherheit von weniger als 20 % anzeigt. Es empfiehlt sich, diese Leistungsanzeige von Zeit zu Zeit mit einem kalibrierten Meßgerät zu überprüfen. Die Geräte sollten auch mit einer Vorrichtung versehen sein, die warnt, wenn eine vorgewählte Leistungsgrenze unter- oder überschritten wird, da dies auf eine Fehlfunktion hindeuten kann, die in beiden Richtungen den gewünschten Therapieerfolg in Frage stellt.

8.4.4.3 Organisatorische und technische Maßnahmen

Der Laserbereich erstreckt sich üblicherweise auf den ganzen Raum, in dem mit frei austretender Laserstrahlung gearbeitet wird, oder mit unkontrollierten Reflexen z.B. an chirurgischen Instrumenten zu rechnen ist. Man kann jedoch auch durch Rechnung abschätzen, oder durch Messung feststellen, wie weit der Laserbereich in dem Raum reicht und dorthin die Abgrenzung verlagern. Zweckmäßigerweise sollte man bei großen Räumen einen Teil durch Stellwände oder Vorhänge abtrennen, um den Laserbereich zu verkleinern. Das Tragen von Laserschutzbrillen ist im gesamten Raum zu empfehlen, im Laserbereich jedoch auf alle Fälle erforderlich.

Daß Laserstrahlung hoher Leistung, wie in der Chirurgie, aus einem frei beweglichen Handstück austreten kann, kommt bei anderen Laseranwendungen selten vor.

Dies bedingt eine besondere Sorgfaltspflicht des Operateurs. Er darf niemals den Laser strahlen lassen, wenn das Handstück in den Raum oder gar auf Personen gerichtet ist. Auch übliche chirurgische Instrumente, die eine glatte und glänzende Oberfläche haben, können die Strahlung wenig abschwächt in den Raum reflektieren, wenn das Handstück bei eingeschaltetem Laser auf sie zeigt. Ebene Flächen an den Instrumenten sind zu vermeiden, die Krümmungsradien der Oberflächen sind möglichst klein zu wählen, da dann die Laserstrahlung in einen größeren Winkelbereich gestreut wird und deren Leistungsdichte rasch abnimmt. Hier bieten sich vor allem konvex gekrümmte Oberflächen an, bei konkav gekrümmten kann ein Brennpunkt für die Laserstrahlung im Bereich vor dem Instrument liegen (siehe Abschn. 3.1.8).

Instrumente für die Anwendung im Laserbereich sollen also möglichst wenig Laserstrahlung reflektieren. Dies kann man dadurch erreichen, daß man sie mit matten und dunklen Oberflächen versieht [8.20]. Die erforderliche Rauhtiefe der Oberfläche hängt jedoch auch von der Laserwellenlänge ab. Die Rauhtiefe muß außerdem so gewählt sein, daß auch noch bei größerem Einfallswinkel die Reflexion diffus ist. Dies ist beim Nd-YAG-Laser (Wellenlänge 1060 nm) ab etwa $4\,\mu m$ Rauhtiefe gegeben, beim CO_2-Laser (Wellenlänge 10600nm) ab etwa $40\,\mu m$ Rauhtiefe.

Eine dunkle, für die Laserwellenlänge gut absorbierende Oberfläche, verringert zwar die Strahlungsreflexion, kann aber bei Lasern hoher Leistung zu einer Erhitzung der Instrumente und damit zu Sekundärschäden durch Verbrennungen oder sogar zu einer Beschädigung des Instruments führen. Daher sollen die mattierten Oberflächen von Instrumenten für Hochleistungslaser eine hohe diffuse Reflexion haben, die beispielsweise durch Vergolden erzielt werden kann. Strahlfänger sollten demgegenüber gut absorbierend sein.

Hilfsgeräte und Abdeckmaterialien, die der Laserstrahlung während der Operation versehentlich ausgesetzt werden können, müssen mindestens schwer entflammbar sein, da Laserstrahlung der verwendeten Leistungsdichten zu einem Brennen vieler Materialien wie Stoffe und Papier führen würde. Die Entzündungsgefahr ist in sauerstoffangereicherter Atmosphäre besonders groß. Vielfach haben sich beim CO_2-Laser auch nasse Tücher zum Abdecken bewährt.

Ein besonderes Problem stellt der Einsatz von Laserstrahlung in Körperhöhlen dar, in denen sich Narkosegase oder andere brennbare Gase befinden können. In einigen Fällen kam es schon zu Unfällen, weil diese Gase ein zündfähiges Gemisch bildeten und durch die Laserstrahlung eine Verpuffung ausgelöst wurde. Daher müssen auch Tuben, die Sauerstoff oder brennbare Narkosegase führen, entsprechend umhüllt sein bzw. aus Materialien bestehen, die gegen Laserstrahlung ausreichend beständig sind. Dafür können flexible Metallschläuche oder Metallisierungen von Kunststoffschläuchen geeignet sein.

Die Grenzwerte zulässiger Bestrahlung gelten zwar nicht für den Patienten im unmittelbaren Operationsbereich, da sie dort zur Erzielung der gewünschten Wirkung überschritten werden müssen, umso mehr sollten die übrigen Hautpartien und insbesondere auch die Augen des Patienten abgedeckt werden, um unbeabsichtigte Bestrahlung zu vermeiden. Dies gilt besonders für Zieleinrichtungen, die Laserstrahlung benutzen, wie sie bei Röntgengeräten und Tomographen manchmal eingebaut sind. Auch die Einwirkzeit kann auf die Zeit des Einrichtvorganges begrenzt werden.

Ein weiteres Problem in diesem Zusammenhang ergibt sich beim Umgang mit Laserstrahlung, die eine große Eindringtiefe im biologischen Gewebe hat (z.B. Nd-YAG-Laser). Hier müssen die Leistung und die Einwirkdauer sehr vorsichtig dosiert werden, da andernfalls tieferliegende Organe geschädigt werden können.

Bei chirurgischen Laseranwendungen entstehen häufig Dämpfe, die möglichst unmittelbar am Entstehungsort abzusaugen sind. Dies verbessert einerseits die Sichtbarkeit im Operationsfeld, verhindert aber auch andererseits, daß diese Dämpfe eingeatmet werden. Insbesondere können die Dämpfe, die beim Schneiden von Fettgewebe entstehen, karzinogen sein.

Bauteile mit begrenzter Lebensdauer bzw. erhöhter Ausfallwahrscheinlichkeit, wie Dämpfungsfilter, Verschlüsse, Lichtwellenleitersysteme, sollten vorbeugend in regelmäßigen Abständen gewartet und bei ersten Anzeichen von Verschleiß ausgewechselt werden.

Zwischen den Forderungen nach Hygiene und Sterilität, die bei medizinischen Anwendungen im Vordergrund stehen müssen und bestimmten Schutzmaßnahmen, die aus Gründen der Lasersicherheit geboten sind, ergeben sich manchmal Widersprüche, so daß die Schutzmaßnahmen nicht oder nicht in vollem Umfang durchgeführt werden können. In diesem Falle muß sich der Operateur allerdings der besonderen Gefahren bewußt sein und die Sicherheit durch andere Maßnahmen gewährleisten, insbesondere durch erhöhte Sorgfalt und Vorsicht.

Auf Grund der diskutierten besonderen Probleme der Laseranwendung im medizinischen Bereich, sind entsprechend den jeweiligen örtlichen Bedürfnissen und Verhältnissen Regeln für den sicheren Betrieb der Laser aufzustellen, die bei ihrer Einhaltung helfen, Unfälle zu vermeiden.

8.4.5 Lichteffekte bei Schauveranstaltungen, auf Bühnen und in Diskotheken

In diesem Abschnitt wird ein Anwendungsgebiet des Lasers angesprochen, bei dem erstmals überwiegend „Information" vermittelt wird. Lichteffekte verlangen jedoch durch die Art der Darstellung der Information auf einer Leinwand o.ä. eine recht hohe Strahlungsleistung, so daß vornehmlich Laser der Klassen 3B und 4 eingesetzt werden. Hier verbindet sich die energiebezogene Anwendung von Lasern mit der informationsbezogenen.

Die Aufgabe zur Erzeugung von häufig auch recht ausdrucksvollen *Lichteffekten* beinhaltet die Einschränkung auf den sichtbaren Wellenlängenbereich. Manchmal setzt man jedoch auch UV-Laser ein, um mit unsichtbarem Strahl z.B. ein „Menetekel" auf einen floureszierenden Schirm schreiben zu können. Mit Hilfe der optischen Holographie können ebenfalls sehr schöne Lichteffekte erzeugt werden, aber sie wird überwiegend für Meßaufgaben eingesetzt und daher im nächsten Abschnitt behandelt.

Die Gefährlichkeit des Laserstrahls ergibt sich bei dieser Anwendung aus der fast immer notwendigen großen Reichweite bei geringer Strahldivergenz, um die gewünschten Showeffekte zu erzeugen. Grob geschätzt werden zur Zeit Laseranlagen in ungefähr 150 Diskotheken eingesetzt, dazu kommen Bühnenlaseranlagen und solche für Schauveranstaltungen, z.B. im Freien. In allen diesen Anwendungsbereichen werden zum Teil auch mobile Laseranlagen eingesetzt.

Zur Unterstützung von Herstellern und Betreibern wurden verschiedene technische Regeln und Merkblätter für dieses Anwendungsgebiet erarbeitet, die zu beachten sind. Auf §13 der UVV Laserstrahlung sei verwiesen. An erster Stelle ist die Norm DIN 56912 zu nennen (siehe Abschn. 6.1.3 [6.13]), ferner das Merkblatt [8.21] und die Arbeitssicherheitsinformation [8.22]. Die Anforderungen aus diesen Regeln sollen hier nicht wiederholt werden. Wesentlich erscheint, daß in diesem Anwendungsgebiet nicht nur unfallversicherte Arbeitnehmer (§5 UVV Laserstrahlung), sondern auch Besucher, Zuschauer oder gar unbeteiligte Personen gefährdet werden können. Dies impliziert zusätzliche behördliche Zuständigkeiten, die zu beachten sind.

Der über weite Bereiche freie Laserstrahl weist den apparativen Schutzmaßnahmen am Lasergerät selbst eine sekundäre Bedeutung zu und stellt die Notwendigkeit von sorgfältigen *Strahlanalysen* im Einzelfall in den Vordergrund. Dazu gewinnt auch die Forderung an Bedeutung, daß nicht fest in die Laseranlage integrierte optische Hilfsmittel alle Angaben enthalten müssen, die eine analytische Beurteilung hinsichtlich des Strahlverhaltens erlauben (siehe Abschn. 8.2.2). Dies gilt vor allem für Scanner, Spiegelkugeln, Linsen, einschwenkbare Filter u.a.m.

Die Kap. 3 und 5 und der Abschn. 8.4.2 enthalten wichtige Hinweise für die Durchführung solcher Strahlanalysen. Die vorstehend zitierte *Bühnenlasernorm* unterstützt besonders gut die Durchführung entsprechender Analysen. In Fließbildern wird die Berechnung der Bestrahlungsstärke E, Bestrahlung H und die Prüfung auf Zulässigkeit dargestellt. Bei öfterer Anwendung empfiehlt sich die Umsetzung in ein Rechenprogramm. In zusätzlichen Beispielen werden folgende häufig wiederkehrende Fälle vorgerechnet:

− Richtungsveränderliche Laserstrahlung mit sägezahn-, sinus- oder ellipsenförmiger Ablenkcharakteristik,
− Richtungsveränderliche Laserstrahlung infolge der Anstrahlung einer rotierenden Spiegelkugel durch einen stationären oder durch einen mit einer dreieckförmigen Charakteristik scannenden Strahl,
− Bewertung der Laserstrahlung, wenn mehrere unterschiedliche Lichteffekte durchgeführt werden,
− Bewertung der Laserstrahlung nach diffuser Reflexion an einer Wand (siehe Abschnitt 5.1.2).

Die Norm DIN VDE 837 [6.6] enthält im Anhang A u.a. folgende Beispiele, die sinngemäß angewendet werden können:

− Berechnung des kleinsten erlaubten Betrachtungsabstandes senkrecht zu einem ideal streuenden Schirm (Beispiel B),

– Bestimmung der maximal zulässigen Bestrahlung bei Pulslasern (scannenden Dauerstrichlasern) (Beispiel C).

Die Strahlanalyse ist nur ein Teil einer Sicherheitsanalyse des Lasersystems (siehe auch die Abschn. 8.1 und 8.4.3), in das man stärker als in anderen Einsatzgebieten auch die weitere Umgebung mit einbeziehen muß. Dies gilt auch für einige spezielle Aufgaben in der Meßtechnik. Im Abschn. 8.4.6 wird u.a. auf den Sonderfall eingegangen, daß der Laserstrahl draußen in der freien Atmosphäre eingesetzt wird.

In den o.g. technischen Regeln wird neben einem besonderen, um eine allseitige Sicherheitszone von 1 m erweiterten, Laserbereich (Bühnenlaserbereich) ein zusätzlicher *Zuschauerbereich* definiert. Dieser umfaßt alle für Zuschauer und Unbeteiligte frei zugänglichen Verkehrsflächen, einschließlich des darüberliegenden Raumes bis zu einer Höhe von 2,50 m. Sind diese Maße nicht einzuhalten, so ist der Laserstrahl durch robuste, feste Führungen, z.B. Rohre, zu leiten.

Die allgemeinen baulichen, installatorischen, apparativen und organisatorischen Schutzmaßnahmen nach Abschn. 8.2 gelten auch hier. Zwei Dinge sind jedoch von besonderer Bedeutung, und dies gilt besonders für den Einsatz von mobilen Laseranlagen, die in immer anderer Umgebung eingesetzt werden. Im Rahmen der Sicherheitsanalyse muß im gesamten vom Strahl erreichbaren Raum nach direkt reflektierenden Gegenständen oder Installationen gesucht werden, beispielsweise unscheinbaren ebenflächigen Metallrosetten an der Decke. Der eingeschränkte Wellenlängenbereich auf sichtbares Licht oder auf angrenzende Bereiche erleichtert die Entscheidung, was als direkt reflektierend einzustufen ist. Ferner ist dieser Raum besonders gut nach leicht brennbaren Materialien abzusuchen (siehe Abschn. 8.2.1). Geht in die Risikobetrachtung ein, daß es sich um einen richtungsveränderlichen Laserstrahl handelt, dann sind die entsprechenden optischen Einrichtungen (Scanner, Spiegelkugel) mit einer Überwachung auszurüsten, die bei Stillstand den Laserstrahl sofort abschaltet.

8.4.6 Meßtechnik

Dieses Einsatzgebiet des Lasers hat viel gemein mit den Anwendungen in Forschung und Entwicklung (Abschn. 8.4.1) und wenn die Meßaufgaben über größere Raumbereiche verlaufen, auch mit dem vorhergehenden Abschnitt über die Laseranwendung „Lichteffekte". Soweit das Einsatzgebiet sich diesen beiden Grenzbereichen nähert, werden die in diesen Abschnitten angesprochenen Fragestellungen und Schutzmaßnahmen nicht wiederholt. Gegenüber der Laseranwendung „Forschung und Entwicklung" ist hier mehr an den Einsatz von für bestimmte Arten von Meßaufgaben entworfene Seriengeräte bei den Lasereinrichtungen gedacht, und nicht an Experimentalaufbauten.

Die zu diesem Abschnitt gehörenden Anwendungen von Laserstrahlung sind beispielsweise die Messung der Ebenheit von Flächen, der Dicke von Schichten. Justagemessungen, Interferometrie, Entfernungsmessungen wie z.B. Genauigkeitstests an Industrierobotern, Leitstrahlverfahren, Messungen über größere Entfernungen in der Atmosphäre, laseroptische Spektroskopie, Geschwindigkeitsmessungen und Doppler-Anemometrie und nicht zuletzt die Holographie, z.B. zur Schwingungsanalyse.

Schon sehr früh setzte sich der Laser bei *Leitstrahlverfahren* und bei *Entfernungsmessungen* durch. Bei Messungen über kurze Entfernungen, wie sie beispielsweise innerhalb von Maschinen und Geräten vorkommen, gibt es kaum Sicherheitsprobleme, und dazu gehören viele der vorstehend genannten Einsatzfälle. Beim Einsatz über größere Entfernungen, z.B. auf Baustellen, Tunnelvortriebsstrecken oder über Wasser, sieht dies schon etwas anders aus. Der Laserstrahl verläuft meist waagerecht und sollte möglichst über Kopfhöhe verlaufen (siehe Abschn. 8.2.1)

Die eingesetzten Laser sind daher im wesentlichen auf die Klassen 1, 2 und 3A beschränkt. Der Einsatz von Lasern größerer Leistung ist für diesen Zweck nach der UVV „Laserstrahlung" in jedem Einzelfall vorab meldepflichtig. Beim Einsatz von Lasern der Klassen 3B oder 4 sollte immer nur mit der geringstmöglichen Leistung gearbeitet werden. Die Durchführungsanweisungen der UVV enthalten wichtige Empfehlungen, die hier nicht wiederholt werden.

Die *Aufweitung* durch entsprechende Optiken (siehe Abschn. 8.2.2) ist für Leitstrahlverfahren und Entfernungsmessungen eine wichtige Sicherheitsmaßnahme. Bei diesen Geräten dürfen keine Vorkehrungen getroffen sein, die es erlauben, auf einfache Weise optische Einrichtungen (z.B. Teleskope) anzubringen, die die Laserklasse erhöhen. Die Geräte mit richtungsveränderlicher Strahlung (Rotation, Scanning) sollen in jedem Fall so ausgelegt sein, daß sie unter Berücksichtigung der Winkelgeschwindigkeit, der Impulsdauer am Auge und der Wiederholfrequenz in die Klasse 1 eingestuft werden können (siehe Kap. 7). Die Einhaltung der Winkelgeschwindigkeit ist zu überwachen. Vorsicht ist in jedem Fall angebracht. Es werden fast ausschließlich Laser mit kollimiertem Strahl und mit entsprechend geringer Strahldivergenz eingesetzt, die über eine entsprechend große Reichweite nur wenig von ihrer Energiedichte verlieren. Ein nicht aufgeweiteter He-Ne-Laser mit einer Leistung von 1 mW–5 mW kann unter ungünstigen (Worst-case-)Bedingungen einen irreparablen Augenschaden hervorrufen!

In DIN VDE 0837 [6.6] werden im Anhang A, Hauptabschnitt D, Beispiele vorgestellt, die für diese Einsatzart des Lasers relevant sind. Beispiel D.4 behandelt einen He-Ne-Vermessungslaser mit 3 mW Ausgangsleistung und 13 mm Strahldurchmesser. In 65 m Entfernung kann man nur etwas mehr als 10 s ohne Schaden in den Laser blicken.

Bei nicht wenigen Entfernungsmeßaufgaben kann nicht ausgeschlossen werden, daß Unbeteiligte mit Fernrohren zufällig in den Strahl blicken. Zum Beispiel bei Messungen auf dem Wasser zwischen zwei Schiffen oder bei einer Entfernungsmessung zum Land. Diese Optiken haben einen hohen Transmissionsgrad bis über $2\,\mu m$ Wellenlänge. Die sicherste Lösung ist der Einsatz von Lasern mit einer größeren Wellenlänge. Dem steht z.Z. noch das Fehlen preisgünstiger Empfänger für diesen Wellenlängenbereich entgegen.

Die vorstehend genannte Norm enthält im Beispiel D weitere Anmerkungen zur Verwendung optischer Hilfsmittel. Beispiel D.1 ergibt für einen Laser mit 4 W Leistung und 1 mm Strahldurchmesser bei einer Strahldivergenz von 0,7 mrad einen (kleinsten) *Sicherheitsabstand* von über 1000 m. Wird der Strahldurchmesser durch eine strahlaufweitende Optik mit 0,1 mrad auf 7 mm vergrößert (Beispiel D.2), ergibt sich ein kleinster Sicherheitsabstand von über 7000 m. Darin zeigt sich die im Abschnitt 8.2.2 angesprochene Problematik, wenn man Strahlaufweiter bei Lasern der Klassen 3B und 4 einsetzt. Es sei denn, der Strahl hat unmittelbar hinter der Optik die Leistung (Leistungsdichte) eines Klasse 2-(3A-)Lasers. Weitere Berechnungsbeispiele betreffen ein handgeführtes Vermessungsgerät mit Impulslaser (Beispiel D.5; Impulsbewertung) mit einer Leistung von 30 W und mit Beobachtung durch ein Fernrohr und ein Entfernungsmeßgerät mit einer Impulsspitzenleistung von 1,5 MW (Beispiel D.6; siehe auch Abschn. 5.6).

Wird der Laserstrahl bei Anwendungen im Freien über größere Entfernungen betrieben, kann in der Regel der normale Laserbereich nicht eingerichtet werden, und es muß durch andere technische und organisatorische Maßnahmen sichergestellt werden, daß Personen und die Umwelt nicht zu Schaden kommen. Der Einschaltzustand der Laseranlage sollte zum Schutz für die nähere Umgebung durch Blinkleuchten kenntlich gemacht werden. Der (kleinste) Sicherheitsabstand sollte bekannt sein. Der atmosphärische Absorptionskoeffizient liegt zwischen 5×10^{-7} und 50×10^{-7} cm^{-1} (0,05 bis 0,5 km^{-1}). Unter 300 m hat die Luft praktisch keinen Einfluß (siehe auch das vorstehend genannte Berechnungsbeispiel D). Die Gefahren durch Laserstrahlung beim Einsatz im Freien sind in [1.1] beschrieben. Wird der Strahl nach oben gerichtet, so sind Hügel und hochgelegene Bebauung zu beachten. Wird die Modellflughöhe (100 m, 300 Fuß) überschritten und überschreitet der Strahl dabei noch die maximal zulässigen Bestrahlungswerte, muß die örtliche Flugsicherung verständigt werden. Einsatzbeispiele dieser Art sind die Fernmessung gasförmiger Luftbestandteile (LIDAR) und die Wetter- und Klimaforschung.

Bei spektroskopischen Messungen im Labor ist es häufig erwünscht, *durchstimmbare Laser* zur Verfügung zu haben. Dies läßt sich mit Farbstofflasern relativ einfach bewerkstelligen. Die weite Durchstimmbarkeit ist jedoch dann mit Problemen verbunden, wenn Laserschutzbrillen eingesetzt werden müssen. Es werden dann Brillen benötigt, die dem Durchstimmbereich des Farbstoffs angepaßt sind (siehe Abschn. 9.6). Bei einem Wechsel des Farbstoffs ist im allgemeinen auch eine andere Schutzbrille erforderlich.

Bei *holographischen* Experimenten oder holographischer Meßtechnik ist es bei Veränderungen manchmal notwendig, daß in den Strahlengang hineingesehen werden muß. Es empfiehlt sich, Strahldämpfungselemente einzusetzen, so daß die Werte unter die maximal zulässige Bestrahlung (MZB-Werte) absinken. Nach der Justage wird das Schutzgehäuse geschlossen. Beim Betrieb ohne Abschwächer erfolgt die Optimierung im Gerät selbst durch Kameraregistrierung mit automatischer Belichtungssteuerung [1.4].

Soweit ein Einblick in den Strahlengang erforderlich ist, ist immer eine sorgfältige Sicherheitsanalyse mit Optimierung der kritischen Punkte am Experimentalaufbau bzw. Gerät erforderlich. Zur Analyse für die Betrachtung ausgedehnter Quellen siehe Beispiel B im Anhang A der DIN VDE 0837.

Wenn ein von einem Laser beleuchtetes Objekt betrachtet wird, reicht es für die Sicherheit nicht aus, nur die mittlere Leistungsdichte auf der Retina zu beachten. Man muß zusätzlich die stochastischen Variationen der momentanen Leistungsdichte berücksichtigen [8.23]. Diese Variationen werden *Speckle-Effekt* genannt und haben ihren Ursprung im statistischen Interferenz-Phänomen. Es sieht aus wie eine immer wechselnde Granulatstruktur oder wie ein farbiger Schneesturm. Ein starker Speckle-Effekt führt bei der Rekonstruktion von Objekten u.ä. zu einer erhöhten Beanspruchung des Betrachters; z.B. bei der Auswertung von Meßergebnissen, wenn entsprechend lange Arbeitszeiten für diese Tätigkeiten erforderlich sind.

Es empfiehlt sich daher, die Auswirkungen des Speckle-Effektes zu reduzieren. Im wesentlichen kann man vier Verfahren zur Speckle-Reduzierung in optischen und holographischen Systemen unterscheiden [8.24]:

– Speckle-Reduzierung durch Beleuchtung mit teilweise zeitlich kohärentem Licht,
– Speckle-Reduzierung durch Beleuchtung mit teilweise räumlich kohärentem Licht,
– Speckle-Reduzierung durch Zeitmittelung mit Hilfe einer bewegten Apertur,
– Speckle-Reduzierung durch Betrachtung des Bildes durch eine begrenzte Apertur.

Anwendbarkeit und Erfolg jeder dieser Methoden sind schwierig allgemein zu bewerten, und die beste muß beim jeweiligen Einsatzfall durch Versuche ermittelt werden.

8.4.7 Büro, Handel und privater Bereich

Im Kap. 8 wurde versucht eine Struktur zu verfolgen, die von der weit überwiegend energiebezogenen Laseranwendung bis zur fast rein informationsbezogenen reicht, wie sie nun in diesem letzten Abschnitt vorgestellt wird.
Die sich überstürzende Entwicklung der *Informations-* und *Kommunikationstechnologien* findet im Laser, Lichtwellenleiter oder Pits-Datenspeichern den unterstützenden Beitrag aus dem Bereich der Optik, wobei das noch offene Entwicklungspotential des Lasers und der damit zusammenhängenden Komponenten und die Anforderung aus der Kommunikationstechnologie sich ergänzen. Nachrichtenübertragung mit hoher Bitdichte (Lichtwellenleiter), sehr schnelle Zeichenentzifferung (Decoder, Scanner) und Zeichensetzung (z.B. Drucker) sind wichtige Aufgaben. Der optische Computer ist eine Zukunftsvision, unterstützende Meßaufgaben, wie etwa die Abstandsmessung zum Vordermann im Straßenverkehr (Autolaserscanner), gekoppelt mit einer viel schnelleren Informationsverarbeitung als Menschen dies vermögen, sind eine zeitgemäße Aufgabe.
Büro, Handel und privater Bereich sind sicherheitstechnisch äußerst sensible Anwendungsbereiche für neue Technologien, wie man an der nicht immer rational ge-

führten Bildschirmarbeitsplatz-Diskussion sehen kann. Es empfiehlt sich, Grenzen – z.B. das Herantasten an die nur mit statistischen Aussagen zu beschreibenden Schädigungsschwellen – eines vermeintlichen Vorteils wegen nicht voll auszunutzen. Einige Schäden mit auch nur im Laserbereich vermuteten Ursachen können zu sehr konservativen Festlegungen führen.

Der hier angeführte Anwendungsbereich ist die Domäne der leistungsschwachen Laser der Klassen 1, 2 und 3A bis 5 mW im sichtbaren Spektralbereich (siehe Abschn. 7.5). Werden starke Laser benötigt, werden sie, wie z.B. der Laserdrucker, als Laser der Klasse 1 realisiert (siehe Abschn. 8.1 und 8.2). Der hohe sicherheitstechnische Standard setzt sich in den Wartungsbereich hinein fort, wenn beispielsweise die Stromversorgung erst abgebaut werden muß, um den Laser zu erreichen.

Im privaten Einsatzbereich von Lasern kommt das Problem der *Selbstreparatur* durch Nichtfachleute hinzu. In diesem Fall erhalten solche konstruktiven sicherheitstechnischen Vorkehrungen eine besondere Bedeutung.

Zur *Instandhaltung* siehe Abschn. 8.1, 8.2.3 und 8.2.4. Werden entsprechende konstruktive Maßnahmen nicht getroffen, so erhöht sich während dieser Zeit die Laserklasse mit der Folge, die dann erforderlichen Schutzmaßnahmen treffen zu müssen. Dies gilt z.B. für optische Speicherplattengeräte, Laserkopierer und -drucker, Lichtwellenleiter mit Laserdioden und Laserscanner für Strichcode-Ablesung.

Die *Einfehlersicherheit* sollte in diesem Anwendungsbereich durchgängig beachtet werden. Ein einzelner Fehler darf nicht zu einem gefährlichen Versagen führen (normaler Industriestandard). Ein gleichzeitig auftretender zweiter Fehler braucht jedoch nicht angenommen zu werden. Ein Beispiel dazu bzgl. der Laser-Komponente „Scanner". Wenn die Klasse 1-Eigenschaft davon abhängig ist, daß die Schwingfrequenz eingehalten wird, muß diese überwacht werden. Die richtige Funktion der Überwachungseinrichtung braucht jedoch nur in einem Anlauftest morgens beim Einschalten während des Hochlaufens des Scanners geprüft zu werden. Ein Fehler im Scanner und gleichzeitig in der Überwachungseinrichtung desselben während der nächsten acht Stunden wird nicht unterstellt.

Beispiele für die Bewertung von wiederholt gepulsten Lasersystemen, Scannern und rotierenden Spiegeln und Optiken werden im Anhang A, Hauptabschnitt C von DIN VDE 0837, vorgerechnet [6.6].

Die geplante Erweiterung der Leistung von Lasern auf 5 mW für den sichtbaren Spektralbereich auf der Basis von Sicherheitsanforderungen der Laserklassen 2 und 3A bedarf noch eingehender Überprüfungen hinsichtlich der Konsequenzen. Es sind prinzipiell Laser der Klasse 3B mit einer nicht zu vernachlässigenden Schädigungswahrscheinlichkeit beim Blick in den direkten Strahl.

Das technische Regelwerk geht von einer an einem Ort konzentrierten Lasereinrichtung aus. Die Erzeugung des Laserstrahls, die Weiterleitung und die Anwendung wird vom gleichen Personenkreis überwacht und verantwortet. Zukünftige weit ausgedehnte Kommunikationssysteme (verteilte Netze mit relativ geringfügig erhöhten Strahlleistungen und erst recht die mit größeren Strahlleistungen), z.B. über mehrere hundert Meter und außerhalb des Betriebsgeländes, werden wie in der Elektrizitätswirtschaft voraussichtlich zu einer Aufteilung in Erzeugung, Verbreitung und Anwendung der Laserstrahlung mit jeweils spezifischen Anforderungen führen. Dies ist eine Sonderentwicklung in diesem Einsatzbereich.

Die Grundlage von *Lichtwellenleiter-Übertragungssystemen* bilden Halbleiterlaser und Glasfasern. Hinzu kommen spezielle Faseroptiken und optische Steckverbindungen. Letztere sind so auszuführen, daß im geöffneten Zustand keine Strahlung oberhalb der Klassen 2 und 3A austreten kann. Betriebsfertig sind diese Übertragungssysteme Laser der Klasse 1. Halbleiterlaser in der Form von *Laserdioden* sind recht divergente Strahler mit Halbwertswinkeln von 20°–40°. Der verwendete Wellenlängenbereich liegt meist oberhalb von ca. 850 nm. Typische Leistungen liegen zwischen 2 mW–10 mW. Laserdioden lassen sich als *Laser-Arrays* mit 100 bis 1000 Dioden als kompakte Einheiten bauen mit extremen Leistungsdichten bis zu 3 kW/cm². Laserdioden um 2 mW gelten wegen der großen Strahldivergenz als ungefährlich. Auf der Übertragungsstrecke kommen noch die Einkopplungs- und Dämpfungsverluste hinzu. Bei 10 mW muß man Schutzmaßnahmen ergreifen, auch nach einer längeren Lichtwellenleiterstrecke.

LED haben einen erheblichen Anteil kohärenter Strahlung und sollten deshalb wie Laserdioden behandelt werden.

Der Begriff *Lichtwellenleiter* (LWL) wird eingeschränkt verwendet für die Aufgabe der Übertragung von Information (siehe Abschn. 8.4.3). Man unterscheidet Multimode-Gradientenindexfasern, Multimode-Stufenindexfasern und Monomode-Glasfasern. Bei optisch einwandfreien Faserenden sind LWL mit Halbwertswinkelbreiten von 10°–14° bei Multimode- und 5°–7° bei Monomodefasern divergente Strahler.

Beim Bruch einer Faser entstehen glatte Brüche oder Splitterbrüche. Glatte Brüche treten beim Brechen der Faser über eine scharfe Kante auf, aber auch bei Stauchung und Zug. Sie sind optisch einwandfreien Stirnflächen gleichzusetzen. Bei Splitterbrüchen ist die Strahlung weniger gerichtet.

Laserdioden oder Glasfaserenden sind als Punktstrahler anzusehen. Das IEC-Subkomitee 46 E gibt in seinem Dokument „Safety Aspects of Optical Fiber Systems – Hazard Evaluation" die nachfolgenden Gleichungen zur Berechnung der *kritischen Distanz* für den Augenabstand zu Dioden oder Faserenden an. Dieser *minimale Betrachtungsabstand* d_{min} ergibt sich für Dauer- und Pulsstrahlung zu:

Laserdioden

$$d_{\mathrm{min}} = [P \times [\pi \sin \alpha \sin \beta (MZB)]^{-1}]^{1/2} \qquad (8.2)$$

Stufenindexfasern

$$d_{\mathrm{min}} = [P \times [\pi (NA)^2 (MZB)]^{-1}]^{1/2} \qquad (8.3)$$

Gradientenindexfasern

$$d_{\mathrm{min}} = [2P \times [\pi (NA)^2 (MZB)]^{-1}]^{1/2} \qquad (8.4)$$

Darin bedeuten: *P* Strahlungsleistung (W); bei Pulsstrahlung wird hier die Strahlungsenergie (J) eingesetzt, *NA* Numerische Apertur, α,β Halbwertswinkel und *MZB Maximal Zulässige Bestrahlung.*

Lichtwellenleiter-Übertragungsstrecken werden im Büro, im Handel und im privaten Bereich, aber insbesondere in Form von weitverzweigten Netzen zukünftig in großer Zahl eingesetzt. Nach VDE 0837 sind die eingesetzten Quellen Klasse 3B-Laser, aber dies ist wegen der starken Divergenz zu restriktiv. Es wird deshalb für die Klasse 3A im Wellenlängenbereich von 400 nm bis 1400 nm ein neues Konzept angestrebt, indem man nicht mehr an der Geräteoberfläche (oder am Glasfaserende) mißt, sondern in 100 mm Entfernung, bei einer Zeitbasis von 100 s für die Festlegung des GZS-Wertes (siehe Abschn. 7.5)

Die derzeitige Technik nutzt den Grenzwert fast aus, Jugendliche und stark kurzsichtige Personen können jedoch weit näher fokussieren (siehe Abb. 4.9). In 7 cm Entfernung von der Quelle wird unter diesen Umständen der MZB-Wert schon nach 7 s erreicht, bei einer Strahlung, die man nicht sehen kann. Es erfolgt daher auch keine Warnung. Im privaten Bereich müssen auch die Kinder berücksichtigt werden, die noch etwas näher fokussieren können. Hier greift die Sicherheitsphilosophie der neuen Klasse 3A nicht.

Die technische Lösung dürfte mittelfristig in einem Ausweichen auf Wellenlängen über 1400 nm liegen – oberhalb des Bereiches der Durchstrahlung des Auges – mit höheren Grenzwerten (siehe Abb. 5.1).

9. Persönliche Schutzmaßnahmen und Laserschutzfilter

Persönliche Schutzmaßnahmen sollen Verletzungen des menschlichen Körpers durch Laserstrahlen verhindern. Im Vordergrund steht dabei das Auge, sowohl hinsichtlich der zulässigen Grenzwerte, als auch hinsichtlich seiner Bedeutung als wesentliche Informationsquelle für den Menschen. Bisher sind in der gesamten Zeit des Lasereinsatzes glücklicherweise nur recht wenige Augenverletzungen mit Laserstrahlung bekannt geworden. Dies liegt sicher zum Teil daran, daß die Laser nicht ganz so gefährlich sind, wie man zunächst annahm. Dabei wurden allerdings weniger die Schädigungsmöglichkeiten durch die Laserstrahlung überschätzt. Die niedrigen Unfallzahlen sind vielmehr hauptsächlich auf den Umstand zurückzuführen, daß bei einem Fehlverhalten die Wahrscheinlichkeit, daß der Laserstrahl zentral in das Auge fällt und einen bleibenden und stark behindernden Augenschaden erzeugt, nicht sehr hoch ist. Periphere Netzhautschäden fuhren meist zu keiner sehr starken Beeinträchtigung des Sehens. Zu den geringen Unfallzahlen hat aber auch gewiß mit beigetragen, daß die Vorschriften zum Schutz gegen Laserstrahlung bereits von Anfang an mit der Lasertechnik entwickelt wurden und auf Grund des Rufes, der dem Laser vorausging, auch weitgehend eingehalten wurden.

Solange der Laser im Bereich der Forschung und Entwicklung eingesetzt wurde, hatten die persönlichen Schutzausrüstungen und hier vor allem die Schutzbrillen eine überragende Bedeutung. Von den Schutzbrillen gibt es zwei Arten, die Laser-Justierbrillen für Justierarbeiten an Laseraufbauten, die sichtbare Strahlung emittieren, und die Laserschutzbrillen, wobei der letztgenannte Begriff häufig als Oberbegriff für beide Arten verwendet wird. Bei einer technischen Anwendung des Lasers, zum Beispiel in der Fertigung, sollte der Arbeitsplatz allerdings so aufgebaut sein, daß auf persönliche Schutzausrüstungen beim bestimmungsgemäßen Betrieb ganz verzichtet werden kann. Schutzbrillen sollten nur bei Störungen und im Wartungsfalle benötigt werden.

Trotzdem bleiben Bereiche, in denen auf Laserschutzbrillen nicht verzichtet werden kann. Neben der bereits erwähnten Instandhaltung und Wartung, trifft dies für das Arbeiten mit offen austretender Laserstrahlung in der Chirurgie und im Forschungs- und Hochschulbereich zu, wo an häufig wechselnden Aufbauten Justierarbeiten ausgeführt werden müssen. Aber auch in diesen Bereichen kann, häufiger als dies bisher geschieht, nach Abschluß der Justierarbeiten der Strahlengang abgedeckt werden und damit die Gefährdung, die von einem Fehler im Umgang mit der Laserstrahlung ausgeht, verringert werden. Die Schutzmaßnahmen selbst müssen sich selbstverständlich an dem Gefährdungspotential orientieren, das der jeweils im Einsatz befindliche Laser darstellt. Übertriebene Schutzmaßnahmen bei leistungsschwachen Lasern werden schon bald nicht mehr beachtet und bergen damit die Gefahr in sich, daß auch mit wirklich gefährlichen Lasern nachlässig umgegangen wird.

Die Ausführungen in diesem Kapitel beschränken sich allerdings nicht nur auf die persönlichen Schutzmaßnahmen, da die Regeln für Laserschutzbrillen unmittelbar auf Sichtfenster in Geräten und auf Abschirmungen an Lasergeräten übertragen werden können.

9.1 Laserklassen und persönliche Schutzausrüstungen

Gelingt es nicht, insbesondere auf Grund der speziellen Aufgabenstellung, durch apparative oder bauliche Maßnahmen (siehe Kap. 8) die Gefährdung durch die Laserstrahlung zu beseitigen, so müssen die im Laserbereich Beschäftigten mit persönlichen Schutzausrüstungen ausgestattet werden.

Dies sind von der Bedeutung her in erster Linie Schutzbrillen, da eine Augengefährdung im Sichtbaren und im nahen Infrarot schon auftritt, lange bevor die Leistungsdichten so hoch sind, daß Hautschutz erforderlich ist. Aber bei Lasern höherer Leistung kann durchaus auch ein sonstiger Körperschutz notwendig sein, also Gesichtsschutz, Handschutz oder Schutzanzüge. Im infraroten Spektralgebiet sind für Wellenlängen größer als 1400 nm die Grenzwerte für das Auge und die Haut dieselben. Dies bedeutet, daß in diesem Spektralgebiet, wichtigster Laser ist dort der CO_2-Laser, bei entsprechenden Laserleistungen neben Schutzbrillen immer auch Schutzhandschuhe getragen und für Gesichtsschutz gesorgt werden müßten. Diese Forderung wird häufig vernachlässigt. Auf dem Markt wird allerdings bisher auch keine spezielle Schutzbekleidung für die Anwendung bei Laserstrahlung angeboten. Man ist daher im wesentlichen auf Schutzbekleidung aus schwerentflammbaren Werkstoffen angewiesen. Dieses Fehlen von speziellem Hautschutz sollte jedoch nicht zu dem Umkehrschluß verleiten, daß dann auch kein Augenschutz erforderlich ist. Eine Hautverbrennung durch Infrarotlaser heilt meist schnell ab. Selbst wenn eine Narbe zurückbleibt, ist dies für den Betroffenen sicher leichter zu verschmerzen als eine Augenverletzung, die eine lebenslange, schwerwiegende Behinderung bedeuten kann.

Die persönlichen Schutzmaßnahmen sind den einzelnen Laserklassen wie folgt zuzuordnen:

Laser der **Klasse 1** sind Laser, die hinsichtlich ihrer Strahlung für 30 000 s bzw. 1000 s vollkommen sicher sind. Demzufolge sind Schutzbrillen oder andere spezielle Schutzmaßnahmen beim Umgang mit diesen Lasern nicht erforderlich. Es ist jedoch zu beachten, daß es sich bei Lasern der Klasse 1 meist um gekapselte Laser einer höheren Klasse handelt, so daß vielfach bei Inspektion, Wartung oder Instandsetzung die Schutzmaßnahmen der entsprechenden höheren Klasse notwendig werden. Insbesondere sind dann Schutzbrillen zu tragen, erforderlichenfalls ist auch ein Hautschutz vorzusehen. Ist diesen Fällen ist auch die Abgrenzung des Laserbereiches kritisch, da im Normalbetrieb die gefährliche Strahlung auf das Innere des Gerätes begrenzt ist, jetzt aber unter Umständen in einer ganzen Werkhalle die Grenzwerte überschritten sind und alle dort Anwesenden Schutzbrillen tragen müßten. Dies kann man allerdings meist durch Aufstellen geeigneter Trennwände vermeiden.

Laser der **Klasse 2** sind hauptsächlich Dauerstrichlaser im sichtbaren Spektralbereich zwischen 400 nm und 700 nm mit einer Leistung bis 1 mW. Diese Laser sind über den Lidschlußreflex sicher, d.h. auf Grund der großen Helligkeit schließt sich das Lid reflektorisch innerhalb von 0,25 s, wenn der Laserstahl in das Auge fällt. Solange dieser Reflex nicht unterdrückt wird, kann das Auge auch nicht geschädigt werden. Dementsprechend sind Schutzbrillen oder Schutzfilter in Beobachtungsoptiken von Lasergeräten nur bei Dauerbeobachtung erforderlich. Auf Grund der Grenzwerte darf dieser Lidschlußreflex nicht beliebig oft ausgelöst werden (siehe Abschn. 5.5). Schutzmaßnahmen für die übrigen Körperteile sind nicht erforderlich. Dies bedeutet, daß an einem Arbeitsplatz mit einem Laser der Klasse 2, an dem der Laserstrahl immer wieder ins Auge fallen kann (Lichtschranken, Überwachungsanlagen), trotzdem Augenschutz getragen werden muß.

Laser der **Klasse 3A** sind, ähnlich wie bei Klasse 2, Laser im sichtbaren Spektralgebiet zwischen 400 nm und 700 nm, deren Leistung jedoch bis zu 5 mW betragen kann, wenn die Leistungsdichte gleichzeitig kleiner als $25\,\mathrm{W\,m^{-2}}$ ist. Bei einem Pupillendurchmesser von 7 mm kann also maximal 1 mW durch die Pupille ins Auge fallen, und hinsichtlich der Schutzmaßnahmen gilt das bei Klasse 2 Gesagte. In den übrigen Spektralbereichen darf die Laserleistung fünf mal so hoch sein wie die in Klasse 1, darf aber nicht die Grenzwerte zulässiger Bestrahlung für das Auge überschreiten. Ein Augenschutz ist also nicht erforderlich, ebenso ist eine Gefährdung der Haut nicht zu erwarten.

Vorsicht ist jedoch bei der Benutzung von optischen Instrumenten wie Ferngläsern geboten. Sie verringern den Bündelquerschnitt, und damit kann die volle Laserleistung ins Auge fallen. Dies macht dann besondere Maßnahmen für den Augenschutz erforderlich, am besten Laserschutzfilter in der Optik des Fernrohrs.

Laser der **Klasse 3B** sind Dauerstrichlaser bis 500 mW Leistung und Impulslaser mit Energiedichten unter $10^5\,\mathrm{J\,m^{-2}}$. Laserstrahlung dieser Klasse ist auf alle Fälle für das Auge und darüber hinaus auch teilweise für die Haut gefährlich. Diffus gestreute Strahlung von Lasern dieser Klasse ist unter bestimmten, sehr restriktiven Bedingungen (Beobachtungszeit unter 10 s, Beobachtungsabstand über 13 cm) für das Auge ungefährlich. Ist Zugang zu Bereichen möglich, in denen die Grenzwerte zulässiger Bestrahlung überschritten werden, so müssen Laserschutzbrillen oder Laser-Justierbrillen getragen werden, unter Umständen auch Vorsorge für den Hautschutz getroffen werden.

Laser der **Klasse 4** sind alle übrigen Laser, deren Leistung bzw. Energie über den Grenzen der Klasse 3B liegt. Sie sind in jedem Falle für das Auge und auch für die

Haut gefährlich, meist auch nach einer diffusen Streuung. Brennbare Stoffe sind fernzuhalten, und der Laser ist ebenso wie sein Strahlengang möglichst voll zu kapseln. Neben Schutzbrillen ist meist auch ein Hautschutz erforderlich. Im Bedarfsfall ist Schutzkleidung zu tragen. Zum Schutz gegen Strahlung dieser Laser für Laserleistungen bis 10 W gibt es im sichtbaren Spektralbereich Laser-Justierbrillen, sonst sind Laserschutzbrillen einzusetzen. Bei medizinischen Geräten, die Laser verwenden, wie Endoskopen und vielen ophthalmologischen Geräten, sollte der Schutz des Operateurs durch Laserschutzfilter in dem Gerät sichergestellt werden. Damit erspart man sich das Tragen von Schutzbrillen.

Für die höchsten Laserleistungen stehen Schutzbrillen unter Umständen nicht mehr zur Verfügung. In diesem Fall muß man die Strahlengänge der Versuchsaufbauten beispielsweise mit einem kleinen Hilfslaser, vorzugsweise einem Laser der Klasse 2, justieren und vor Einschalten des Lasers den Strahlengang abdecken oder den Raum verlassen. In vielen Fällen kann die Beobachtung mit einer Fernsehkamera die persönliche Anwesenheit in einem Laserbereich ersetzen.

9.2 Schutzbrillen

Alle Laserschutzbrillen sind zur Zeit auf die Grenzwerte für direkten Blick in den Strahl (siehe Abschn. 5.1.1) ausgelegt. Dies entspricht der weitaus überwiegenden Bedeutung derartiger Laseranwendungen. Benötigt man eine Laserschutzbrille zur Beobachtung ausgedehnter Quellen, so muß man durch besondere Rechnungen sicherstellen, daß nicht nur deren spektraler Transmissionsgrad (siehe Abschn. 9.2.2) niedrig genug ist, sondern auch deren Beständigkeit gegen die Laserstrahlung (siehe Abschn. 9.3.1) ausreicht.

9.2.1 Aufgabe und Wirkungsweise

Die Laserschutzbrillen sollen die Bestrahlungsstärke am Auge auf ein ungefährliches Niveau reduzieren. Dies geschieht dadurch, daß die Laserstrahlung entweder von der Brille absorbiert oder durch ein System von Aufdampfschichten an der Oberfläche oder im Inneren reflektiert wird. Der Vorteil der Reflexion liegt darin, daß die Strahlung nicht im Filter in Wärme umgesetzt wird und dadurch höhere Leistungsdichten vom Filter ausgehalten werden. Außerdem lassen sich die Wellenlängen maximaler Reflexion besser als bei Absorptionsfiltern an die Laserwellenlängen anpassen. Der Nachteil dieser Reflexionsschichten liegt darin, daß ihr Reflexionsgrad, insbesondere bei hoher Reflexion, stark winkelabhängig ist. Hohe optische Dichten lassen sich nicht über einen größeren Bereich des Einfallswinkels der Laserstrahlung realisieren. In diesem Fall muß man zumindest eine Kombination von Volumenabsorption und Reflexion einsetzen. Außerdem wird gelegentlich angeführt, daß Reflexe an spiegelnden

Filtern andere im Raum befindliche Personen gefährden könnten. Die Wahrscheinlichkeit dafür dürfte allerdings so gering sein, daß man beim Einsatz derartiger Brillen dies unberücksichtigt lassen kann, zumal nach den Unfallverhütungsvorschriften alle in dem Raum Befindlichen Schutzbrillen tragen müssen.

Wegen der erwähnten Winkelabhängigkeit wird in DIN 58215 [9.1] und in DIN 58219 [9.2] gefordert, daß die angegebene optische Dichte bis zu zu einem Einfallswinkel von 30° der Laserstrahlung zur Flächennormalen eingehalten wird. Diese Forderung ist zwar für die Augensicherheit notwendig, aber bei stark reflektierenden Interferenzschichten nur schwer zu realisieren. Daher sind die meisten Laserschutzfilter reine Absorptionsfilter oder Absorptionsfilter mit Aufdampfschichten, die nur einen Teil der Strahlung reflektieren.

Typische Transmissionskurven von Absorptionsfiltern zeigt Abb. 9.1. Man erkennt die Wirkungsweise der Filter: An der Laserwellenlänge (633 nm für den He-Ne-Laser, 693 nm für den Rubinlaser und 488 nm bzw. 515 nm für den Argonlaser) soll der Transmissionsgrad möglichst klein sein, um die Laserstrahlung weitgehend zu absorbieren, außerhalb der Laserwellenlänge soll der Transmissionsgrad möglichst groß sein, um das Sehen durch das Filter nur wenig zu beeinträchtigen. Diese beiden Forderungen widersprechen sich oft, insbesondere bei Filtern, die gegen Laser im roten Spektralgebiet schützen sollen, da es zwar Absorptionsfilter mit einer steilen Absorptionskante zum Kurzwelligen hin gibt, nicht jedoch solche, bei denen die Absorptionskante zum Langwelligen hin steil ansteigt. Daher sind in diesem Wellenlängenbereich Interferenzfilter vorteilhaft.

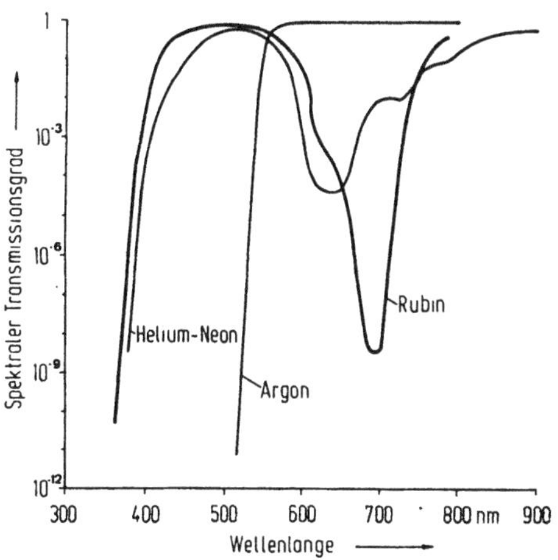

Abb. 9.1. Spektraler Transmissionsgrad von Laserschutzfiltern

9.2.2 Berechnungsgrundlagen

Die Laserschutzbrillen sollen die Bestrahlungsstärke auf der Hornhaut so weit vermindern, daß Augenschäden von der Einwirkung der Laserstrahlung auf das Auge nicht mehr zu erwarten sind. Entsprechend der Sicherheitsphilosophie bei der Klasseneinteilung der Laser, wo für Laser der Klassen 1 und 2 (bzw. 3A) aus unterschiedlichen

Gründen keine Laserschutzbrillen benötigt werden, gibt es auch zwei Konzepte bei den Schutzbrillen.

Den Lasern der Klasse 1, die hinsichtlich ihrer Strahlung für das Auge für Zeiten bis 30000 s bzw. 1000 s sicher sind, entsprechen die *Laserschutzbrillen*, die die Bestrahlungsstärke auf der Hornhaut so weit reduzieren, daß auch bei längerer Beobachtungsdauer keine Gefährdung des Auges eintritt. Dementsprechend muß der spektrale Transmissionsgrad $\tau(\lambda)$ des Laserschutzfilters an der Laserwellenlänge gleich dem Verhältnis der maximal zulässigen Bestrahlung (MZB) auf der Hornhaut zur Leistungsdichte E bzw der Energiedichte H im Laserstrahl sein, je nachdem, wie die MZB-Werte angegeben sind:

$$\tau(\lambda) = MZB/E , \tag{9.1}$$

oder

$$\tau(\lambda) = MZB/H . \tag{9.2}$$

Für Laserstrahlen, deren Durchmesser kleiner als 7 mm ist, muß bei der Berechnung der Leistungsdichte im Wellenlängenbereich zwischen 400 nm und 1400 nm stets von 7 mm Durchmesser ausgegangen werden, da der Vorschrift für die zulässigen Grenzwerte (MZB-Werte) ein Pupillendurchmesser von 7 mm zugrundeliegt (siehe Abschn. 4.6.2).

Den Lasern der Klasse 2, die über den Lidschlußreflex für 0,25 s sicher sind, entsprechen die *Laser-Justierbrillen*, die die Strahlungsleistung zwischen 400 nm und 700 nm auf Werte unter 1 mW reduzieren, also nicht so weit, daß eine Langzeitbeobachtung zulässig wäre. Sie sollen allerdings auch nur dazu dienen, an Hand diffuser Reflexe den Strahl zu beobachten. Bei ihnen muß zum Schutz des Auges der Lidschlußreflex hinzutreten. Ihr spektraler Transmissionsgrad $\tau(\lambda)$ errechnet sich also aus der Laserleistung P zu

$$\tau(\lambda) = 1\,\text{mW}/P . \tag{9.3}$$

Dieser zweite Typ von Brillen zum Schutz vor Laserstrahlung wurde eingeführt, weil die normalen Laserschutzbrillen die Laserstrahlung meist so stark absorbieren oder reflektieren, daß der Strahl bei Justierarbeiten nicht mehr verfolgt werden kann. Beim Umgang mit sichtbaren Lasern ist das einfachere Justieren ein großer Vorteil gegenüber dem Umgang mit Infrarotlasern. Daher wurden die Laserschutzbrillen bei den Justierarbeiten, die gerade besonders unfallträchtig sind, vielfach nicht getragen. Die Justierbrillen lassen dagegen noch so viel von der Laserstrahlung durch, daß man den Strahl sehen kann und dabei über den Lidschlußreflex geschützt ist.

9.2.3. Schutzstufen

Um den Umgang mit den Laserschutzfiltern zu vereinfachen, wurden Schutzstufen eingeführt. Dies ist ein Begriff, der vom Arbeitsschutz, insbesondere vom Schweißen, bekannt ist. Dort ist die Schutzstufennummer N mit dem Lichttransmissionsgrad τ_v durch die Formel

$$N = 1 - \frac{7}{3} \cdot \lg \tau_v \tag{9.4}$$

verknüpft [9.3]. Der Grund dafür ist, daß bei fast allen Augenschutzfiltern für die Anwendung und damit für die Auswahl der Filter der Blendschutz im Vordergrund steht, UV- und IR-Schutz sind mit dem Blendschutz gekoppelt. Die logarithmische Stufung entspricht dem physiologischen Helligkeitsempfinden. Die Abschwächung ist so ausgelegt, daß das Auge eine Leuchtdichte von etwa 730 cd m^{-2} sieht.

Anders ist es bei den Laserschutzfiltern. Ein Blendschutz ist, insbesondere bei Arbeiten in Innenräumen nicht erforderlich. Eine Reduktion der Umgebungshelligkeit durch die Laserschutzfilter ist im Gegenteil meist unerwünscht. Durch das Laserschutzfilter soll nur die Laserstrahlung geschwächt werden. Die wesentliche Größe ist der spektrale Transmissionsgrad $\tau(\lambda)$ an der Laserwellenlänge. Dieser bestimmt, wie stark die schädliche Strahlung geschwächt wird. Die Stufung erfolgt über den dekadischen Logarithmus, d.h. in Zehnerstufen. Es wird dabei auf ganze Zahlen für N abgerundet. Für die Schutzstufennummer N beim Laserschutz gilt also:

$$N = \mathrm{int}\left[- \lg \tau(\lambda) \right] . \tag{9.5}$$

Auf Grund dieser Beziehung entspricht die Schutzstufennummer der auf ganze Zahlen abgerundeten optischen Dichte des Filters bei der Laserwellenlänge. Wie in Abschn. 9.3.1 noch zu diskutieren sein wird, gilt dies jedoch nur mit der Einschränkung, daß das Laserschutzfilter auch die seiner Schutzstufe entsprechende Leistungsdichte aushält. Dies bedeutet, vor allem bei den höheren Schutzstufen, daß die optische Dichte oft wesentlich größer ist, als es der Schutzstufennummer entspricht.

Um Verwechselungen mit den Schutzstufen im übrigen Arbeitsschutz zu vermeiden, wird den Schutzstufennummern bei Laser-Justierbrillen ein R und bei Laserschutzbrillen ein L vorangestellt. Die Schutzstufennummer wird bei den Laserschutzbrillen noch durch „A" ergänzt, um Schutzbrillen nach der neuen Norm DIN 58215 vom Januar 1986 von denen nach einer alten Ausgabe der Norm von 1973 zu unterscheiden. Die Anforderungen sind seitdem wesentlich geändert worden, so daß die Schutzstufen hinsichtlich der Beständigkeit gegen Laserstrahlung eine andere Bedeutung erhalten haben.

Ein Laser-Justierfilter, dessen spektraler Transmissionsgrad an der Laserwellenlänge 10^{-3} beträgt, hat also eine Schutzstufe R 3. Entsprechend hat ein Laserschutzfilter, dessen spektraler Transmissionsgrad bei der Laserwellenlänge 10^{-8} beträgt, die Schutzstufe L 8A. Da stets eine Rundung auf die nächst kleinere ganze Zahl erfolgt, hätte auch ein Laserschutzfilter mit dem spektralen Transmissionsgrad 3×10^{-9} dieselbe Schutzstufe L 8A.

Tabelle 9.1. Anwendungsbereich und spektraler Transmissionsgrad der Laser-Justierbrillen

Schutzstufe	Maximale Laserleistung	Bereich des spektralen Transmissionsgrades
R 1 [a]	100 mW	$10^{-1} - 10^{-2}$
R 2	0,1 W	$10^{-2} - 10^{-3}$
R 3	1 W	$10^{-3} - 10^{-4}$
R 4	10 W	$10^{-4} - 10^{-5}$
R 5 [a]	100 W	$10^{-5} - 10^{-6}$

[a] Diese Schutzstufen sind zur Zeit noch nicht in DIN 58219 enthalten, werden künftig aber wahrscheinlich aufgenommen (siehe Absch. 9.9)

9.2.4 Laser-Justierbrillen

Von der Konzeption her und hinsichtlich ihrer Auswahl sind die Laser-Justierbrillen am einfachsten zu handhaben. Die Festlegungen für Laser-Justierbrillen sind in DIN 58 219 [9.2] so getroffen, daß das Auge höchstens Laserleistungen nach Klasse 2 ausgesetzt wird, d.h. maximal 1 mW im sichtbaren Spektralbereich zwischen 400 nm und 700 nm. Die Laser-Justierbrillen sind in der Norm in 3 Schutzstufen eingeteilt (siehe Tabelle 9.1). Entsprechend dieser Tabelle benötigt man zum Schutz gegen die Strahlung eines Argon-Dauerstrichlasers von 4 W Leistung eine Laser-Justierbrille der Schutzstufe R 4 für die entsprechende Wellenlänge und für einen 50 mW He-Ne-Laser eine Laser-Justierbrille der Schutzstufe R 2 für die Wellenlänge 632,8 nm.

9.2.5 Laserschutzbrillen

Die Auswahl der Laserschutzbrillen ist leider nicht so einfach wie die Auswahl der Laser-Justierbrillen. In Abb. 9.2 ist die Abhängigkeit der zulässigen Bestrahlungsstärke von der Bestrahlungsdauer für Punktquellen (direkter Blick in den Strahl) [9.4] gezeigt. Da diese Abhängigkeit, besonders für lange Zeiten, sehr kompliziert ist und die Grenzwerte außerdem noch kontinuierlich von der Wellenlänge abhängen, mußte in DIN 58215 [9.1] eine Vereinfachung eingeführt werden, um die Berechnungen zu erleichtern.

Man kann die komplizierten Zusammenhänge auf alle Fälle dadurch vereinfachen, daß man stets die niedrigsten Grenzwerte nimmt und somit weit auf der sicheren Seite liegt. Dieses Verfahren hat jedoch den Nachteil, daß man zu restriktiv ist und daher Brillen auswählt, die eine zu hohe optische Dichte haben. Damit verbunden ist dann meist auch ein höheres Gewicht der Brillen und ein niedrigerer Lichttransmissionsgrad. Dies ist unerwünscht, weil dann in Innenräumen das Sehen beeinträchtigt wird.

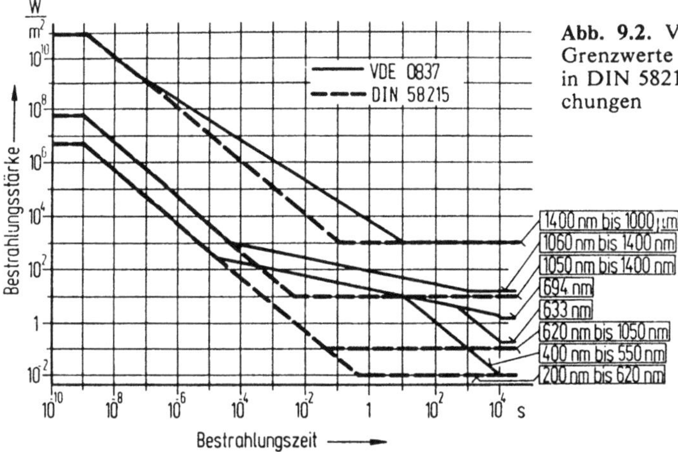

Abb. 9.2. Vergleich der zulässigen Grenzwerte nach VDE 0837 mit den in DIN 58215 getroffenen Vereinfachungen

Man hat also bei der Vereinfachung auf der einen Seite möglichst dicht an die geforderten Werte heranzugehen, auf der anderen Seite jedoch die Zahl der Stufen nicht zu groß werden zu lassen, damit das System noch überschaubar bleibt. In DIN 58215 hat man dementsprechend vier Wellenlängenbereiche unterschieden, nämlich von 200 nm bis 620 nm, von 620 nm bis 1050 nm, von 1050 nm bis 1400 nm und von 1400 nm bis 1 mm Wellenlänge. Die beiden Grenzen 620 nm und 1050 nm sind bewußt in die Nähe der Wellenlängen des He-Ne-Lasers und des Nd-Lasers gelegt, um für diese gebräuchlichen Laser nicht zu restriktiv zu sein.

Die getroffenen Vereinfachungen sind in Abb. 9.2 zum Vergleich mit den korrekten Werten gestrichelt eingezeichnet. Mit diesen vereinfachten Werten kann immer dann gearbeitet werden, wenn man nicht die Grenzen des Möglichen ausschöpfen will. Da aber andrerseits auch die Belastungsprüfungen nach der Norm darauf abgestimmt sind (siehe Abschn. 9.3.1), muß man bei einem abweichenden Vorgehen selbst sicherstellen, daß eine für die vorgesehene Anwendung ausreichende Beständigkeit der Filter gegen Laserstrahlung gegeben ist.

Mit Hilfe der vereinfachten Grenzwerte kann man sich an Hand von (9.1) und (9.2) ausrechnen, welcher spektrale Transmissionsgrad eines Laserschutzfilters erforderlich ist, wenn der Laser eine bestimmte Leistungsdichte hat. Nimmt man noch (9.5) dazu, so erhält man die für die einzelnen Schutzstufen zulässigen Bestrahlungsstärken bzw. Bestrahlungen. Dies ergibt die Tabelle 2 in DIN 58215. Die Schutzstufen gehen von L 1A bis L 11A, obwohl vor allem im infraroten Spektralgebiet die Bestahlungsstärken für einige Schutzstufen so hoch sind, daß es kaum möglich sein dürfte, entsprechende Laserschutzbrillen herzustellen. Beispielsweise scheint für CO_2-Laser die Schutzstufe L 5A eine materialbedingte Grenze zu sein, die ohne Reflexionsfilter nicht überschritten werden kann. Die nächste Schutzstufe würde eine Beständigkeit gegen Laserstrahlung bis 10^9 W m^{-2} erfordern (siehe Abschn. 9.3.1)

Bei der Auswahl von Laserschutzfiltern nach DIN 58 215 muß man noch zwischen verschiedenen Laserbetriebsarten unterscheiden, nämlich Dauerstrichlaser, Impulslaser, Riesenimpulslaser und modengekoppelte Impulslaser. Die zeitliche Ab-

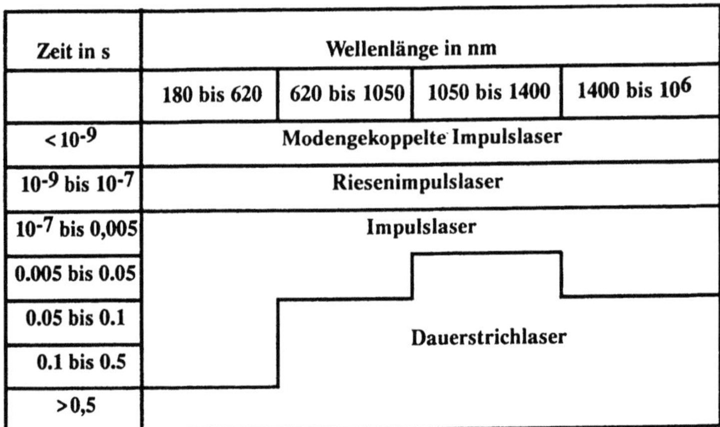

Zeit in s	Wellenlänge in nm			
	180 bis 620	620 bis 1050	1050 bis 1400	1400 bis 10^6
$<10^{-9}$	Modengekoppelte Impulslaser			
10^{-9} bis 10^{-7}	Riesenimpulslaser			
10^{-7} bis 0,005	Impulslaser			
0.005 bis 0.05				
0.05 bis 0.1		Dauerstrichlaser		
0.1 bis 0.5				
$>0,5$				

Abb. 9.3. Zeitliche Abgrenzung der Laserbetriebsarten für die Auswahl der Laserschutzfilter

grenzung dieser Betriebsarten ist weitgehend aus Abb. 9.2 ersichtlich und in Abb. 9.3 in Abhängigkeit von der Wellenlänge zusammengestellt. Die modengekoppelten Impulslaser spielen zur Zeit wegen ihrer geringen Verbreitung im Augenschutz noch keine Rolle. Von den Herstellern werden solche Filter bisher nicht angeboten. Im folgenden werden sie daher auch nicht in die Schutzstufentabellen aufgenommen.

Den Rechengang für die Ermittlung der erforderlichen Schutzstufe faßt schließlich Abb. 9.4 nochmals schematisch zusammen. In diesem Bild ist auch das Impulsreduktionskriterium mit berücksichtigt, das man im Augenschutz vereinfacht behandeln kann.

Impulsreduktion: Bei Impulsen mit Wiederholfrequenzen über $1\,\mathrm{s}^{-1}$ ist für Laser, die zwischen 400 nm und 1400 nm strahlen, erhöhte Vorsicht geboten, da sich die Wirkung der Einzelimpulse summieren kann (siehe Abschn. 5.1.3). Wenn man nicht die recht komplizierten Rechnungen nach VDE 0837 bzw. IEC 825 [9.4, 5] durchführen will, kann man bei Impulslasern als Anhaltswert folgendes benutzen:

Bei Impulsfolgen, deren Einzelimpulse kürzer als $10\,\mu s$ sind, reduziert man im Wellenlängenbereich zwischen 400 nm und 1400 nm die zulässigen Grenzwerte um den Faktor 0,06. Praktisch geht man dabei so vor, daß man die Energiedichte H, die man für den entsprechenden Laser ausgerechnet hat, durch 0,06 dividiert, und dann mit diesen etwa siebzehnfach höheren Werten H' die weiteren Berechnungen durchführt:

$$H' = H/0,06 . \tag{9.6}$$

Man rechnet also mit dem kleinsten Reduktionsfaktor nach (5.6) bzw Abb. 5.7, was auf Grund der zu erwartenden Änderungen der zulässigen Grenzwerte (siehe Abschn. 5.6) auch gerechtfertigt ist. Die erforderliche Schutzstufe kann in der Tabelle 2 von DIN 58 215 abgelesen werden. Für die wichtigsten Anwendungen sind die zu verwendenden Werte in den Tabellen 9.2 und 9.3 dargestellt.

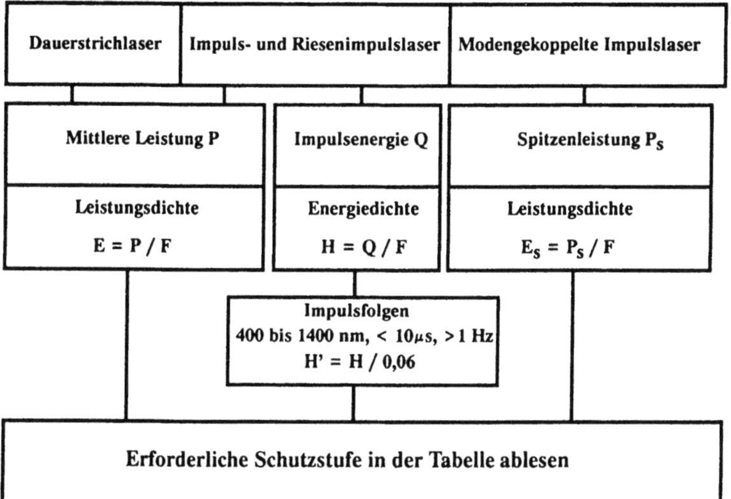

Abb. 9.4. Rechengang zur Bestimmung von Laserschutzfiltern

Tabelle 9.2. Zuordnung von Leistungsdichten und Schutzstufen für Dauerstrichlaser

Wellenlänge in nm	Maximale Leistungsdichte in W/m^2 für die Schutzstufe									
	L 1A	L 2A	L 3A	L 4A	L 5A	L 6A	L 7A	L 8A	L 9A	L 10A
200 – 620	0,1	1	10	10^2	10^3	10^4	10^5	10^6	10^7	10^8
620 – 1050	1	10	10^2	10^3	10^4	10^5	10^6	10^7	10^8	10^9
1050 – 1400	10^2	10^3	10^4	10^5	10^6	10^7	10^8	10^9	10^{10}	10^{11}
1400 – 10^6	10^4	10^5	10^6	10^7	10^8	10^9	10^{10}	10^{11}	10^{12}	10^{13}

Die Leistungs- bzw. Energiedichte des Lasers kann man aus den technischen Daten des Lasers entsprechend ihrer Definition als Verhältnis von Leistung bzw. Energie zu Strahlquerschnitt (siehe Abschn. 3.1.4, 5) berechnen. Bei Lasern mit schmalen Bündeln, die zwischen 400 nm und 1400 nm strahlen, ist dabei als Strahldurchmesser 7 mm

Tabelle 9.3. Zuordnung von Energiedichten und Schutzstufen für Impuls- und Riesenimpulslaser

Wellenlänge in nm	Maximale Energiedichte in J/m^2 für die Schutzstufe									
	L 1A	L 2A	L 3A	L 4A	L 5A	L 6A	L 7A	L 8A	L 9A	L 10A
200 – 1050	0,05	0,5	5	50	$5\cdot10^2$	$5\cdot10^3$	$5\cdot10^4$	$5\cdot10^5$	$5\cdot10^6$	$5\cdot10^7$
1050 – 1400	0,5	5	50	$5\cdot10^2$	$5\cdot10^3$	$5\cdot10^4$	$5\cdot10^5$	$5\cdot10^6$	$5\cdot10^7$	$5\cdot10^8$
1400 – 10^6	10^3	10^4	10^5	10^6	10^7	10^8	10^9	10^{10}	10^{11}	10^{12}

zu verwenden. Dabei genügt es im allgemeinen, von den Daten des Laserherstellers auszugehen. Sind der Strahlquerschnitt oder die Laserleistung durch optische Abbildungen oder andere Maßnahmen verändert, so muß man die Rechnung für die ungünstigste Stelle durchführen, die zugänglich ist. Bei Lasern zwischen 400 nm und 1400 nm liegt man auf der sicheren Seite, wenn man annimmt, daß die gesamte Laserleistung durch die 7 mm-Pupille ins Auge fallen kann.

9.2.6 Berechnungsbeispiele

In einigen Beispielen sollen Laserschutzbrillen für in Industrie, Medizin und Forschung häufig verwendete Laser berechnet werden:

Für einen *Argonlaser* mit 4 W Strahlungsleistung und einem Strahldurchmesser von 1,6 mm benötigt man entsprechend Tabelle 9.1 eine Laser-Justierbrille der Schutzstufe R 4. Will man eine Schutzbrille nach Tabelle 9.3 benutzen, so hat man zunächst die Leistungsdichte zu berechnen und dabei für die Querschnittsberechnung von 7 mm auszugehen:

$$E = 4\,\text{W}/[(7\cdot7\cdot\pi/4)\times10^{-6}\,\text{W}\,\text{m}^{-2}]$$
$$= 1,04\times10^5\,\text{W}\,\text{m}^{-2}. \tag{9.7}$$

Entsprechend dem Wellenlängenbereich (200 bis 620 nm) findet man in Tabelle 9.2 für Dauerstrichlaser eine erforderliche Schutzstufe von L 8A, wesentlich mehr als im Falle der Justierbrille, was man auch in Abb. 9.2 bei Vergleich der Grenzwerte für 30000 s mit der Grenze von 1 mW (entsprechend 0,25 s) für den Lidschlußreflex erkennt, der den Laser-Justierbrillen zugrundeliegt (siehe Abb. 9.2). Dieses Beispiel zeigt nochmals, daß der Lidschlußreflex keinesfalls unterdrückt werden darf, da die ins Auge fallende Strahlungsleistung von 1 mW um 3 bis 4 Größenordnungen höher ist, als es für lange Zeiten zulässig ist.

Als weiteres Beispiel soll ein *Nd-YAG-Laser* (1064 nm) im Q-Switch Betrieb betrachtet werden. Er habe nach Herstellerangaben einen Strahldurchmesser von 4 mm und bei einer Impulsfolgefrequenz von 1 kHz eine Impulsbreite von 125 ns, eine Spitzenleistung von 10 kW und eine mittlere Leistung von 1,3 W. Die Impulsenergie ist also

$1,3 \times 10^{-3}$ J (mittlere Leistung geteilt durch Impulsfolgefrequenz). Die Energiedichte ergibt sich demnach zu (Rechenwert für den Strahldurchmesser 7 mm) 33,8 Jm^{-2}. Aus Tabelle 9.3 erhält man eine Schutzstufe L 3A. Führt man die Vergleichsrechnung für die mittlere Leistung durch, so ergibt sich als Leistungsdichte $3,38 \times 10^4$ Wm^{-2} und aus Tabelle 9.3 liest man die Schutzstufe L 4A ab. Man hat die höhere Schutzstufe von beiden, also L 4A zu wählen.

Die in Abschn. 9.2.4 besprochene Reduktion der Werte für die zulässige Bestrahlungsstärke bei Impulslasern ist gleichbedeutend mit der Erhöhung der errechneten Schutzstufe um 1 bis 2 Einheiten. Entsprechend der Formel $H' = H/0,06$ muß man die Bestrahlung durch 0,06 dividieren und dann in die Tabelle 9.3 gehen, um die erforderliche Schutzstufe abzulesen. In dem obigen Beispiel bedeutet dies, daß sich der Wert für die Energiedichte auf 563 Jm^{-2} erhöht – und damit statt Schutzstufe L 3A jetzt Schutzstufe L 5A erforderlich wäre. Diese Schutzstufe ist noch höher, als die aus der mittleren Leistung errechnete und daher zu verwenden.

CO$_2$-Dauerstrichlaser (Wellenlänge 10600 nm): Folgende Werte wurden einem Datenblatt entnommen: Leistung $P = 425$ W, Strahldurchmesser 10 mm. Die Fläche ist also 78,5 mm^2 und die Leistungsdichte $E = 5,4 \times 10^6$ Wm^{-2}. Aus der Tabelle 9.2 liest man eine Schutzstufe L 4A ab.

Excimer-Laser: Die Wellenlängen der Excimerlaser liegen je nach verwendetem Gas zwischen 193 nm und 351 nm, also alle im ultravioletten Spektralgebiet. Die Impulsdauern sind typisch von der Größenordnung 10 ns bis 20 ns. Die Laser haben meist einen rechteckigen Strahlquerschitt, einem Datenblatt wurden 21 mm·8 mm = 168 mm^2 entnommen. Der Hersteller gibt eine maximale Impulsenergie $Q = 0,25$ J und eine maximale mittlere Leistung von $P = 5$ W bei der Impulswiederholfrequenz 25 s^{-1} an. Bezogen auf die einzelnen Impulse ergibt sich also eine Energiedichte $H = 1,49 \times 10^3$ Jm^{-2}, bezogen auf die mittlere Leistung ergibt sich eine Leistungsdichte von $E = 2,9 \times 10^4$ Wm^{-2}. Im ersten Fall liest man aus der Tabelle 9.2 eine Schutzstufe L 6A, im zweiten Fall aus der Tabelle 9.3 eine Schutzstufe L 7A ab. Auch hier ist wieder die höhere Schutzstufe zu wählen. Das Impulsreduktionskriterium braucht nicht berücksichtigt zu werden, da die Laserwellenlänge kleiner als 400 nm ist.

Aus der Struktur der Grenzwerte, die sich in den Tabellen 9.2 und 9.3 widerspiegelt, erkennt man, daß das Kriterium für die mittlere Leistung zwischen 200 nm und 620 nm für Impulswiederholfrequenzen über 2 Hz immer restriktiver sein wird, falls die Einzelimpulsenergie des Lasers bei schnellerer Impulsfolge nicht abnimmt. Für Wellenlängen über 1400 nm ist diese Grenzfrequenz 10 Hz, zwischen 620 nm und 1050 nm 20 Hz und zwischen 1050 nm und 1400 nm schließlich 200 Hz.

9.2.7 Sichtfenster und Abschirmungen für Arbeitsplätze

Beim Bearbeiten kleiner Teile mit Lasergeräten ist es relativ einfach, den Bereich der Strahleneinwirkung so abzuschirmen, daß keine Strahlung nach außen dringt. Um den Bearbeitungsprozeß beobachten zu können, sollte man in diese Abschirmung ein

Sichtfenster einbauen. Für diese Sichtfenster gilt hinsichtlich Berechnung, Auslegung und Anforderungen all das, was für Laserschutzbrillen und sonstige Laserschutzfilter festgelegt ist.

Bei sehr großen Anlagen wie Roboteranlagen zum Karosserieschweißen im Automobilbau, wo auch die Raumhöhe oft beträchtlich ist, können die Abschirmungen recht aufwendig werden, wenn man nicht den gesamten Raum zum Laserbereich machen will. Insbesondere muß man sich bei der Auslegung der Abschirmung darüber Gedanken machen, welche Positionen und Strahlrichtungen der Roboterarm bei einer Fehlfunktion seiner Steuerung erreichen kann. Erleichtert wird die Auslegung der Abschirmung auf der anderen Seite wieder dadurch, daß beim Schweißen meist ein Fokuspunkt in kurzem Abstand hinter dem Strahlaustritt liegt. Jenseits dieses Fokuspunktes nimmt die Bestrahlungstärke rasch ab. Anders jedoch zum Beispiel beim Härten mit Laserstrahlen, wo recht große Flächen ausgeleuchtet werden müssen. Für die Auslegung dieser Abschirmungen hinsichtlich des Strahlenschutzes gilt selbstverständlich der Inhalt der Abschn. 9.2.3 bis 9.2.4, hinsichtlich ihrer Beständigkeit gegen Laserstrahlung ebenso Abschn. 9.3.1.

Eine Norm für diese Abschirmungen gibt es bisher nicht, allerdings bemühen sich viele Hersteller, Systeme zu entwickeln, die preisgünstige und insbesondere auch flexible Lösungen in der Art der Kunststoffvorhänge zur Abschirmung von Schweißerarbeitsplätzen bieten. Abschirmungen aus Plexiglas, wie sie früher viel an CO_2-Laseranlagen verwendet wurden, da sie billig und gut durchsichtig sind, haben den Nachteil, daß sie praktisch sofort durchschmelzen, wenn sie von einem Laserstrahl getroffen werden. In dieser Hinsicht ist Polykarbonat ein besser geeigneter Kunststoff, und Verbundglas zeigt meist auch eine recht gute Beständigkeit gegen Laserstrahlung.

Solange es keine normativen Festlegungen gibt und damit auch keine geprüften Systeme, muß der Hersteller der Abschirmung auf jeden Fall selbst sicherstellen, daß die erwähnten Anforderungen an die Abschirmungen eingehalten werden und der Schutz der umliegenden Arbeits- und Verkehrsflächen gewährleistet ist.

9.3 Anforderungen an die Laserschutzfilter und -brillen

Hat man nach Abschn. 9.2.4 eine Schutzstufe bestimmt, so kann man jetzt in den Katalogen der Hersteller nachsehen, ob die entsprechenden Laserschutzfilter oder -brillen lieferbar sind. Vielfach wird in den Katalogen, insbesondere der amerikanischen Hersteller, nicht die Schutzstufe, sondern die optische Dichte des Filters angegeben. Diese Angabe ist nicht ausreichend. Um sicher zu sein, daß das bestellte Filter auch den gewünschten Schutz gegen Laserstrahlung bietet und darüber hinaus in allen übrigen Punkten sicherheitstechnisch in Ordnung ist, muß eine ganze Reihe anderer Forderungen erfüllt sein sein. Diese sind in den Normen für Laserschutzfilter festgelegt. Die wesentliche Forderung ist die der Beständigkeit gegen Laserstrahlung. Wie wichtig diese Forderung ist, zeigt ein Unfall im Lawrence Livermore National Laboratory in den USA mit einem gepulsten Nd-YAG-Laser, wo ein Physiker einen bleibenden Netzhautschaden davontrug, weil er eine Laserschutzbrille trug, die nicht für die Leistungsdichte im Laserstrahl ausgelegt war [9.6].

9.3.1 Beständigkeit gegen Laserstrahlung

Man erkennt in den Tabellen 9.2 und 9.3, daß die höheren Schutzstufen gegen Laser schützen sollen, in deren Strahl die Leistungsdichten zum Teil extrem hoch sind. Wenn man mit einer Schutzbrille in den Strahl eines derartigen Lasers kommt, so kann das Filter nur dann die Augen schützen, wenn es wenigstens so lange der Strahlung standhält, wie man benötigt, den Strahl wieder zu verlassen.

Die Normen DIN 58215 [9.1] und DIN 58219 [9.2] fordern dafür als Mindestzeit 10 s bzw. 100 Laserimpulse bei langsam gepulsten Lasern. Laserschutzfilterhersteller, die nur mit der optischen Dichte werben, haben ihre Filter meist nicht einer DIN-Zulassungsprüfung (siehe Abschn. 9.5) unterzogen, bei der in jedem Fall auch die Schutzstufe unter Laserbelastung nach den Werten den Tabellen 9.2 und 9.3 bestimmt wird. Da im Wellenlängenbereich zwischen 400 nm und 1400 nm bei der Leistungsdichtenberechnung für die Schutzstufenermittlung von 7 mm Strahldurchmesser ausgegangen wird, typische Laser in diesem Spektralbereich jedoch nur einen Strahldurchmesser von etwa 1 mm haben, werden dort nach DIN die Laserschutzbrillen mit den hundertfachen Werten der Leistungs- bzw. Energiedichte der beiden Tabellen geprüft, um sicher zu sein, daß die Brille auch der Leistungsdichte im Strahl standhält.

Die Zerstörungsprozesse, die bei der Belastungsprüfung mit Laserstrahlung wirksam werden, sind meist thermischer oder mechanischer Natur. Ein Teil der Filter schmilzt durch, Kunststoffilter können sogar entflammen, andere Filter springen oder werden von der Oberfläche her abgetragen. Schmilzt bei laminierten Filtern die äußere Glasschicht nur langsam ab, weil z.B. ein wärmebeständiges Glas verwendet wurde, so kann es vorkommen, daß sich durch Verdampfen der Kunststoff-Zwischenschicht Gase bilden, deren Druck so stark ansteigt, daß sich die meist dünnere, augenseitige Glasschicht explosionsartig ablöst und Splitter in Augenrichtung fliegen.

Ein Beispiel für ein entflammendes Laserschutzfilter zeigt Abb. 9.5. Ein CO_2-Laserstrahl mit etwa 100 W Leistung fällt von links auf das laminierte Filter. Die äußere Glasschicht ist sofort durchgeschmolzen und der verdampfende Kunststoff der Zwischenschicht hat sich selbst entzündet.

Glasfilter ohne diese Laminierung zerspringen infolge der thermischen Spannungen, die durch die lokal aufgebrachte Laserleistung entstehen, meist schon nach etwa 1 bis 3 s. Daher sollte man auch keine gewöhnlichen Brillen benutzen, wenn die Gefahr besteht, daß der direkte Strahl eines CO_2-Lasers auf die Brille fallen kann. Gewöhnliches Glas hat zwar bei der Wellenlänge dieses Lasers eine sehr hohe optische Dichte, die Beständigkeit gegen hohe Leistungen ist aber nur gering. Es kann also höchstens zum Schutz gegen diffuse Streustrahlung niedriger Leistung benutzt werden. Darüber hinaus haben die Brillenfassungen keinen Seitenschutz, der das seitliche Eindringen

Abb. 9.5. Ein laminiertes Filter, das von einem CO_2-Laserstrahl getroffen wird, entflammt nach kurzer Zeit

von Laserstrahlung in den Augenraum verhindern könnte. Auch die Fassung selbst ist nicht beständig gegen Laserstrahlung.

Weitere typische Laserschäden, wie sie bei der Prüfung von Laserschutzfiltern entstehen, zeigen die Abb. 9.6 bis 9.8. Man erkennt Abblätterungen der Aufdampf-schicht, Riß- und Blasenbildung sowie Einbrennungen. Über diese thermischen Schä-den hinaus wurde auch bei einigen Filtern beobachtet, daß sich ihr Transmissionsgrad unter dem Einfluß von Laserstrahlung hoher Leistungsdichte reversibel um mehrere Größenordnungen zu höheren Werten hin ändert, ohne daß dies nach Ende der Be-

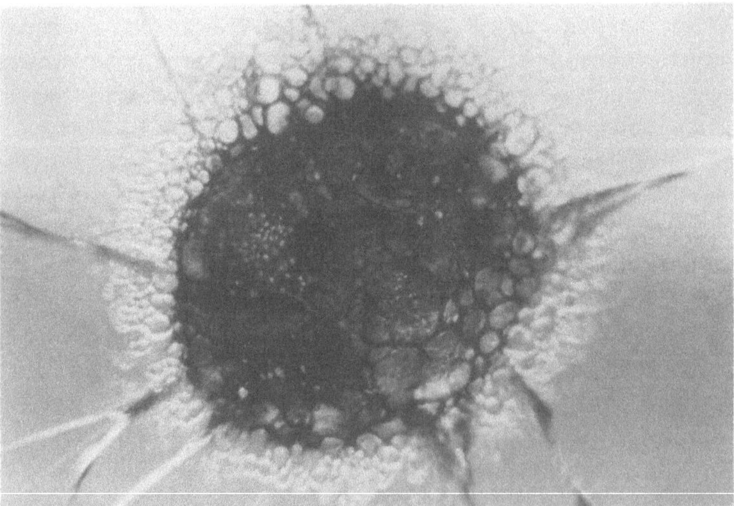

Abb. 9.6. Bei der Prüfung des Laserschutzfilters entstehen in der Kunststoffzwischenschicht Blasen, und das Filter reißt

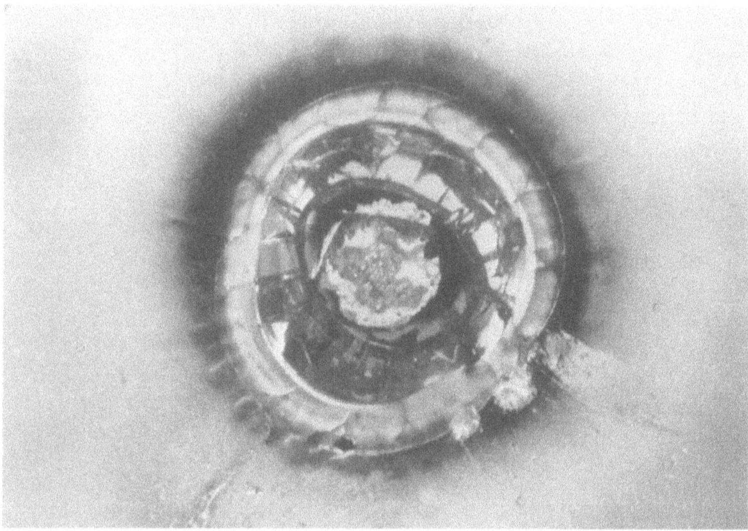

Abb. 9.7. Bei der Prüfung des Laserschutzfilters brennt ein tiefes Loch in das Glas, und das Filter reißt

strahlung feststellbar wäre. In einer amerikanischen Studie wurde dieser unerwünschte Vorgang bei einer Bestrahlungsstärke beobachtet, die nur etwa 1 % der thermischen Zerstörungsgrenze entsprach [9.7]. Dieser sogenannte Q-Switch-Effekt, der bei vielen Farbstoffen und einigen Gläsern bekannt ist und auch für die Erzeugung kurzer Laserimpulse technisch genutzt wird, darf natürlich bei Schutzfiltern gerade nicht auftreten. Dies unterstreicht die Bedeutung der Belastungsprüfung der Laserschutzfilter nach DIN 58215 [9.1] und DIN 58219 [9.2].

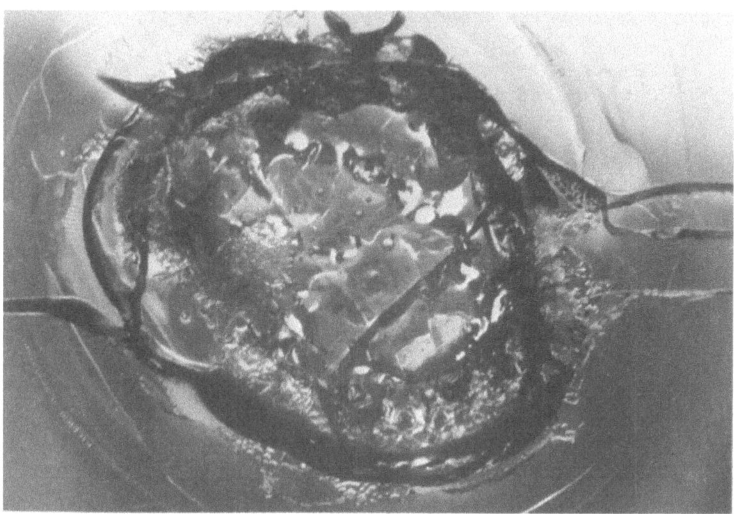

Abb. 9.8. Die reflektierende Aufdampfschicht wölbt sich bei der Prüfung nach oben und blättert teilweise ab, außerdem springt das Filter

Ferner wurde auch schon beobachtet, daß sich organische Farbstoffe, die in Laserschutzfilter eingebaut waren, infolge der Laserstrahlenabsorption so weit erhitzten, daß sie sich zersetzten und dabei ausblichen. In diesem Zusammenhang soll nochmals darauf hingewiesen werden, daß auch DIN 58215 und DIN 58219 nur eine Standzeit von 10s für die Laserschutzfilter vorsehen. Beim Tragen der Brillen sollte man also auch nicht beliebig lange in den Strahl blicken, sondern die Schutzbrille wirklich nur als letzten Schutz betrachten, wenn man zufällig von dem Strahl getroffen wird. Ist eine Brille beim Tragen einem Laserstrahl hoher Leistung ausgesetzt, so wird man dies an der Erwärmung, die bis hin zu einem Glühen gehen kann, bemerken. Bei Impulslasern treten auch typische knallartige Geräusche auf.

9.3.2 Thermische und UV-Beständigkeit

Neben diesen laserspezifischen Belastungen gibt es auch allgemeine Umweltbelastungen wie Wärme und Licht, die in DIN 58215 und DIN 58219 durch eine thermische und eine UV-Beständigkeitsprüfung simuliert werden. Selbst bei diesen, zunächst als selbstverständlich erscheinenden Anforderungen, haben in einer amerikanischen Untersuchung eine große Anzahl von Laserschutzfiltern versagt [9.7]. In einigen Fällen sind die Filter bei der Klimaprüfung so weit ausgeblichen, daß sie anschließend praktisch überhaupt keinen Schutz mehr bei der Laserwellenlänge boten. Das Beispiel in Abb. 9.9 zeigt die Transmissionskurve eines Argonlaserfilters, dessen Absorptionskante sich bei dieser Prüfung so weit verschoben hat, daß es hinterher eine deutlich hellere Farbe hatte. Die in Abb. 9.9 dargestellte, diesem Verhalten entsprechende Verschiebung der Transmissionskurven ist so stark, daß bei 515 nm, der Wellenlänge des Argonlasers, wo das Filter eigentlich schützen sollte, der spektrale Transmissionsgrad schon sehr hohe Werte nahe 90% hat. Ähnlich starke Änderungen wurden auch bei He-Ne-Laserschutzfiltern und bei Rubin-Laserschutzfiltern beobachtet.

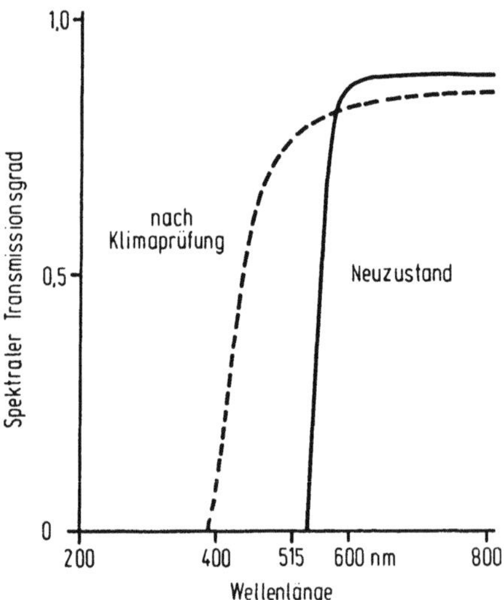

Abb. 9.9. Änderung des spektralen Transmissionsgrades eines Argonlaserfilters durch Klimaprüfung

9.3.3 Brechwerte

Eine weitere Anforderung ist in DIN 58215 und DIN 58219 für die Brechwerte festgelegt. Es gibt in den übrigen Normen für Augenschutzfilter [9.8] für die Brechwerte zwei Güteklassen für die Einzelscheiben und eine dritte für die Visiere. Die Grenze für die sphärische und astigmatische Wirkung liegt bei 0,06 dpt für Klasse 1, bei 0,12 dpt für Klasse 2 und bei 0,25 dpt für Klasse 3. Bei hohen Anforderungen an die Sehleistung und bei Dauergebrauch wird von Sichtscheiben der Klasse 3 abgeraten. Da die Herstellung von Filtern der Klasse 1 heute keine technische Schwierigkeit mehr darstellt, und die Brillen bei Arbeiten an Laseraufbauten oft sehr lange zur Beobachtung feiner Details getragen werden müssen, ist in der Norm für Laserschutzfilter nur diese Klasse vorgesehen.

9.3.4 Streulicht

Ferner darf bei Laserschutzfiltern der reduzierte Leuchtdichtekoeffizient, die Meßgröße für das Streulicht, den Grenzwert von 0,5 cd/(m^2 lx) nicht überschreiten. Der reduzierte Leuchtdichtekoeffizient ist das Verhältnis der Leuchtdichte des Filters zur Beleuchtungsstärke auf dem Filter. Dabei ist noch durch den Lichttransmissionsgrad des Filters dividiert. Die Leuchtdichte ist die entsprechend dem Hellempfindlichkeitsgrad des Auges (siehe Abschn. 4.1 und Abb. 4.1) bewertete Strahldichte (siehe Abschn. 3.1.6), die Beleuchtungsstärke entspricht in gleicher Weise der Bestrahlungsstärke (siehe Abschn. 3.1.4).

Die Streulichtforderung soll sicherstellen, daß man klar und kontrastreich durch das Filter sehen kann. Zur Bestimmung des reduzierten Leuchtdichtekoeffizienten wird das Streulicht in dem Winkelbereich zwischen 1,5° und 2° gemessen und durch das ungestreut durchgelassene Licht sowie den bei der Streulichtmessung erfaßten Raumwinkel dividiert. Diese Messung unter kleinen Winkeln zur Durchstrahlungsrichtung, die bei allen anderen Schutzbrillen ebenfalls vorgeschrieben ist, ist bei den Laseranwendungen besonders angebracht, da der Laserstrahl eine extrem helle und meist relativ punktförmige Lichtquelle darstellt. Die Auswirkung verschieden starken Streulichtes in einem Filter beim Betrachten einer punktförmigen Lichtquelle zeigt Abb. 9.10. Man erkennt deutlich die Zunahme des Lichthofes, der Einzelheiten in der Nähe der Lichtquelle überdeckt.

9.3.5 Lichttransmissionsgrad

Nach DIN 58219 muß der Lichttransmissionsgrad für Laser-Justierfilter mindestens 0,4 betragen, ein von den Filtern kaum einzuhaltender Wert. DIN 58215 fordert, daß der Lichttransmissionsgrad der Laserschutzfilter mindestens 0,2 betragen soll, läßt dort aber auch niedrigere Werte zu. Bei bestimmten Laserschutzfiltern kann dieser Wert nicht erreicht werden, weil die Laserwellenlänge in der Mitte des sichtbaren

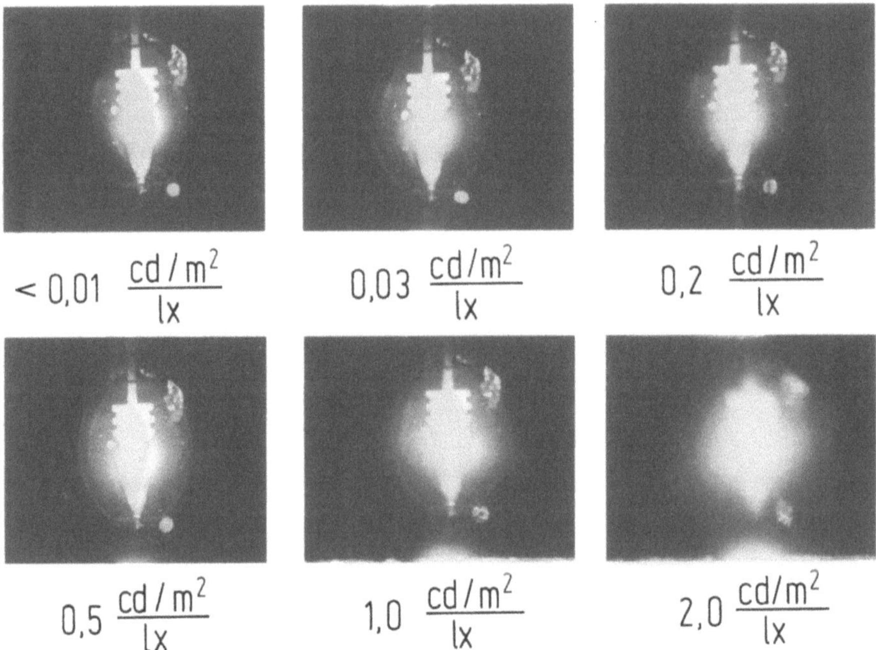

Abb. 9.10. Auswirkung des Streulichtes auf das Betrachten einer punktförmigen Lichtquelle

Spektralgebietes liegt, und dadurch zwangsläufig nur wenig Licht durchgelassen wird. In einem solchen Fall muß der Hersteller des Laserschutzfilters besonders darauf hinweisen, und der Benutzer muß die Beleuchtungsstärke am Arbeitsplatz entsprechend erhöhen, da andernfalls durch schlechtes Sehen eine erhöhte Unfallgefahr durch Anstoßen, Stolpern oder versehentliches Dejustieren optischer Bauelemente bestünde.

Dieser Hinweis hat in einer mitzuliefernden Gebrauchsanleitung zu erfolgen, die außerdem noch zusätzliche Angaben in der Form von Transmissionskurven oder -tabellen enthalten soll, damit sich der Benutzer ein Bild machen kann, ob das Laserschutzfilter nur sehr schmalbandig Schutz bietet, oder ob es sich um eine breitbandige Absorption handelt und damit zu erwarten ist, daß das Filter auch noch in der unmittelbaren Nähe der angegebenen Laserwellenlänge Schutz bietet. Zu einer gewissenhaften Entscheidung dieser Frage gehört allerdings viel Fachwissen, das man keinesfalls bei allen Anwendern voraussetzen kann.

9.3.6 Weitere Anforderungen

Als weitere Forderungen werden in DIN 58215 und DIN 58219 Gesichtsfeld, Sekundärstrahlung und Beständigkeit gegen glühende Körper genannt. Die letzte Forderung, eine Entflammbarkeitsprüfung, soll nur sicherstellen, daß für die Laserschutzfilter und -brillen keine leicht entzündlichen Werkstoffe wie Nitrozellulose benutzt werden. Alle üblichen Kunststoffe erfüllen diese Anforderung.

Als Mindestgesichtsfeld wird ein Winkel von 40° nach allen Seiten für die Laserschutzbrillen gefordert. Das ist eine relativ geringe Anforderung. Der Wert stellt einen Kompromiß dar, da für bestimmte Laseranwendungen Filter erforderlich sind, die nur durch Kombination mehrerer Einzelfilter zu realisieren sind. Dadurch entstehen manchmal recht dicke Filterpakete, die sehr schwer und beim Tragen der Brille sehr unbequem sind. Dieses Problem stellt sich dann gerade bei großen Brillen, die vom Gesichtsfeld her empfehlenswerter wären.

Ferner darf bei Bestrahlung des Filters mit der höchsten Energie- und Leistungsdichte, für die es vorgesehen ist, keine Sekundärstrahlung entstehen, die für das Auge gefährlich wäre. Bei dieser Forderung wurde daran gedacht, daß es möglich ist, daß bestimmte Farbstoffe die Laserstrahlung absorbieren und bei einer anderen Wellenlänge wieder emittieren. Sind die Filter gut planparallel, so könnte diese Emission kohärent und gerichtet sein und damit durch gute Fokussierbarkeit auf der Netzhaut das Auge gefährden.

9.4 Schutzbrillenfassungen

An die Fassungen (Tragkörper) der Laserschutzbrillen werden in DIN 58215 und DIN 58219 dieselben Schutzanforderungen gestellt, wie an die Filter (Sichtscheiben). Sie brauchen zwar nicht transparent zu sein, müssen jedoch für die gleiche Zeitdauer wie die Filter Schutz gegen das Eindringen von Laserstrahlung in den Augenraum bieten. Die Filter müssen mit dem Tragkörper fest verbunden sein. Sie dürfen, um Verwechselungen zu vermeiden, nicht auswechselbar sein.

Auf dem Markt werden sowohl Bügelbrillen als auch Korbbrillen für den Laserschutz angeboten. Die Bügelbrillen (Abb. 9.11) haben den Vorteil, daß sie meist leichter und angenehmer zu tragen sind. Sie müssen jedoch einen Seitenschutz haben.

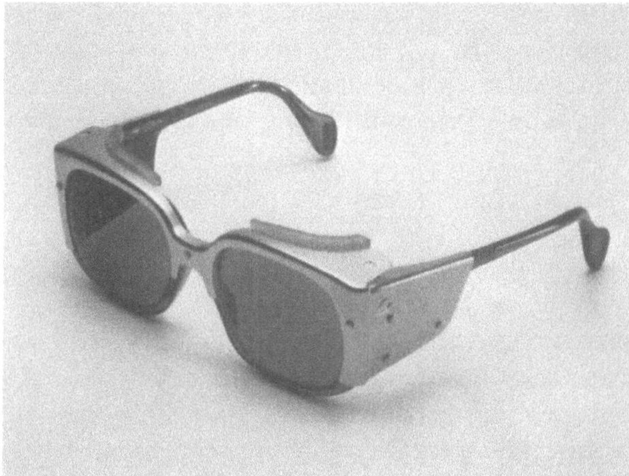

Abb. 9.11. Laserschutzbrille in der Ausführung als Bügelbrille mit Metallarmierung zur Erhöhung der Laser-Strahlenbeständigkeit

Abb. 9.12. Laserschutzbrille in der Ausführung als Korbbrille

Bei Korbbrillen (Abb. 9.12) ist der Seitenschutz meist dichter, außerdem können sie über Korrektionsbrillen getragen werden. Sie haben allerdings den Nachteil, daß durch ihre Form und den relativ großen Abstand der Sichtscheiben von dem Auge das Gesichtsfeld meist stark eingeengt wird. Außerdem besteht durch das dichte Anliegen des Tragkörpers am Kopf die Gefahr, daß die Filter rasch beschlagen. Die Tragkörper müssen daher gut belüftet sein, eine Forderung, die dem Schutz gegen seitliches Eindringen von Laserstrahlung entgegensteht. Als Hilfsmaßnahme bei großer Beschlagneigung kann man die Laserschutzfilter mit einer beschlaghemmend ausgerüsteten farblosen Sichtscheibe hinterlegen. Auf dem Markt werden seit einiger Zeit derartige Sichtscheiben angeboten, die sehr wirkungsvoll sind. Korbbrillen werden trotz ihres hohen Gewichtes vielfach als nicht so schwer empfunden, da sie auf einer größeren Fläche aufliegen und nicht nur auf der Nase.

Der Augenraum soll zwar durch die Fassung geschützt werden, ein zu dichtes Anliegen der Fassung vermindert allerdings auch den Tragekomfort, ohne wesentlich die Sicherheit zu erhöhen, da es auch bei einem schmalen Zwischenraum zwischen Brille und Kopf des Trägers (außer vielleicht im Nasenbereich) sehr unwahrscheinlich bleibt, daß ein Reflex der Laserstrahlung ins Auge dringt. All diese Eigenschaften der Brillen haben, ebenso wie auch Gewicht und gute anatomische Form, eine große Bedeutung für die Sicherheit, da sie die Bereitschaft fördern, die Laserschutzbrillen ständig zu benutzen.

9.5 Kennzeichnung

Ein wesentlicher Teil der sicherheitstechnischen Anforderungen an die Laserschutzbrillen ist deren Kennzeichnung. Die Kennzeichnung ist in DIN 58215 und DIN 58219 genau geregelt und darf in dieser Form nur auf Grund einer Zulassungsprüfung erfolgen. Für diese Zulassungsprüfung werden die Proben beim Hersteller aus dessen Lager entnommen. Entsprechen die Laserschutzbrillen der Norm, so erhält der

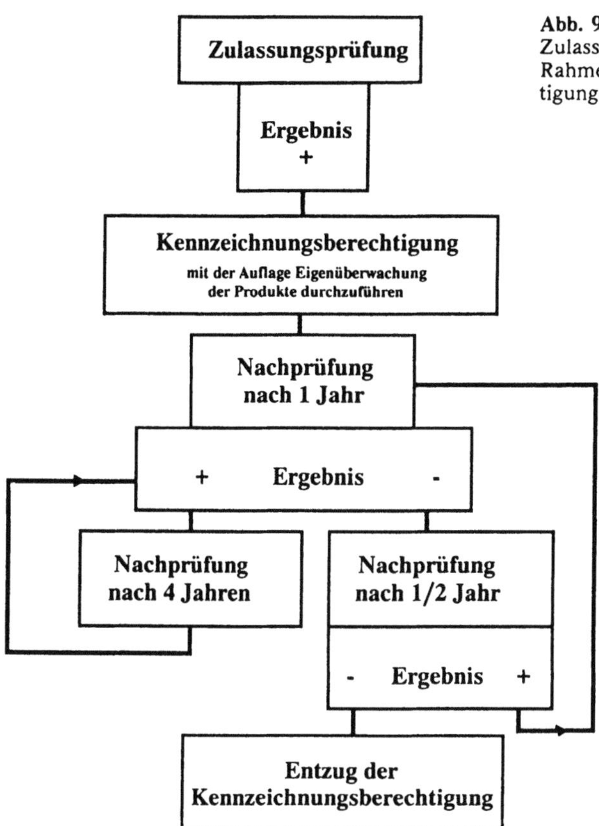

Abb. 9.13. Schema für den Ablauf von Zulassungs- und Nachprüfungen im Rahmen der DIN-Kennzeichenberechtigung

Hersteller zunächst die DIN-Kennzeichnungsberechtigung für 1 Jahr. Danach erfolgt eine Nachprüfung, für die die Proben ebenfalls beim Hersteller entnommen werden. Entsprechen die Brillen weiterhin der Norm und sind sie baugleich mit den ersten Mustern, so erhält der Hersteller jetzt die Kennzeichnungsberechtigung für 4 Jahre, nach denen wieder eine Nachprüfung erfolgt.

In der Zwischenzeit muß der Hersteller durch Eigenüberwachung der wesentlichen Anforderungen sicherstellen, daß die Laserschutzbrillen weiterhin der Norm und den geprüften Mustern entsprechen. Darüber hat er Aufzeichnungen zu führen. Das Ablaufschema dieser Prüfungen zeigt Abb. 9.13. Es handelt sich bei diesem Verfahren also um eine Kombination von Eigen- und Fremdüberwachung. Mit der Vergabe der DIN-Kennzeichnungsberechtigung (DIN-Prüf- und Überwachungszeichen) ist auch die Vergaben des GS-Zeichens verbunden. Prüfstelle ist der Normenausschuß Feinmechanik und Optik [A3].

9.5.1 Laser-Justierbrillen

Das Kennzeichen der Laser-Justierbrillen besteht aus dem Wort „Justierbrille", dem oder den Kennbuchstaben des Herstellers (hier als Beispiel X), der Laserwellenlänge in nm, den Buchstaben DIN als Kurzform für das DIN-Prüf- und Überwachungszeichen und der maximalen Laserleistung, für die sie bestimmt sind. Folgende Beispiele sollen das verdeutlichen:

Justierbrille X 515 DIN 10 W
Justierbrille X 633 DIN 1 W

Das Kennzeichen kann entweder auf der Fassung oder auf den Filtern sein.

9.5.2 Laserschutzbrillen

Auch hier kann das Kennzeichen entweder auf der Sichtscheibe oder auf der Fassung sein. Das Kennzeichen besteht aus der Laserwellenlänge oder dem Wellenlängenbereich in nm, der Schutzstufe, einem oder mehreren Kennbuchstaben des Herstellers (in den Beispielen X) und dem Normenzeichen DIN als Kurzform für das DIN-Prüf- und Überwachungszeichen in dieser Reihenfolge.

Vor der Laserwellenlänge können noch Kennbuchstaben für die Laserbetriebsart stehen. Diese sind der folgenden Tabelle 9.4 zu entnehmen. Die Abgrenzung der Zeitbereiche gegeneinander ist teilweise wellenlängenabhängig und geht aus Abb. 9.3 hervor. Beispiele für Kennzeichen sind:

633 L 5A X DIN
D 1060 L 8A X DIN
I/RI 694 L 7A X DIN
D 300-525 L 6A X DIN

Laserschutzfilter zum Einbau in Anlagen werden genauso gekennzeichnet. Wie schon erwähnt, befindet sich auf den Filtern in Brillen nicht unbedingt ein Kennzeichen, da die Filter in den Fassungen nicht auswechselbar sein dürfen. Viele Hersteller bringen die Kennzeichen auf der Brille an, da sie oft recht lang sind und darüber hinaus auf Grund der Schutzwirkung der Filter vielfach mehrere Kennzeichen zulässig sind.

Tabelle 9.4. Kennbuchstaben für die Laserbetriebsarten (hinsichtlich deren zeitlicher Abgrenzung siehe Abb. 9.3)

Kennbuchstabe	Laserbetriebsart
D	Dauerstrichlaser
I	Impulslaser
RI	Riesenimpulslaser
MI	Modengekoppelte Impulslaser

9.6 Auswahlkriterien

Nicht in dieser Weise gekennzeichnete Filter oder Brillen sollten nicht verwendet werden, da sie nicht die Gewähr eines korrekten Einsatzes und einer Überwachung der sicherheitstechnischen Anforderungen bieten. Ist es in besonderen Fällen erforderlich, trotzdem solche Filter einzusetzen, weil auf dem Markt für einen bestimmten Laser keine DIN-gekennzeichneten Filter erhältlich sind, so sollte man sich von dem Hersteller Unterlagen oder Werkszeugnisse über die Eigenschaften der Filter, insbesondere deren Laserstrahlenbeständigkeit, geben lassen. Gibt es jedoch für die gleiche Anwendung mehrere Laserschutzfilter, die in Frage kommen, so gibt es weitere Gesichtspunkte, die bei der Auswahl beachtet werden sollten.

An erster Stelle steht dabei der Lichttransmissionsgrad des Laserschutzfilters. Er wird in den Prospekten der Hersteller meist angegeben, allerdings nicht immer korrekt. Man sollte stets ein Filter mit möglichst hohem Lichttransmissionsgrad auswählen, da von diesem die Umgebungshelligkeit am wenigsten geschwächt wird, und erhöhte Unfallgefahren durch schlechtes Sehen vermieden werden.

Aus dem gleichen Grunde sollte man bei der Schutzbrillenbestellung nicht unnötig weit über die errechnete Schutzstufe hinausgehen. Ein Sicherheitszuschlag von einer Schutzstufe ist ausreichend. Erhöhte Absorption an der Laserwellenlänge ist meist auch mit einem verringerten Lichttransmissionsgrad verbunden.

In diesem Zusammenhang sind auch die Probleme der Kombinations- oder Universalfilter zu diskutieren. Es sind dies Filter, die bei mehreren Laserwellenlängen Schutz bieten. Dies kann beispielsweise erforderlich sein, wenn man einen Nd-Laser (Wellenlänge 1060 nm) mit einem Frequenzverdoppler betreibt, um bei 530 nm arbeiten zu können. Man benötigt dann eine Schutzbrille, die für beide Wellenlängen wirksam ist. Eine derartige Brille hat zwangsläufig einen sehr kleinen Lichttransmissionsgrad, da die Wellenlänge 530 nm in der Nähe des Maximums der Augenempfindlichkeit liegt. Betreibt man aber den Nd-Laser ohne den Frequenzverdoppler, so sollte man diese Brille nicht verwenden, sondern eine solche, die nur bei 1060 nm schützt. Die Wellenlänge 1060 nm liegt außerhalb des sichtbaren Spektralgebietes, und das Filter kann daher einen recht hohen Lichttransmissionsgrad haben.

Die Norm fordert von dem Brillenhersteller in der Gebrauchsanleitung den Hinweis, daß bei einem Lichttransmissionsgrad von weniger als 20% die Arbeitsplatzbeleuchtung zu erhöhen ist. Dies kann bei schlecht beleuchteten Innenräumen auch schon bei höheren Werten des Lichttransmissionsgrades erforderlich sein.

Andere wichtige Gesichtspunkte bei der Auswahl der Laserschutzbrille sind deren Gewicht, die Filterdicke und die Filtergröße, die in das Gesichtsfeld eingehen.

9.7 Sonderausführungen

Viele Hersteller bieten auch Laserschutzfilter zum Einbau in Anlagen an (siehe Abschn. 9.2.6). Dies sollte man, wie schon erwähnt, ausnutzen, indem man die Anlage kapselt und den Einblick mit Sichtfenstern ermöglicht. Dadurch sind dann Schutzbrillen für die in dem Raum befindlichen Personen nicht mehr erforderlich. Dies hat auch Vorteile, weil man sich organisatorische Schutzmaßnahmen, wie Zugangsregelungen zum Raum erspart. Laser-Justierfilter zum Einbau in Anlagen sind nicht empfehlenswert, da man bei einem Einblick längere Zeit der Strahlung ausgesetzt wäre, wenn man einen Arbeitsvorgang beobachten will. Auch bei der zweiten häufigen Funktion solcher Einblickfenster, der Vorführung für Besucher, wären Laser-Justierbrillen nicht angebracht, da man die Besucher zuerst belehren müßte, daß der Lidschlußreflex nicht unterdrückt werden darf.

Beim Laserschweißen kann neben dem Laserschutz auch ein zusätzlicher Blendschutz notwendig sein. Dann ist es ratsam, das Laserschutzfilter mit einem marktüblichen Schweißerschutzfilter zu kombinieren. Die Schutzstufe des Schweißerschutzfilters muß nach dem erforderlichen Blendschutz ausgewählt werden.

Für Korrektionsbrillenträger kann das Tragen einer Laserschutzbrille dadurch besonders unbequem werden, daß sie gezwungen sind, eine Korb- oder Kastenbrille über der Korrektionsbrille zu tragen. Daher bieten einige Herstellern Laserschutzbrillen mit Korrektionswirkung an. Der Korrektionsbereich ist meist ± 6 dpt. Allerdings sind Nahteilverschmelzungen nicht möglich. Trotz der hohen Kosten ist diese Lösung sehr zu empfehlen.

9.8 Kontrolle persönlicher Schutzausrüstungen

Für Laserschutz- und Laser-Justierbrillen, die man bereits viele Jahre benutzt, stellt sich häufig die Frage, ob sie noch ihre Schutzwirkung haben und die geforderte Sicherheit bieten. Eine allgemeingültige Regel, wann die Brillen zu ersetzen sind, läßt sich leider nicht angeben. Auf alle Fälle sollte man aus Sicherheitsgründen eine Brille auswechseln, die schon einmal von einem intensiven Laserstrahl belastet wurde, und an der womöglich sogar Einschmelzungen zu erkennen sind. Auch bei Änderungen der Farbe oder des Lichttransmissionsgrades, bei Brüchen, Rissen und anderen deutlich erkennbaren Fehlern, auch am Tragkörper, muß eine neue Brille beschafft werden.

Sind in einem Betrieb noch Filter nach der alten Norm DIN 58215, Ausgabe 1973 vorhanden, die sich von den Filtern nach der neuen Norm Ausgabe 1986 dadurch unterscheiden, daß das A hinter der Schutzstufennummer fehlt, so sollte bei Beschaffung eines neuen Lasers sehr sorgfältig geprüft werden, ob die Brille den Anforderungen genügt. Die Berechnungsgrundlagen haben sich zwischen den beiden Ausgaben geändert. Bei Weiterverwendung der alten Brillen ist man nur dann sicher, daß die erforderliche Stabilität gegen Laserstrahlung gegeben ist, wenn man die Berechnungen für diese Brille nach den Vorschriften der alten Norm ausführt.

Für Laserschutzbrillen im Wellenlängenbereich unter 550 nm haben sich die Grenzwerte in der neuen Norm verschärft. Wenn derartige Brillen Schutz für einen ganzen Arbeitstag bieten sollen, müssen sie gegen Brillen nach der neuen Norm ausgetauscht werden.

9.9 Internationale Laserschutzfilternormen

International gibt es die ISO-Norm ISO 6161 [9.10] für Laserschutzfilter und zwei Entwürfe für CEN-Normen, CEN prEN 207 [9.10] für Laserschutzfilter und CEN prEN 208 [9.8] für Laser-Justierbrillen. Die ISO-Norm beruht noch auf der deutschen Norm von 1973 und ist veraltet. Die CEN-Entwürfe beruhen auf den jetzt geltenden deutschen Normen DIN 58215 und DIN 58219, stellen aber eine Weiterentwicklung davon dar. Da damit zu rechnen ist, daß diese beiden Normen im Rahmen der europäischen Harmonisierung als deutsche Normen übernommen werden, sollen die wesentlichen Änderungen, die zu erwarten sind, kurz dargestellt werden:

1. Die Zeitbasis für die Grenzwerte, die den Anforderungen an die Laserschutzfilter zugrundegelegt werden, beträgt nicht mehr 30000s, sondern 1000s, entsprechend der Tatsache, daß es meist nicht Zweck der Laserschutzfilter ist, einen vollen Tag in den Strahl zu blicken. Sie sollen nur Schutz gegen eine zufällige Bestrahlung bieten.
2. Die Beständigkeitsprüfung gegen Laserstrahlung erfolgt über 100s anstatt über 10s und über 1000 Impulse anstatt über 100 Impulse. Es handelt sich also um eine Verbesserung der Sicherheit der Filter.
3. In die Norm für Laser-Justierfilter wird auch der Schutz gegen Impulslaser aufgenommen.
4. Der Mindestwert von 0,4 für den Lichttransmissionsgrad der Laser-Justierfilter ist nicht mehr zwingend vorgeschrieben, sondern nur noch Empfehlung.
5. Bei den Laser-Justierfiltern werden zwei zusätzliche Schutzstufen aufgenommen, nämlich R 1 für Laser bis 100 mW und R 5 für Laser bis 100 W.

Diese Änderungen stellen eine Weiterentwicklung der Normen dar, die die Laserschutzfilter und -brillen sicherer machen und außerdem teilweise deren Verwendung erleichtern.

10. Sekundäre Gefährdungen

Die Laserstrahlung und ihre Wirkung auf Augen und Haut ist bei den meisten Laser-anwendungen die wesentliche Gefahrenquelle, aber es gibt daneben in einigen Fällen weitere Gefährdungsmöglichkeiten (siehe auch [6.5, 6.6]). Bezüglich der Einwirkung auf den Menschen können diese *direkter* oder *indirekter Natur* sein. Indirekt bedeutet, daß z.B. die Strahlung erst auf eine explosible Atmosphäre einwirkt und diese dann die Gefahr hervorruft. Eine weitere Unterscheidungsmöglichkeit ergibt sich aus der Tatsache, daß die Gefahr aus dem Laser selbst kommen kann, z.B. wenn er gefährliche Stoffe enthält, oder aus der Art des Einsatzes, z.B. beim Schneiden entsprechender Materialien.

Gegenstand der folgenden Ausführungen sind die elektrische Sicherheit, elektromagnetische Wellen im Nieder- und Hochfrequenzbereich sowie Mikrowellen, nicht-kohärente optische Strahlung, Pumpstrahlung, Schweißstrahlung einschließlich UV-Strahlung, Röntgenstrahlung und nicht zuletzt explosible und toxische Atmosphären und Stoffe.

10.1 Elektrische Sicherheit und elektromagnetische Wellen ($\lambda > 1\,\mathrm{mm}$)

Überwiegend wird die Strahlung in Lasern aus elektrischer Energie erzeugt. Der großen Vielfalt der angewendeten Laserprozesse und Anregungsmechanismen steht eine entsprechende Vielgestaltigkeit der elektrischen Ausführung gegenüber. Die Anforderungen sind in der DIN VDE 0836 Bestimmung für die elektrische Sicherheit von Lasergeräten und -anlagen [6.18] festgelegt (siehe Abschn. 6.1.5).

Die größte Gefährdung geht zweifelsfrei von Lasern aus, die mit *Hochspannung* betrieben werden. Impulslaser mit Kondensatorbänken verlangen besondere sicherheitstechnische Vorkehrungen. Grundsätzlich ist die Konstruktion von Lasereinrichtungen so vorzunehmen, daß bei einer Zerstörung (z.B. Zerplatzen) des aktiven Teils des optischen Pumpsystems oder der Kondensatorbank keine Gefahren in bezug auf unzulässige Berührungsspannungen am Gerät oder an der Anlage auftreten.

Nicht selten werden Laser durch starke elektromagnetische Hochfrequenzfelder angeregt, aber auch andere Lasertypen können im Nieder- oder Hochfrequenzbereich und im Mikrowellenbereich Strahlung in Form einer elektromagnetischen *Störstrahlung* aussenden. Soweit diese Störstrahlung zugänglich ist (Arbeitsplätze, Verkehrsraum, angrenzende Bebauung, Umwelt), sind die Grenzwerte nach DIN VDE 0848 Teil 2 [6.1] im Nahfeld- und Fernfeldbereich einzuhalten. Teil 1 dieser Norm beschreibt die dabei in Abhängigkeit von der Frequenz anzuwendenden Meßverfahren.

Weitere Einschränkungen ergeben sich aus den *rundfunktechnischen Auflagen* über die maximal erlaubten elektromagnetischen Störpegel von Geräten und Anlagen [10.1]. Die Anforderungen zur Funkentstörung sind in DIN VDE 0871 Teil 1 und bei Grundfrequenzen unter 10 kHz in DIN VDE 0875 Teil 3 festgelegt [10.2, 10.3]. Diese VDE-Bestimmungen entsprechen weitgehend den CISPR-Empfehlungen bzw. der Europäischen Norm EN 55011. Für DV-Einrichtungen und Büromaschinen siehe DIN 57871 Teil 100. Hinzu kommt die passive Seite des NF/HF-Problems. Manche Laseranwendungen verlangen erhöhte Anforderungen hinsichtlich der *elektromagnetischen Verträglichkeit* (EMV), damit Störimpulse nicht einen Ausfall oder eine nicht bestimmungsgemäße Arbeitsweise des Lasers zur Folge haben. Bei der medizinischen Anwendung oder beim Einsatz des Lasers in komplexen Systemen (siehe Abschn. 8.4.3) sind entsprechende Anforderungen zu empfehlen. Diese sind in DIN VDE 0843 Teile 1–4 (IEC 801) festgelegt [10.4]. Siehe dazu auch DIN VDE 0847 Teile 1–4.

10.2 Optische Strahlung ($100\,\text{nm} \leq \lambda \leq 1\,\text{mm}$)

Hierbei wird an die direkte und indirekte Wirkung der nichtkohärenten Pumpstrahlung gedacht. Bei bestimmten Prozessen, z.B. beim Schneiden und Schweißen von Metallen, wird manchmal eine besonders intensive Sekundärstrahlung frei, wobei der blaue Anteil im Wellenlängenspektrum besonders zu beachten ist. Ultraviolette Strahlung ist die optische Strahlung mit der höchsten Quantenenergie. Sie ist daher – unabhängig davon, ob sie kohärent oder nichtkohärent ist – zu besonderen biologischen, aber auch chemischen Zersetzungsprozessen befähigt, die ebenfalls angesprochen werden.

Sicherheitstechnisch ist die optische *Pumpstrahlung* wie die Laserstrahlung zu behandeln. Da man bezüglich der schädigenden biologischen Wirkung zwischen kohärenter und nichtkohärenter Strahlung keine signifikanten Unterschiede gefunden hat, kann man zur Ermittlung der maximal zulässigen Bestrahlung die MZB-Werte für Laserstrahlung zugrunde legen. Für kontinuierlich strahlende, nichtkohärente Quellen gibt es aber auch entsprechende TLVs (Threshold Limit Values for Physical Agents in Work Environment) von ACGIH [A9] und Grenzwerte von ANSI [A5]. Blitzlampen bewertet man wie Pulslaser.

In allen Fällen, in denen die vorstehenden Bewertungen ergeben, daß die Grenzwerte überschritten werden, muß die Pumpstrahlung durch ein Schutzgehäuse optisch dicht eingeschlossen worden, insoweit nicht auf persönliche Schutzeinrichtungen zurückgegriffen werden soll.

Wird bei der Laseranwendung eine nichtkohärente Sekundärstrahlung hoher Leistungsdichte frei, dann sind zusätzliche Schutzmaßnahmen erforderlich, beispielsweise in Form von Schweißerschutzfiltern [10.5].

Die *ultraviolette (UV-)Strahlung* wird hier besonders angesprochen, weil sie die Fähigkeit besitzt, direkt und ohne den thermischen Prozeß gefährliche Stoffe zu erzeugen oder über fotochemische Zersetzungen explosibel verlaufende Reaktionen von Stoffen auszulösen (Näheres siehe [8.3]). Dabei ist es gleichgültig, ob es sich um einen UV-Laser oder um nichtkohärente Pumpstrahlung handelt. Unterhalb von 180 nm wird UV-Strahlung so stark von der Luft absorbiert, daß man diesen Bereich nicht näher zu betrachten braucht (Vakuum-UV).

Bei einer Wellenlänge von 240 nm und weniger wird *Ozon* infolge der Dissoziierung von molekularem Sauerstoff erzeugt. Ozon ist in entsprechender Konzentration ein sehr giftiges Gas. Der allgemein anerkannte Grenzwert liegt bei 0,1 ppm (parts per million). Dies entspricht dem MAK-Wert (maximale Arbeitsplatz-Konzentration) von 0,2 mg O_3 pro m^3 Luft. Wegen seines charakteristischen Geruchs ist es auch bei dieser geringen Konzentration wahrnehmbar, so daß die Betroffenen selbst die notwendigen Schutzmaßnahmen, z.B. Absaugung, veranlassen können. Ozon reagiert leicht mit anderen Substanzen. Strahlung mit einer Wellenlänge über 250 nm dissoziiert das Ozonmolekül und vermindert dadurch die Ozonkonzentration. Dies kann man auch bewußt ausnutzen, um die Ozonkonzentration in der Zielregion zu minimieren und damit die Absaugung zu entlasten.

Weiterhin sind beim Umgang mit *chlorierten Lösungs-* bzw. *Reinigungsmitteln* wie Trichloräthylen, Tetrachloräthylen und Tetrachlor-Kohlenstoff (z.B. damit behandelte Oberflächen) bei Anwesenheit von intensiver UV-Strahlung Vorsicht und entsprechende Maßnahmen, beispielsweise Absaugung, geboten. Strahlung unter 280 nm Wellenlänge kann nämlich diese Moleküle dissoziieren und z.B. Phosgen erzeugen. Phosgen ist ein sehr giftiges Gas. Sein Grenzwert (MAK-Wert) ist 0,1 ppm.

Diese beiden Beispiele sollen zeigen, daß UV-Strahlung hoher Leistungsdichte eine Gefährdungsanalyse, bezogen auf die jeweils vorliegenden Einsatzverhältnisse, erforderlich macht – insbesondere wenn leicht zerfallende Substanzen oder Oberflächen, die damit behandelt wurden, bestrahlt werden.

10.3 Röntgenstrahlung

Der Einsatz leistungsfähiger Röntgenlaser ist noch der Zukunft vorbehalten. Röntgenstrahlung wird jedoch in Lasern zur Vorionisierung des Gases benutzt. Auch wenn in normalen Lasereinrichtungen Elektronen mit Spannungen von 5 kV und mehr beschleunigt werden, handelt es sich um Störstrahler nach der Röntgenverordnung (RöV) [6.2]) d.h. um Geräte oder Einrichtungen, die Röntgenstrahlung erzeugen, ohne daß sie zu diesem Zweck betrieben werden. Störstrahler sind genehmigungspflichtig. Wenn bestimmte Bedingungen erfüllt sind, kann die Genehmigungspflicht entfallen. Diese Bedingungen sind an die Spannungsgrenzen 20 kV und 30 kV (eigensichere Kathodenstrahlröhre) gebunden.

10.4 Stoffliche Gefahren ausgehend vom Laser und seinen Komponenten

In diesem Abschnitt geht es um Gefährdungsmöglichkeiten, die aus Stoffen im Laser selbst und den ihm zuzuordnenden Komponenten wie spezielle Linsen, Lichtleitfasern oder Strahlfängern, herrühren.

Laser können toxische oder anderweitig gefährliche Gase und Flüssigkeiten als Laser-Medium enthalten, zum Beispiel die Gase des Excimer-Lasers. Der Hersteller hat im Rahmen einer Gefährdungsanalyse die Dichtigkeit des Einschlußgefäßes, mögliche Störungen (z.B. Lecks, Korrosionsprobleme), deren Auswirkungen und das Verhalten des Personals zu klären. Es sollten Vorkehrungen getroffen werden zum Erkennen (Messen) einer möglichen Störung, und die sachgerechte Behandlung der Stoffe und Entsorgung sollte geregelt sein. Zum Laserbetrieb notwendige kryogene Flüssigkeiten können zu Verbrennungen analoge Verletzungen hervorrufen.

Bei leistungsstarken Lasern kann es vorkommen, daß sie ihre eigenen Optiken durchbrennen. Diese Linsensysteme können beispielsweise aus Galliumarsenid oder Zinkselenid sein. Es sollten seitens der Laserhersteller Angaben darüber vorliegen, welche Vorsichtsmaßnahmen zu treffen sind. Ähnliches gilt beispielsweise für Materialien von Lichtleitfasern für heute noch im Experimentierstadium befindliche Wellenlängenbereiche um 5,7 oder 11 μm.

Als letztes seien die Strahlfänger für sehr leistungsfähige Laser angesprochen (siehe Abschnitt 8.2.2). *Asbest* ist als Material ungeeignet, weil beim Schmelzen und Verdampfen in den Dämpfen nadelförmige, kristalline Aerosole auftreten können, die gefährlich sind. *Natursteine* können unter der kleinflächigen thermischen Belastung mit erheblicher Splitterwirkung zerplatzen. Bei *Schamottesteinen* und *Tonziegeln* bilden sich durch Anschmelzen in kürzester Zeit glatte spiegelnde Oberflächenzonen, die zu gerichteter Reflexion in unterschiedliche Richtungen führen. *Hochfeuerfeste Steine* – auch diese können anschmelzen – sind als Strahlfänger nur geeignet, wenn sichergestellt ist, daß sie kein Beryllium (als krebserregend eingestuft) enthalten.

10.5 Explosible Atmosphären und brennbare Stoffe

Mit dem Einsatz leistungsfähiger Laser ist auch immer eine latente *Brandgefahr* verbunden. Diese wurde in unterschiedlichen Zusammenhängen schon in den Abschn. 8.2.1 (Wände, lagernde Stoffe), 8.4.1 (Abschirmungen), 8.4.2 (großflächige, durchsichtige Abschirmungen) und 8.4.4 (medizinische Hilfsgeräte, Abdeckmaterialien) behandelt, so daß hier nicht weiter darauf eingegangen wird.

Besondere Vorsicht ist beim Einsatz von Lasern in sauerstoffangereicherter Luft geboten (siehe auch Abschn. 8.4.4). Unter diesen Bedingungen besitzen Stoffe eine wesentlich höhere Zündfähigkeit.

Die Durchführung von überschlägigen Berechnungen wird erschwert, weil bei hohen Strahlungsintensitäten die zugrunde zu legenden Werkstoffeigenschaften wie Absorption, Reflexion und Wärmeleitung, erheblich von den in Handbüchern o.ä. genannten Daten abweichen können.

Befinden sich in einem Raum, in dem Laser der Klassen 3B und 4 eingesetzt werden, zündfähige Gemische, so muß auch deren *Explosionsschutz* beachtet werden. Durch Versuche wurden Zündgrenzen bestimmt und in den Explosionsschutz Richtlinien (EX-RL) festgelegt [10.6]. Die Grenzwerte und Maßnahmen unterscheiden sich dabei entsprechend der gefährdeten Zone:

In Zone 0 und 10 dürfen Lasergeräte und -anlagen nicht errichtet werden. Die Bestrahlungsstärke bzw. Bestrahlung, die durch in diese Zonen eindringende Laserstrahlung erzeugt wird, darf $0,5\,W/cm^2$ für Dauerstrichlaser und andere Dauerlichtstrahlungsquellen sowie $10\,mJ/cm^2$ für Impulslaser und andere Impulsstrahlungsquellen mit einer Impulswiederholrate unter $0,2\,Hz$ nicht überschreiten. Strahlungsquellen mit einer Impulswiederholrate über $0,2\,Hz$ werden wie Dauerlichtquellen behandelt. Dann ist nämlich das Kriterium für die mittlere Leistung restriktiver als das Einzelimpulskriterium.

In Zone 1 und 11 sind die entsprechenden Grenzwerte für die betriebsmäßig und bei häufigeren Betriebsstörungen auftretende Bestrahlungsstärke $1\,W/cm^2$ und für die Bestrahlung $50\,mJ/cm^2$. Entsprechend den dafür geltenden Anforderungen explosionsgeschützte Laser dürfen in diesen Zonen verwendet werden [10.7].

In Zone 2 gelten die gleichen Anforderungen wie in Zone 1 und 11 für die betriebsmäßig auftretenden Strahlungswerte.

10.6 Bei der Laseranwendung entstehende gefährliche Stoffe

Bei nicht wenigen Prozessen entstehen durch den Einsatz des Lasers toxische und möglicherweise karzinogene Stoffe. Als Beispiel sei hier das Laserschneiden angeführt.

Viele Stoffe, Materialien und Halbzeuge werden bei der Herstellung schon extremen thermischen Belastungen unterworfen oder sie werden seit langer Zeit durch thermische Schneid- oder Schweißprozesse bearbeitet. Dies gilt beispielsweise für die Metalle. Die bei den Prozessen auftretenden Emissionen sind relativ gut bekannt, und beim Laserschneiden werden ähnliche Verhältnisse erwartet. Die Bundesanstalt für Arbeitsschutz, Dortmund, läßt z.Z. entsprechende Untersuchungen durchführen. Erste Ergebnisse, die die Metalle betreffen, liegen vor [10.8].

Durch Laserschneiden werden heute aber Stoffe bearbeitet, die vorher nie solchen extremen und sehr schnell ablaufenden thermischen Belastungen ausgesetzt waren; z.B. sei hier Acrylglas stellvertretend für diese organischen Stoffe genannt. In allen diesen Fällen muß geklärt werden, welcher Art die Pyrolyseprodukte sind und in welcher Konzentration sie auftreten. In dem vorstehend genannten Projekt werden z.Z. einige Kunststoffe untersucht. Die Gesamtmenge der anfallenden Gase und Dämpfe pro Zeiteinheit läßt sich ungefähr aus Schnittbreite (typisch 1 mm), Materialdicke und Schnittgeschwindigkeit abschätzen.

Die Verpflichtung zu solchen Untersuchungen für den Arbeitsschutz ergeben sich aus dem Chemikaliengesetz (speziell §19) und der zugehörigen Gefahrstoffverordnung [10.9]. Darin wird der Betreiber entsprechender Lasereinrichtungen verpflichtet, die Einhaltung bestimmter Grenzwerte durch geeignete Meßverfahren zu überwachen. Dies sind die [10.10]

– MAK-(maximale Arbeitsplatzkonzentration) Werte; siehe TRGS (Technische Regeln für Gefahrstoffe) 900
– BAT- (Biologische Arbeitsstofftoleranzwerte) Werte; siehe TRGS 410
– TRK-(Technische Richtkonzentration) Werte; siehe TRGS 102.

Die Ausführungsbestimmungen sind in der TRGS 402 (Nov. 1986) festgelegt. Sie enthalten z.B. Anforderungen an die angewandte Analytik, Meßintervalle, Kontrollmessungen, Zuverlässigkeit und Protokollierung. Wichtig für die Meßplanung sind weitere Überlegungen, die *personenbezogene* oder *arbeitsbereichbezogene* Messungen oder die Festlegung der Umgebungsbedingungen (Temperatur, Luftgeschwindigkeit).

Für die Arbeitssicherheit sind überwiegend die Schadstoffe von Bedeutung, die in die *Umgebungsluft* am Arbeitsplatz hineindiffundieren. Beobachtet wurden beim Laserschneiden und -schweißen neben CO und CO_2 auch nitrose Gase, Fluorwasserstoff, Ozon, Phosgen und Salzsäure. Selbstverständlich hängt dies im Einzelfall vom zu bearbeitenden Stoff und den Prozeßparametern ab. Dazu können dann noch Schwermetall-Aerosole oder stark von den thermischen Prozeßparametern abhängige Pyrolyseprodukte (Molekülgruppen, Molekülbruchstücke) kommen. Bei Kunststoffen bzw. organischen Substanzen verdampft das Material bei Temperaturen über 350 °C, aber es bleibt die Frage offen, in welcher Form und in welchem Maße der Stoff fraktioniert wird bzw. sich Reste im Dampf befinden. Treten gleichzeitig mehrere Schadstoffe auf, so ist für die Bewertung die TRGS 403 heranzuziehen.

Es erscheint naheliegend, bezüglich der Stoffanalytik auf die Erkenntnisse einer vieljährigen Brandforschung zurückzugreifen [10.11], aber nur für eine erste Abschätzung, denn die Verhältnisse sind an einem Laserarbeitsplatz deutlich andere als bei einem Brand (u.a. Geschwindigkeit des thermischen Aufheizens, Sauerstoffzutritt).

Als Schutzmaßnahme bieten sich alle Formen der *Absaugung* an. Bei Umluftbetrieb muß man jedoch das Problem einer möglichen kumulativen Anreicherung der Gefahrstoffe in der Gesamtluft beachten. Ist die quantitative Zusammensetzung der entstehenden Stoffe bei den vorkommenden Prozeßzuständen bekannt und der Nachweis der Gefahrstoffe schwierig, dann empfiehlt es sich, zur dauernden oder statistisch verteilten Kontrolle sich eines der Stoffe als *Leitsubstanz* zu bedienen und nur diese zu messen. Diese Substanz wird nach den Aspekten einfache Messung und gut reproduzierbare Konzentrationsverhältnisse zu den gefährlichsten Substanzen unter verschiedenen Prozeßbedingungen ausgewählt.

Wenn man immer die gleichen Werkstoffe mit dem Laser bearbeitet, sind diese Stoffprobleme insgesamt überschaubar, und man kann sich darauf einrichten. Aber der Laser ist ein universelles Bearbeitungsinstrument wie eine Säge. Kritisch werden diese Stofffragen bei dauerndem Wechsel des zu bearbeitenden Materials. Dies kann z.B. in der Applikationsforschung und insbesondere in Laserlohnbetrieben – 1986: 50 bis 60 Betriebe – der Fall sein. Hier kann man nur eine sehr gute lokale Absaugung empfehlen. Der Lieferant des Materials bzw. der Auftraggeber sollte genau befragt werden, welche Stoffe enthalten sind (z.B. Beryllium). Eine MAK-Liste und Spezialliteratur, die sich auf häufig bearbeitete Stoffe bezieht, sollte zur Verfügung stehen.

Anhang

Unterweisung zum Schutz vor Laserstrahlung

Sicherheitsunterweisungen haben das Ziel, mit Lasern arbeitende Mitarbeiter über die Gefahren und über Sicherheitseinrichtungen und Schutzmaßnahmen zur Vermeidung einer Schädigung der Mitarbeiter selbst, aber auch von anderen Personen − z.B. beim Einsatz über weite Entfernungen − zu informieren.

Nach der Unfallverhütungsvorschrift „Laserstrahlung" (VBG 93) sind Sicherheitsunterweisungen für Personen vorgeschrieben, die Lasereinrichtungen der Klasse 2 bis 4 anwenden oder die sich in Laserbereichen von Lasereinrichtungen der Klassen 3B und 4 aufhalten. Diese Unterweisungen sind entsprechend der UVV „Allgemeine Vorschriften" (VBG 1) in angemessenen Zeitabschnitten, jedoch mindestens einmal im Jahr, durchzuführen. Sie sind u.a. dann erforderlich, wenn Veränderungen an der Anlage vorgenommen worden sind, die sich auf die Sicherheit auswirken oder wenn neues Personal eingewiesen wird. Die Unterweisung ist schriftlich festzuhalten.

Da die Anwendungsfälle der Laser sehr unterschiedlich sind, kann die vorgestellte Anleitung nur eine grobe Richtschnur sein. Die Art der Aufgabe, die spezielle Funktionsweise der Lasereinrichtung, die Art des Laserbereiches, die technischen und organisatorischen Schutzmaßnahmen sowie der Ausbildungsstand der Mitarbeiter erfordern eine entsprechende Anpassung.

Aus der folgenden Merkliste (mit direktem Bezug zu den Abschnitten) können die relevanten Punkte für den jeweiligen Laserarbeitsplatz entnommen werden.

1. Laserphysik, Eigenschaften der Laserstrahlung
- Laserprinzip
- Kohärenz, Monochromasie
- Strahldivergenz, Modenstruktur
- Dauer-(CW-), Impulsbetrieb
- Laserarten

2. Radiometrische Größen, Strahlungsmessung
- Strahlungsleistung, -energie
- Bestrahlungsstärke, Bestrahlung
- Strahldichte, zeitliches Integral der Strahldichte
- Reflexion, Streuung, Transmission

- Meßgeräte für Energie und Leistung
- Kenngrößen, Kalibrierung
- Praktische Übungen, Plausibilitätskontrolle
- Geometrische Strahldaten (Divergenz, Modenprofil)
- Zeitliche Strahldaten (Impulsdauer, Impulsfolge)

3. Biologische Wirkung der Laserstrahlung
- Wirkung von Strahlung unterschiedlicher Wellenlänge
- Zeitabhängigkeit
- Wirkung sehr kleiner Leistungen
- Auge, Wirkungsmechanismus
- Transmission, Akkomodation
- Netzhaut, Bestrahlungsstärke, Impulsfolgen

4. Strahlungsgrenzwerte, Messung auf Einhaltung
- Grenzwerte für das Auge (MZB)
- spezieller Wellenlängenbereich $400\,nm \leq \lambda \leq 1400\,nm$
- Punktquellen, Ausgedehnte Quellen, Impulsfolgen
- Grenzwerte für die Haut (MZB)
- Additive Wirkung verschiedener Wellenlängen
- Zeitbasen
- Strahlungsmessung
- divergente Strahler, streuende Flächen

5. Technische Regeln
- Allgemeine Regeln zur Strahlensicherheit
- Anwendungsbezogene spezielle Regeln
- Regeln zu sekundären Gefährdungen

6. Laserklassen
- Klassenphilosophie und -einteilung
- Zeitbasen
- Beschilderung der Lasergeräte

7. Schutzmaßnahmen bzgl. Laserstrahlung
- Klasseneinfluß, Besonderheiten der Klasse 1
- Strahl kapselbar, frei zugänglich
- Begrenzter Personenkreis, Publikum
- DIN 31000, unmittelbare, mittelbare, hinweisende Sicherheitstechnik

7.1 Bauliche und installatorische Schutzmaßnahmen
- Laserbereich
- Farben, Wände, Reflexionsgrade, diffuse Reflexion

– Installationen, spiegelnde Flächen
– Anordnung des Lasers, Augenhöhenbereich, (senkrechte) Strahlführung
– Elektro- und Lichtinstallation

7.2 Apparative Schutzmaßnahmen
– Bindung der Maßnahmen an die Laserklasse
– Integration in ein Gesamtsystem
– Unbeabsichtigtes Strahlen, Verriegelungen, Strahlfänger
– Optische Einrichtungen zur Beobachtung des Laserstrahls
– Strahljustierungen
– Strahlaufweiter, Scanner

7.3 Organisatorische Schutzmaßnahmen
– Laserbereich, Festlegung, Abgrenzung, zeitliche Begrenzung
– Zugangsregelungen
– Einsatz und Lagerung der Laserschutzbrillen und Laser-Justierbrillen
– Sensorkarten, Phosphorschirme, Strahldetektoren

7.4 Instandhaltung der Lasereinrichtungen
– Stationäre und temporäre zusätzliche Schutzmaßnahmen
– Laserbereichvergrößerung, spezielle Sicherheitsanalyse
– Schulung der Wartungstechniker
– Zeiten für die Durchführung in Abhängigkeit vom Betriebsgeschehen

7.5 Verhalten nach Unfällen
– Überexposition von Auge oder Haut
– Augenarzt, Erste Hilfe
– Subjektive Erkennbarkeit von Augenschäden

7.6 Anwendungsspezifische Schutzmaßnahmen
(Forschung, Schneiden, Laserroboter, Medizin, Lichteffekte, Meßtechnik, Büro)
– Einzelarbeitsplätze (Abschn. 8.4.1)
– Werkzeug in der Nähe des Strahlengangs
– Feste optische Schutzeinrichtungen (Abschn. 8.4.2)
– Reichweite schädlicher Streustrahlung
– Großflächige durchsichtige Abschirmungen
– System, Systemanalyse (Abschn. 8.4.3)
– Pilotlaser
– Streulichtüberwachungseinrichtung
– Von Hand geführter Laserstrahl (Abschn. 8.4.4)
– Flexible Fasern
– Reflexion an Instrumenten
– Strahlanalysen (Abschn. 8.4.5)
– Bühnenlaserbereich, Zuschauerbereich
– Mobile Laseranlagen

- Fernrohre (Abschn. 8.4.6)
- Einsatz im Freien
- Atmosphäre
- Durchstimmbare Laser
- Holographie, Speckle-Effekt
- Laserklasse 1 (Abschn. 8.4.7)
- Einfehlersicherheit
- Wiederholt gepulste Laser, Scanner
- Laserdioden, Lichtwellenleiter
- Faserbruch, kritische Distanz

8. Laserschutzbrillen und -filter
- Schutzbrillen, Wirkungsweise
- Justierbrillen
- Schutzstufen, Auswahl
- Kennzeichnung
- Sichtfenster
- Beständigkeit gegen Laserstrahlung
- Schutzbrillenfassungen
- Sonderausführungen
- Kontrolle auf einwandfreie Funktion
- Maßnahmen gegen falschen Einsatz

9. Sekundäre Gefährdungsmöglicheiten
- Hochspannung, Kondensatorbank
- Störstrahlung, elektromagnetische Verträglichkeit
- Optische Pumpstrahlung
- Nichtkohärente Sekundärstrahlung (vom Material)
- Ultraviolette (UV) Strahlung
- Röntgenstrahlung
- toxische und gefährliche Stoffe am Laser oder an Laserkomponenten
- Durchbrennende Optiken
- Strahlfänger
- Brandgefahr
- Zündfähige Gemische
- Sauerstoffangereicherte Atmosphäre
- Toxische Stoffe aus der Laseranwendung
- MAK-, BAT-, TRK-Werte
- Schwermetall-Aerosole, Pyrolyseprodukte

Literaturverzeichnis

Kapitel 1

1.1　D. Sliney, M. Wolbarsht: *Safety with Lasers and Other Optical Sources* (Plenum Press, New York, London 1980)

1.2　VDI-Nachrichten, Nr. 27, Juli 1987

1.3　BMFT-Projekte „Berufliche Veränderungen durch die Lasertechnologie" (BMFT-Journal Nr.4, August 1987) und „Flexibilisierung, Gestaltung der Arbeit beim Einsatz der Lasertechnik" (Kennz. 423-7104-28/86), erhältlich durch VDI-Technologiezentrum, Düsseldorf

1.4　G. Holzinger, W. Kroy, P. Schreiber, E. Sutter: *Schutz vor Laserstrahlen* (Bundesanstalt für Arbeitsschutz und Unfallforschung, Dortmund, Schriftenreihe Arbeitsschutz, Nr.14, 1978)

Kapitel 2

2.1　Bergmann-Schaefer: *Lehrbuch der Experimentalphysik,* Band III, *Optik* (Walter de Gruyter, Berlin, New York 1978)

2.2　W. Brunner, K. Junge: *Lasertechnik* (Hüthig, Heidelberg 1987)

2.3　K. Tradowsky: *Laser* (Vogel, Würzburg 1979)

Kapitel 3

3.1　DIN 5031 Teil 1: *Strahlungsphysik im optischen Bereich und Lichttechnik – Größen, Formelzeichen und Einheiten der Strahlungsphysik* (Beuth, Berlin 1976)

3.2　K. Möstl: „Empfängernormale für Laserstrahlung", in *PTB-Opt-8: 16.PTB-Seminar* (Physikalisch-Technische Bundesanstalt, Braunschweig 1979), S.58–75

3.3　K. Möstl, F. Brandt, Xie Xing-yao: "High Accuracy Measurements of Laser Pulse Energies with a Compensated Calorimeter and Computer-Assisted Data Acquisition" in *Proc. 11th Int. Symp. of the Techn. Com. on Photon Detectors,* Hrsg. J. Schanda (Imeko, Weimar 1984), S.226–231

3.4 K. Möstl: „Ein Präzisionsradiometer für Laserstrahlung" in *Laser/Optoelektronik in der Technik* (Springer, Berlin, Heidelberg, New York, Tokyo 1986), S. 254–258

3.5 DIN VDE 0835: *Leistungs- und Energie-Meßgeräte für Laserstrahlung* (Beuth, Berlin 1986)

Kapitel 4

4.1 T.I. Karu "Photobiological Fundamentals of Low-Power Laser Therapy", IEEE J. Quant. Electron. **QE-23**, 1703–1717 (1987)

4.2 DIN 5031 Teil 7: *Strahlungsphysik im optischen Bereich und Lichttechnik – Größen, Bezeichnungen und Einheiten – Benennung der Wellenlängenbereiche* (Beuth, Berlin 1967)

4.3 N.N.: *Internationales Wörterbuch der Lichttechnik,* CIE Publication **17.4**, Commission Internationale de l'Eclairage (CIE, Genf 1987)

4.4 D.V. Norren, J.J. Vos: "Spectral Transmission of the Ocular Media", Vision Res. **14**, 1237–1244 (1974)

4.5 J. Pokorny, V.C. Smith, M. Luze: "Aging of the Human Lens", Appl. Opt. **26**, 1437–1440 (1987)

4.6 N.N.: *Farbmessung*, CIE Publication **15**, Commission Internationale de l'Eclairage (CIE, Paris 1971)

4.7 DIN 5031 Teil 10: *Strahlungsphysik im optischen Bereich und Lichttechnik – Größen, Formel- und Kurzzeichen für photobiologisch wirksame Strahlung* (Beuth, Berlin 1979)

4.8 F. Daniels: *Ultraviolet Carcinogenesis in Man*, National Cancer Institute Monographs **10**, 407–422 (1963)

4.9 J.M. Elwood et al.: "Relationship of Melanoma and Other Skin Cancer Mortality to Latitude and Ultraviolet Radiation in the United States and Canada". Int. J. Epidemiology **3**, 325–333 (1974)

4.10 K.C. Smith, P.C. Hanawalt: *Molecular Photobiology* (Academic Press, New York 1969)

4.11 D.H. Sliney, R.T. Wangemann, J.K. Frank, M.L. Wolbarsht: "Visual Sensitivity of the Eye to Infrared Laser Radiation", JOSA **66**, 339–341 (1976)

4.12 H. Goldmann „Kritische und experimentelle Untersuchungen über den sogenannten Ultrarotstar der Kaninchen und den Feuerstar", Arch. Ophth. **125**, 313–402 (1930)

4.13 E.S. Beatrice, G.D. Frisch: "Retinal Laser Damage Thresholds as a Function of Image Diameter", Arch. Environ Health **27**, 322–326 (1973)

4.14 A.M. Clarke, W.J. Geerets, W.T. Ham Jr.: "An Equilibrium Model for Retinal Injury from Optical Sources", Appl. Opt. **8**, 1051–1054 (1969)

4.15 R. Birngruber et al.: "Femtosecond Laser-Tissue Interactions: Retinal Injury Studies", IEEE J. Quant. Electron. **QE-23**, 1836–1844 (1987)

4.16 N.R. Finsen: *La Photothérapie* (Carre et Naud, Paris 1899)

4.17 P. Greguss: "Biomedical Experiences with a π-Laser", Proc. SPIE **658**, 90–97 (1986)

4.18 E. Meester et al.:"Experimental and Clinical Obervations with Laser": Pan. Min. Medica **13**, 538–543 (1971)

4.19 M. Boulton, J. Marshall: "He-Ne-Laser Stimulation of Human Fibroblast Proliferation and Attachment in Vitro", Lasers in Life Sci. **1**, 125–134 (1986)

4.20 P. Reeves: "The Response of the Average Pupil to Various Intensities of Light"JOSA **4**, 35–43 (1920)

4.21 A. Duane: "Normal Values of the Accommodation at All Ages" J. Am. Med. Assoc. **59**, 1010 (1912)

4.22 V.P. Gabel, R. Birngruber, F. Hillenkamp: *Die Lichtabsorption am Augenhintergrund* (GSF-Bericht A 55, Gesellschaft für Strahlen- und Umweltforschung mbH, München 1976)

4.23 R. Birngruber, F. Hillenkamp, V.P. Gabel: *Experimentelle und theoretische Untersuchungen zur thermischen Schädigung des Augenhintergrundes durch Laserstrahlung* (GFS-Bericht AO 251, Gesellschaft für Strahlen- und Umweltforschung mbH, München 1978)

4.24 DIN VDE 0837: *Strahlungssicherheit von Laser-Einrichtungen* (Beuth, Berlin 1986)

4.25 W.T. Ham, H.A. Mueller, M.L. Wolbarsht, D.H. Sliney: "Evaluation of Retinal Exposures from Repetively Pulsed and Scanning Laser", Health Phys. **54**, 337–344 (1988)

4.26 G.A. Gries, M.F. Blankenstein, G.G. Williford: "Ocular Damage from Multiple-Pulse Laser Exposures", Health Phys. **39**, 921–927 (1980)

4.27 D. Sliney, M. Wolbarsht: *Safety with Lasers and Other Optical Sources* (Plenum Press, New York 1980), S. 132

4.28 A. Gullstrand in H. v. Helmholtz: *Handbuch der physiologischen Optik* (Voß, Hamburg/Leipzig 1909)

Kapitel 5

5.1 DIN VDE 0837: *Strahlungssicherheit von Lasereinrichtungen* (Beuth, Berlin 1986)

5.2 D. Sliney, M. Wolbarsht: *Safety with Lasers and Other Optical Sources* (Plenum Press, New York 1980), S. 131

5.3 D. Sliney: *Interaction Mechanisms of Laser Radiation with Ocular Tissues*, Vortrag auf dem Symposium „Effets Biologiques des Faisceaux Lasers et Normes de Protection", (Paris 1986), in print

5.4 D.H. Sliney, B.H. Freasier: "Evaluation of Optical Radiation Hazards", Appl. Opt. **12**, 1–24 (1973)

5.5 J.A. Jacquez et al.: "Spectral Reflectance of the Skin in the Region 235–700 μm", J. Appl. Physiol. **8**, 212–214 (1955)

Kapitel 6

6.1   DIN VDE 0848 Teil 2 (Entwurf): *Gefährdung durch elektromagnetische Felder – Schutz von Personen im Frequenzbereich von 0 Hz bis 3000 GHz* (Beuth, Berlin 1986)

6.2   Röntgenverordnung; Verordnung über den Schutz vor Schäden durch Röntgenstrahlung vom 8.1.1987, BGBl. I, Nr. 3, S. 114–134 (Bundesanzeiger-Verlag, Köln 1987)

6.3   Gesetz über technische Arbeitsmittel (Gerätesicherheitsgesetz) vom 24.6.68, zuletzt geändert am 18.2.1986, BGBl. I, S. 272 (Bundesanzeiger-Verlag, Köln 1986)

6.4   DIN-VDE-Taschenbuch 508: *Laser; Sicherheitstechnische Festlegungen für Lasergeräte und -anlagen; Normen* (Beuth, Berlin 1987)

6.5   Unfallverhütungsvorschrift „Laserstrahlung" (VBG 93), Hrsg. Berufsgenossenschaft für Feinmechanik und Elektrotechnik (Carl Heymanns, Köln 1988)

6.6   DIN VDE 0837: *Strahlungssicherheit von Laser-Einrichtungen – Klassifizierung von Anlagen, Anforderungen, Benutzer-Richtlinien, mit Ergänzung:* Entwurf DIN VDE 0837 A 1, Änderung 1, (Beuth, Berlin 1986)

6.7   IEC Publ. 825: *Radiation safety of laser products, equipment classification, requirements and user's guide* (IEC Bureau, 3, Rue de Varembé, Genf 1984)

6.8   Lasersicherheitsbestimmungen der Bundeswehr, Vereinigtes Ministerialblatt (VMBl), Nr. 12, S. 229 (Bundesanzeiger-Verlag, Köln 1982)

6.9   STANAG 3606 LAS: Beurteilung und Überwachungsmaßnahmen bei Gefährdung durch Laserstrahlen (erhältlich bei Bundesamt für Wehrtechnik und Beschaffung, Koblenz 1983)

6.10   MIL-STD-1425: Safety Design Requirements: for Military Lasers and Associated Support Equipment (erhältlich bei Bundesamt für Wehrtechnik und Beschaffung, Koblenz 1983)

6.11   DIN 58126 Teil 6: *Sicherheitstechnische Anforderungen für Lehr-, Lern- und Ausbildungsmittel-Laser* (Beuth, Berlin 1981)

6.12   P. Schreiber, G. Ott: „Laserstrahlenschutz": Laser + Elektro-Optik **2**, S. 23 (1981)

6.13   DIN 56912: *Sicherheitstechnische Anforderungen für Bühnenlaser und Bühnenlaseranlagen* (Beuth, Berlin 1982)

6.14   IRPA (International Radiation Protection Ass.): *Guidelines on Limits of Exposure to Laser Radiation* (erhältlich bei INIRC Secret. F-92260 Fontenay-aux-Roses 1983)

6.15   WHO (World Health Organisation): "Lasers and Optical Radiation", in *Environmental Health Criteria*, No 23 (Genf, 1982)

6.16   DIN 58215: *Laserschutzfilter und Laserschutzbrillen – Sicherheitstechnische Anforderungen und Prüfung* (Beuth, Berlin 1986)

6.17   DIN 58219: *Laser-Justierbrillen – Sicherheitstechnische Anforderungen und Prüfung* (Beuth, Berlin 1982)

6.18   DIN 57836 (VDE 0836): *VDE-Bestimmung für die elektrische Sicherheit von Lasergeräten und -anlagen* (Beuth, Berlin 1977)

6.19   IEC Publ. **820**: *Electrical Safety of Lasers, Equipment and Installations* (erhältlich bei IEC Bureau 3, Rue de Varembé, Genf 1986)

6.20   DIN VDE 0835 (Entwurf): *Leistungs- und Energie-Meßgeräte für Laserstrahlung* (Beuth, Berlin 1986)

6.21   *Prüfstellenverzeichnis*, Hrsg. Bundesanstalt für Arbeitsschutz, Dortmund (Wirtschaftsverlag NW, Bremerhaven 1986)

6.22   Verordnung über die Sicherheit medizinisch-technischer Geräte (Medizingeräteverordnung – MedGV) vom 14. Januar 1985 – BGBl. I, S. 93 (Bundesanzeiger-Verlag, Köln 1985)

6.23   H. Herbrich: „Lasertechnik-Normung Stand und Ausblick", in *Optronics Buyers Guide* S. 56 (1987)

Kapitel 7

7.1   IEC Publication 825: *Radiation Safety of Laser Products, Equipment Classification, Requirements and User's Guide*, Bureau Central de la Commission Electrotechnique Internationale, Genf 1984)

7.2   DIN VDE 0837: *Strahlungssicherheit von Lasereinrichtungen* (Beuth, Berlin 1986)

7.3   Center for Devices and Radiological Health: *Federal performance standard for laser products,* Title 21, Code of Federal Regulations, section 1040 (1985)

7.4   *Unfallverhütungsvorschrift Laserstrahlung* (VBG 93) (Berufsgenossenschaft der Feinmechanik und Elektrotechnik, Köln 1984)

7.5   *Unfallverhütungsvorschrift Laserstrahlung* (VBG 93) (Berufsgenossenschaft der Feinmechanik und Elektrotechnik, Köln 1988)

Kapitel 8

8.1   DIN 31000 (VDE 1000): *Allgemeine Leitsätze für das sicherheitsgerechte Gestalten technischer Erzeugnisse* (Beuth, Berlin 1979)

8.2   W. Lange et al.: *Kleine ergonomische Datensammlung*, Hrsg. Bundesanstalt für Arbeitsschutz, Dortmund (Verlag TÜV Rheinland, Köln 1985)

8.3   P. Schreiber, G. Ott: *Schutz vor ultravioletter Strahlung,* Sonderschrift S 14, Hrsg. Bundesanstalt für Arbeitsschutz, Dortmund (Wirtschaftsverlag NW, Bremerhaven 1984)

8.4   J. Bocklenberg, E. Kriegeskorte et al.: *Sicherung von Einzelarbeitsplätzen*
– Beispielsammlung (Fa 6) –
– Forschungsbericht (Fb 518) –
Hrsg. Bundesanstalt für Arbeitsschutz, Dortmund (Wirtschaftsverlag NW, Bremerhaven 1987)

8.5   E.W. Kreutz, H.-G. Treusch: „Potential der Laserstrahlung in der Materialbe-arbeitung" etz **109**, S.246 (1988)

8.6   R.J. Rockwell, C.E. Moss: "Optical Radiation Hazards of Laser Welding Pro-cesses – Part I: Nd-YAG Laser", Am. Ind. Hyg. Assoc. J. **44**, S.572 (1983)

8.7   R. Fumagalli: „Laserschneiden dreidimensionaler Teile mit Industrierobotern", wt-Z. ind. Fertig. **75**, S.528–531 (1985)

8.8   G. Hartmann: „Erfahrungen mit Sicherheitseinrichtungen an Roboterarbeits-plätzen", Die Berufsgenossenschaft, **1/87**, S.5–8 (1987)

8.9   K.-H. Kemmer: „Kollege Roboter eine Gefahr?", Sicher ist sicher, **2/86**, S.80 (1986)

8.10 R.D. Schraft, P. Nicolaisen: „Arbeitsgestaltung beim Einsatz von Industrierie-botern", Humane Produktion, **1/86**, S.36 (1986)

8.11 E. Wühle: „Sicherheitsvorkehrungen für die Roboter-Instandhaltung", In-standhaltung, **2/86**, S.18 (1986)

8.12 M. Weck, H. Schönbohm: *Sicherheitseinrichtungen für programmierbare Handhabungsgeräte – Industrieroboter*, Forschungsbericht Nr.484, Hrsg. Bundesanstalt für Arbeitsschutz, Dortmund (Wirtschaftsverlag NW, Bremer-haven 1986)

8.13 P. Schreiber: „Sicherheit beim Einsatz von Industrierobotern", Amtliche Mittei-lungen der Bundesanstalt für Arbeitsschutz, Dortmund Nr.1, S.8 (1987)

8.14 P. Nicolaisen: „Verbesserung der Arbeitssicherheit beim Programmieren von Industrierobotern", wt-Z. ind. Fertig. **76**, S.12 (1986)

8.15 C. Graf Hoyos, G. Strobel: „Das Gefährdungspotential des Programmierers von Industrierobotern", Die Berufsgenossenschaft, **4/85**, S.124 (1985)

8.16 M. Weck, H.G. Lauffs: „Sensoren beschleunigen On-Line-Roboterprogram-mierung", Industrie-Anzeiger **8/1987**, S.19–22 (1987)

8.17 W. Pepperhoff: *Temperaturstrahlung* (Steinkopff, Darmstadt 1956)

8.18 DIN VDE 0750 Teil 226: *Medizinische elektrische Geräte – Diagnostische und therapeutische Lasergeräte – Besondere Festlegungen für die Sicher-heit,* Manuskript des Entwurfs (Beuth, Berlin 1988)

8.19 N.N.: *Guidance on the Safe Use of Lasers in Medical Practice,* (Her Maje-sty's Stationary Office, London 1984)

8.20 W.-G. Wrobel, U. Fink, M. Reindl: "Diffuse Laser Light Reflection from the Surface of Surgical Instruments", Proc. SPIE **658**, S.59–65 (1986)
      W.-G. Wrobel, U. Fink, M. Reindl, E. Unsöld: "Diffuse Laser Light Reflection from the Surface of Surgical Instruments", Biomed. Technik **32**, 69–73 (1987)

8.21 Merkblatt „Lasergeräte in Diskotheken und bei Show-Veranstaltungen", (er-hältlich bei Bayerisches Staatsministerium für Arbeit und Sozialordnung (Nr.00/12/55), München 1980)

8.22 ASI-Information „Disco-Laser", (erhältlich bei Berufsgenossenschaft Nah-rungsmittel und Gaststätten" (8.70/79 D-Las), Mannheim 1979)

8.23 D.L. Fried: "Laser Eye Safety: the Implications of Ordinary Speckle Statistics and of Speckled-Speckle Statistics", J. Opt. Soc. Am. **Vol.71**, S.914 (1981)

8.24   T.S. Mc Kechnie: "Laser Speckle and Related Phenomena, Speckle Reduction"edited by J.C. Daint, in *Topics in Applied Physics,* Vol.9 (Springer-Verlag, Berlin, Heidelberg, New York 1975)

8.25   DIN 5036: *Strahlungsphysikalische und lichttechnische Eigenschaften* (Beuth, Berlin 1979)

8.26   Verordnung über Arbeitsstätten (Arbeitsstättenverordnung) vom 20.3.1975 (zuletzt geändert durch die Verordnung vom 1.8.1983), Bundesgesetzblatt Teil I, S.1057 (Bundesanzeiger-Verlag, Köln 1983)

8.27   Unfallverhütungsvorschrift „Allgemeine Vorschriften" (VGB 1), (erhältlich bei Carl Heymanns, Köln 1984), Hrsg. Hauptverband der gewerblichen Berufsgenossenschaften

Kapitel 9

9.1   DIN 58215: *Laserschutzfilter und Laserschutzbrillen* (Beuth, Berlin 1986)

9.2   DIN 58219: *Laser-Justierbrillen* (Beuth, Berlin 1982)

9.3   DIN 4646 Teil 1: *Sichtscheiben für Augenschutzgeräte – Grundlagen, Anforderungen, Maße, Kennzeichnung* (Beuth, Berlin 1983)

9.4   DIN VDE 0837: *Strahlungssicherheit von Lasereinrichtungen* (Beuth, Berlin 1986)

9.5   IEC Publication 825: *Radiation Safety of Laser Products, Equipment Classification, Requirements and User's Guide,* (Bureau Central de la Commission Electrotechnique Internationale, Genf 1984)

9.6.   N.N.: Improper Laser Safety Glasses Key Factor in Serious Eye Injury, Serious Accidents 11, 1–2 (1986)

9.7   R. Murray et al.: *Evaluation of Laser Protective Eye-Wear* (USAF School of Medicine, Brooks Air Force Base, Texas 78235, 1978)

9.8   CEN prEN 208: *Persönlicher Augenschutz – Brillen für Justierarbeiten an Lasern und Laseraufbauten,* Europäisches Komitee für Normung (Brüssel 1985)

9.9   ISO 6161: *Personal Eye-Protectors – Filters and Eye-Protectors Against Laser Radiation,* International Organisation for Standardization (1981)

9.10   CEN prEN 207: *Persönlicher Augenschutz – Filter und Augenschutz gegen Laserstrahlung, Europäisches Komitee für Normung* (Brüssel 1985)

Kapitel 10

10.1   Funkentstörung von elektrischen Betriebsmitteln und Anlagen (Verfügung 1044/1984) Amtsblatt des Bundesministers für das Post- und Fernmeldewesen 163, S.1943 (Bundesanzeiger-Verlag, Köln 1984)

10.2   DIN VDE 0871 Teil 1: *Funk-Entstörung von Hochfrequenzgeräten für industrielle, wissenschaftliche, medizinische und ähnliche Zwecke* (ISM-Geräte) (Entwurf) (Beuth, Berlin 1985)

214 Literaturverzeichnis

10.3 DIN 57875 Teil 3: *Funk-Entstörung von elektrischen Betriebsmitteln und Anlagen* (Entwurf) (Beuth, Berlin 1984)

10.4 DIN VDE 0843, Teile 1 bis 4 (IEC 801): *Elektromagnetische Verträglichkeit von Meß-, Steuer- und Regeleinrichtungen in der industriellen Prozeßtechnik* (Beuth, Berlin 1987)

10.5 DIN 4647 Teile 1 bis 3 und 7: *Sichtscheiben für Augenschutzgeräte* (Beuth, Berlin 1982)

10.6 Richtlinien für die Vermeidung der Gefahren durch explosionsfähige Atmosphären mit Beispielsammlung − Explosionsschutz-Richtlinien − (Ex-RL), ZH 1/10 (Ausgabe 3/85, 9.86) (erhältlich bei Carl Heymanns Verlag, Köln 1986)

10.7 Verordnung über elektrische Anlagen in explosionsgefährdeten Räumen (Elex V), ZH 1/309 (erhältlich bei Carl Heymanns Verlag, Köln 1980)

10.8 F.-W. Bach et al.: „Staub, Aerosol-, Gasemissionen beim Laserschneiden", Laser-Magazin 1/8, S. 23 (1988)

10.9 Verordnung über gefährliche Stoffe (Gefahrstoffverordnung − GefStoffV) vom 26. August 1986, Bundesgesetzblatt Teil I, S. 1470 (Bundesanzeiger-Verlag, Köln 1986)

10.10 MAK-Werte (TRGS 900), Regelwerke Rw 5, Hrsg. Bundesanstalt für Arbeitsschutz, Dortmund (Wirtschaftsverlag NW, Bremerhaven 1988)

10.11 D. Rennoch: „Physikalisch-chemische Analyse sowie toxische Beurteilung der beim thermischen Zerfall organischer chemischer Baustoffe entstehenden Brandgase", Bundesanstalt für Materialprüfung, Berlin, Bericht Fb 123 (erhältlich bei Bundesanstalt für Materialprüfung, Berlin 1988)

Adressen

A1 Fachausschuß „Elektrotechnik", bei der Feinmechanik und Elektrotechnik, Gustav-Heinemann-Ufer 130, 5000 Köln 51

A2 Deutsche Elektrotechnische Kommission, Komitee 771, Stresemannallee 15, 6000 Frankfurt 70

A3 Normenausschuß Feinmechanik und Optik im Deutschen Institut für Normung, Westliche 56, 7530 Pforzheim

A4 U.S. National Center for Devices and Radiological Health, 5600 Fishers Lane, Rockville, MD 20857, USA

A5 American National Standards Institute, 1430 Broadway, New York City, NY 10018, USA

A6 British Standards Institution, 2 Park Street, London W1A2BS, Großbritannien

A7 Department of Health and Social Security; Her Majesty's Stationery Office, London

A8 Institut National de Recherche et de Securité − INRS, 30 Rue Olivier-Noyer, 75680 Paris Cedex 14

A9 ACGIH American Conference of Governmental Industrial Hygienists, 6500 Glenway Ave., Bldg. D-5, Cincinnati, OH 45211

Sachverzeichnis